装备科技译著出版基金

5G与卫星通信融合之道
——标准化与创新

5G and Satellite Spectrum, Standards, and Scale

［美］Geoff Varrall 著

何英 译

国防工业出版社

·北京·

著作权合同登记　图字:军－2021－015号

图书在版编目(CIP)数据

5G与卫星通信融合之道:标准化与创新/(美)杰夫·瓦拉尔(Geoff Varrall)著;何英译. —北京:国防工业出版社,2022.3

书名原文:5G and Satellite Spectrum, Standards, and Scale

ISBN 978－7－118－12478－1

Ⅰ.①5… Ⅱ.①杰… ②何… Ⅲ.①第五代移动通信系统—应用—卫星通信系统—研究 Ⅳ.①TN929.53 ②V474.2

中国版本图书馆CIP数据核字(2022)第021726号

5G and Satellite Spectrum, Standards, and Scale by GEOFF VARRALL
978－1－63081－502－8
© Artech House 2018
All rights reserved. This translation published under Artech House license. No part of this book may be reproduced in any form without the written permission of the original copyrights holder.

本书简体中文版由Artech House授权国防工业出版社独家出版。
版权所有,侵权必究。

※

国防工业出版社出版发行

(北京市海淀区紫竹院南路23号　邮政编码100048)
北京龙世杰印刷有限公司印刷
新华书店经售

*

开本 710×1000　1/16　印张 17¼　字数 295千字
2022年3月第1版第1次印刷　印数 1—2000册　定价 168.00元

(本书如有印装错误,我社负责调换)

国防书店:(010)88540777　　书店传真:(010)88540776
发行业务:(010)88540717　　发行传真:(010)88540762

译者序

建设网络强国是新时代我国的一项重大战略部署，大力推动相关领域科技创新、优化产业布局、部署标准建设、强化法规约束，对于实现网络大国向网络强国的转变、推动构建网络空间命运共同体意义重大。5G作为新一代移动通信技术，自其诞生之日起便吸引了众多关注，不同的声音和质疑无法阻挡其成为资本追逐和技术竞争的新宠。在科技发展瞬息万变的今天，5G与卫星技术的结合点燃了网络技术发展新的爆发点，在新一轮科技竞争和军事竞争中十分抢眼。

本书的作者Geoff Varrall在移动通信领域深耕30多年，2016年出版了《5G频谱和标准》一书，两年后，在该书基础上续写完成《5G与卫星通信融合之道：标准化与创新》，揭秘了隐藏在神秘技术面纱背后的大国博弈。本书不同于纯技术类图书，兼具知识普及、技术讲解和标准宣贯等作用，既全面介绍了移动通信和卫星行业发展的历史、相关领域的创新和标准化工作的推进，也探讨了相关业务演变以及其财务和商业影响，还从更广泛的角度讨论了卫星和5G运营商及其供应链对未来企业价值的可能影响，提出了天基能力纳入5G建设推动5G网络全球化推广应用的建议，在国外广受关注，获得多位领域专家的好评推荐。

本书非常值得国内网信领域从业者、学者和科研人员参考阅读，对于读者全面了解掌握5G和卫星领域关键技术的发展历史、现实情况和未来趋势都有很大的参考价值，对于政府机构和行业单位全面了解掌握各国移动通信建设态势、研判领域建设差距不足、科学制定发展战略、推动技术创新、优化行业布局、推动产业链发展和参与国际竞争等有着积极的参考和借鉴意义。

由于译者实践和能力有限，译文中难免有所疏漏，恳请读者批评指正。

何 英

2021年12月

前言

我们生活在一个永远在线的世界里,社会、政治和工作生活都由互联互通驱动和支持,这种方式在20年前几乎是无法想象的。以机器到机器为主的智能设备大量涌现,基于云的各类应用骤然爆发,这一切正悄无声息但非常高效地改变着我们所在的世界。这两种力量相互融合并被网络尤其是移动互联网赋能。随着5G和物联网(IoT)的到来,这一趋势必将急剧加速。

我们生活的方方面面都随之发生巨变。在未来的岁月里,我们将生活在智能城市,穿梭于智能和自主运输系统之间,穿越智能边界,用可穿戴技术来保持我们的身心健康,并且得益于智能农业、渔业、航空业和远洋商贸活动,我们将生活在更加绿色和安全的环境中。

为了支持和实现这个激动人心的新世界,多样化、无处不在和高度可靠的连接将是必不可少的;事实上,没有这种互联互通对人类潜在的负面影响将变得如此显著,以至于互联互通将被视为一项基本人权。相反,有了互联互通,数字社会就变成一个真正的全球化现象,它把我们的星球联系在一起,实现互惠互利。然而今天,仍有超过40亿人生活在没有互联网的环境中:这种数字鸿沟是我们这个时代面临的一大挑战。

在这种背景下,新一代天基能力的出现为支持、实现和扩展数字社会提供了令人振奋的潜在解决方案。我们正生活在天基创新的黄金时代,此时这种创新对人类发展的重要性前所未有。

无处不在、高度可靠和具有成本效益的一致性、广播服务、地球观测能力和空间精确定位服务,不仅使我们有机会缩小数字鸿沟,而且使我们有机会加强正在出现的数字社会。卫星工业的独特能力将把数字社会扩展到偏远地区、海洋和天空,并确保将在21世纪日益提高全球网络的安全性和可靠性。

在5G的背景下,基于空间的能力将成为5G部署的关键组成部分:它是异构网络的重要贡献者，异构网络选择了众多互补的技术来实现 5G 对其所服务社会的承诺。因此，这本书提供了一个重要的新观点，希望监管机构、标准制定机构和市场参与者联合起来支持将天基能力纳入 5G 领域，事实上，这是推动 5G 网络未来在全球取得成功的重要因素。我向读者推荐这项重要工作。

Rupert Pearce

Inmarsat 公司首席执行官

2018 年 5 月

致谢

本书是我们早期著作《5G 频谱和标准》(5G Spectrum and Standards)的后续作品,该书 2016 年由 Artech House 出版。《5G 频谱和标准》的原版可从 Artech House 获得,在读者阅读本书之前,如果能看看那本早期著作,会很有帮助,当然也不是必需的。《5G 频谱和标准》回顾了 2015 年世界无线电大会(WRC)和第三代合作伙伴计划(3GPP)5G 标准制定过程的频谱规划成果,包括 2 年前发布的版本 15 和 16。它还回顾了目前 3~30GHz 之间的厘米频段和 30~300GHz 之间的毫米频段的使用情况,包括近空间和深空的通信和观测系统,并简要分析了由该段频谱的进一步共享而可能出现的一些共存问题。该书引用了 u-blox 公司的 Sylvia Lu 关于数字信号处理器(DSP)带宽对设备功率预算的实际限制方面的研究成果。

《5G 与卫星通信融合之道:标准化与创新》这本书,为读者带来了最新的 3GPP 版本 16 和 17 以及相关的无线电物理层新规范。它还关注了 5G 及卫星通信离散垂直市场及其特定物理层和更高层的协议、性能要求等新的焦点问题。

然而,在过去的 2 年中,我们观察到卫星工业领域发生了显著的技术和商业变革,现有的固定地球静止轨道(GSO)、中地球轨道(MEO)和低地球轨道(LEO)运营商以及 OneWeb、SpaceX 和 LeoSat 等新兴低地球轨道(NEWLEO)运营商都出现了新的服务模式。

从本质上讲,硬件创新、制造创新、发布创新、星座创新和商业模式创新的结合,正在对个人用户层面和物联网设备层面的交付成本和性能产生深远的影响,本书中的案例将充分说明这一点,即许多 5G 垂直市场应用可以从太空中得到更有效的服务。

这些卫星系统从超高频(UHF)扩展到 L 频段、S 频段和 C 频段,宽带固定和移动无线连接主要通过 Ku 频段、K 频段和 Ka 频段频谱资源进行混合传输。服务半径从 2 到 2000km 不等。

  NEWLEO 与传统 GSO、MEO 和 LEO 运营商之间的共存是通过实施一系列角功率分离技术和功率控制算法来进行管理的,这些技术与功率控制算法相结合,使其可以支持多个卫星星座和 5G 地面服务之间的频率使用,但在这些技术得到普遍部署和认可之前,需要解决许多监管和竞争定位问题。

  本书记录了这些技术和相关的干扰建模,并探索了这一转型过程中不断发展的业务、财务和商业影响。特别是,我们研究了对 WRC 2019 大会(WRC 2015 世界无线电大会的后续会议)以及对相关 5G 和卫星标准工作的影响,并从更广泛的角度讨论了卫星和 5G 运营商及其相关供应链对未来企业价值可能产生的影响,以及对包括谷歌、苹果、Facebook 和亚马逊在内的其他利益相关方及其新兴的亚洲竞争对手(阿里巴巴和腾讯)的影响。

  在这项可能过于雄心勃勃的工作中,我得到了两位业界朋友的大力帮助。Martin Sims 先生和他在政策追踪公司的研究团队在整个书稿撰写过程中定期为我提供他们的监管观点,移动世界的 John Tysoe 先生从他的运营商和供应链公司档案数据库中为我们提供了财务指标,与我们分享了杠杆率的比较,这些比较有时令人吃惊,但大大增加了我们对电信业财务动态的了解。

  我还要感谢我的联席董事 Roger Belcher,他在过去 30 年里耐心地帮助我解决无线电(RF)理论和实践方面遇到的一些技术问题。他因为参与摩托车比赛而没有参与这本书的编写,他向我保证说,摩托车比赛是一剂有效的抗衰老药。因此,他不需要对本书的任何技术错误负责。

  另外,还要感谢 Stirling Essex 公司和过去两年来我们在 5G 和卫星垂直市场业务建模方面合作的客户。

  最后,感谢我的妻子 Liz,她对我一再写关于电信的书(这是第六本)感到困惑,但她仍然非常支持我。

目录

第1章 卫星60年 ·· 1
- 1.1 从沙滩球开始 ·· 1
- 1.2 俄罗斯、中国和美国 ··· 2
- 1.3 空间管制与开放 ·· 2
- 1.4 伯恩茅斯的海滩 ·· 3
- 1.5 用于自主运输系统和移动物体互联网的卫星 ······································ 4
- 1.6 卫星和5G：自然融合？ ··· 5
- 1.7 新兴运营商 ··· 6
- 1.8 监管和竞争政策 ·· 7
- 1.9 轨道选择与性能比较综述 ·· 8
- 1.10 卫星技术创新：分数波束宽度天线 ·· 12
- 1.11 FDD分数波束宽度天线的双用途双频带频谱 ··································· 13
- 1.12 目前的发射计划：Intelsat和Eutelsat ··· 13
- 1.13 卫星行业背后的人 ·· 14
- 1.14 星地网络融合的第三次机遇期？ ·· 15
- 1.15 规模和标准带宽 ·· 15
- 1.16 信道带宽和通带：卫星和5G频带规划的影响 ··································· 16
- 1.17 新兴LEO卫星部署的影响：渐进俯仰方案的产生 ····························· 17
- 1.18 扁平VSAT：替代渐进俯仰实现5G和卫星通信共享的方案 ··············· 19
- 1.19 共存和竞争，补助和普遍服务义务 ·· 19
- 1.20 美国的竞争和频谱政策 ·· 21
- 1.21 卫星和局域网连接 ··· 21

1.22 小结 ……………………………………………………………… 22

参考文献 …………………………………………………………… 23

第2章 空间频谱的竞争 ………………………………………… 25

2.1 为什么频谱很重要 ………………………………………… 25

2.2 5G和卫星电视以及其他卫星系统的共存 ………………… 26

2.3 雷达频带的划分命名 ……………………………………… 27

2.4 5G标准和频谱 …………………………………………… 27

2.5 现有LEO的L、Ku、K和Ka频段分配 ………………… 30

2.6 更高频率/更短波长的好处 ………………………………… 32

2.7 频谱:为什么Ka频段有用 ………………………………… 32

2.8 标准对5G频谱需求的影响 ……………………………… 32

2.9 多路复用、调制和共存 …………………………………… 34

2.10 区域频谱政策 …………………………………………… 35

2.11 UHF频段的5G和卫星 ………………………………… 37

2.12 频谱重新布局中的5G …………………………………… 37

2.13 FCC、ITU和主权国家的监管:地面和非地面网络间的
相似和不同 ……………………………………………… 38

2.14 公共保护和救灾的空对地应用:LTE和长期5G应急服务无线
电网络示例,AT&T FirstNet、BT EE和澳大利亚NBN …… 39

2.15 GSO和NGSO术语 ……………………………………… 39

2.16 为什么国家和区域差异对全球互联互通很重要 ………… 41

2.17 射频功率和干扰 ………………………………………… 42

2.18 星间交换的重要性 ……………………………………… 42

2.19 着陆权 …………………………………………………… 43

2.20 干扰管理 ………………………………………………… 43

2.21 频谱访问权 ……………………………………………… 44

2.22 NGSO对GSO的干扰规避 ……………………………… 48

2.23 FristNet和2012年的频谱法案 ………………………… 49

2.24 光纤接入和无线接入权 ………………………………… 50

2.25 固定点对点和点对多点的微波回传 …………………… 51

2.26 传统的LEO和GSO运营商频谱 ……………………… 52

X

2.27　V 频段和 W 频段 ·· 53
　　2.28　小结 ··· 54
　　参考文献 ··· 54

第 3 章　链路预算与延迟 ··· 56
　　3.1　延迟与 5G 标准 ··· 56
　　3.2　影响延迟的其他因素 ··· 57
　　3.3　延迟、距离和时间 ··· 59
　　3.4　其他网络延迟开销和 OSI 模型 ··· 60
　　3.5　移动宽带网络发展历史及其对延迟的影响······································· 62
　　3.6　精度成本 ··· 64
　　3.7　时间、延迟与网络功能虚拟化 ··· 65
　　3.8　新的无线电规范与延迟相关问题 ··· 66
　　3.9　带内回传 ··· 67
　　3.10　5G 和卫星信道模型 ··· 69
　　　　3.10.1　3GPP TR 38.901 ··· 69
　　　　3.10.2　视距和非视距 ··· 69
　　　　3.10.3　现有模型 ··· 70
　　　　3.10.4　国际电联降雨模型和卫星信号衰减计算 ··························· 71
　　　　3.10.5　氧气共振谱线与超高通量 V 频段双通带 ························· 71
　　　　3.10.6　超视距 ··· 72
　　3.11　卫星信道模型与信号延迟 ··· 72
　　3.12　正在进行的卫星标准编制和相关研究项目 ····································· 74
　　3.13　传播延迟和传播损耗与卫星仰角的函数关系 ································· 75
　　3.14　NEWLEO 渐进俯仰对延迟和链路预算的影响 ····························· 75
　　3.15　卫星和子载波间隔 ··· 76
　　3.16　边界计算，Above-the-Cloud 计算：Dot.Space 传播模型 ········· 76
　　3.17　小结 ··· 77
　　参考文献 ··· 78

第 4 章　火箭发射技术的创新 ··· 79
　　4.1　引言 ··· 79

XI

4.2 老一辈的火箭人 ··· 79
　　4.2.1 查尔斯·克拉克和科幻小说的角色 ························· 80
　　4.2.2 儒勒·凡尔纳和赫尔曼·奥伯特 ····························· 80
　　4.2.3 赫尔曼·奥伯特和韦纳·冯·布劳恩 ························ 80
　　4.2.4 罗伯特·戈达德与世界大战 ···································· 82
4.3 苏联的火箭 ··· 82
4.4 德国的火箭 ··· 83
4.5 法国和英国的火箭 ··· 83
4.6 世界其他地区的火箭 ·· 84
4.7 以印度空间研究组织为代表的新兴国家的能力 ··············· 84
4.8 巴西的火箭及其自主卫星计划 ······································ 84
4.9 中国的长征火箭 ·· 85
4.10 欧洲的火箭 ·· 85
4.11 固体燃料与液体燃料 ·· 86
4.12 火箭工作者及其火箭 ·· 86
　　4.12.1 新一代航天企业家 ··· 86
　　4.12.2 SpaceX可重复使用的火箭和其他创新 ················· 87
　　4.12.3 价格表和有效载荷 ·· 88
4.13 运送火箭到发射场和有效载荷发射应力 ······················· 89
　　4.13.1 马斯克2024年火星任务 ······································ 89
　　4.13.2 贝佐斯先生(Bezos)和蓝色起源 ·························· 90
　　4.13.3 我的火箭比你的大 ·· 91
　　4.13.4 布兰森先生和维珍银河 ······································· 91
　　4.13.5 小火箭:Ki-Wi之路 ··· 92
　　4.13.6 微型航天器发射装置 ·· 93
　　4.13.7 太空有多远? ·· 93
　　4.13.8 临近空间与外太空 ·· 94
　　4.13.9 到那里需要多长时间? ··· 94
4.14 大型火箭创新对高计数LEO的功率预算、容量、吞吐量和
　　　空间星座经济性的影响 ··· 95
4.15 发射可靠性对保险成本的影响 ····································· 96
4.16 小结 ·· 98

参考文献 ·· 100

第5章 卫星技术创新 ·· 103

- 5.1 能源的力量 ·· 103
- 5.2 太阳是能量的源泉 ··· 104
  - 5.2.1 太阳能电池板效率 ·· 104
  - 5.2.2 国际空间站是使用LEO大型太阳能电池板的典型例子 ··· 105
  - 5.2.3 卫星电源的要求 ··· 105
  - 5.2.4 太阳能及其用途 ··· 105
- 5.3 卫星能效的重要性 ··· 106
- 5.4 使用离子推进系统的电动推进卫星 ··· 107
- 5.5 无太阳照射时的对策 ··· 108
  - 5.5.1 使用放射性同位素电源进行通信卫星的热电发电？ ········ 109
  - 5.5.2 锔和钚的生产成本 ·· 109
  - 5.5.3 放射性同位素热电发电机能用多久？ ······························· 110
  - 5.5.4 使用斯特林(Stirling)放射性同位素发生器进行
         热电转换 ·· 110
- 5.6 裂变与聚变 ·· 111
- 5.7 为什么铀比钚便宜 ··· 112
- 5.8 回到俄罗斯、美国和中国 ·· 113
- 5.9 向太空发射放射性物质的监管问题 ··· 113
- 5.10 向太空发射放射性物质的相关风险 ······································· 114
- 5.11 新闻中的铀 ·· 114
- 5.12 太空辐射：光子或中子，最终选择？ ··································· 115
- 5.13 CubeSat 创新 ·· 115
- 5.14 使用天基光学收发器的量子计算 ··· 116
- 5.15 太空中的智能手机：兆瓦级移动网络 ··································· 116
- 5.16 其他太空能源 ·· 116
- 5.17 卫星、能效和碳排放 ··· 117
- 5.18 天线创新 ·· 117
- 5.19 5G和卫星：核选项 ··· 117
- 5.20 小结 ··· 118

参考文献 ········· 119

第6章 天线创新 ········· 121

6.1 天线创新对地面和非地面网络能源成本的影响 ········· 121
 6.1.1 天线在噪声受限网络中的作用 ········· 121
 6.1.2 天线在干扰受限网络和卫星与地面共存中的作用 ········· 124
 6.1.3 天线应该做却不能同时做的四件事 ········· 125

6.2 来自多个接入点、多个基站和/或多个卫星的信号 ········· 126
6.3 卫星信道模型和天线:以标准为起点 ········· 127
6.4 回到地球:5G 天线发展趋势 ········· 128
 6.4.1 5G 回传 ········· 129
 6.4.2 5G 中的自回传/带内回传 ········· 131

6.5 地面 5G 网络和非地面网络天线的创新 ········· 131
 6.5.1 机械扫描天线 ········· 131
 6.5.2 使用常规组件和材料的相控阵天线 ········· 131
 6.5.3 使用超材料的相控阵天线 ········· 132
 6.5.4 超材料天线与电磁带隙材料结合 ········· 133
 6.5.5 有源共形、扁平和准扁平天线 ········· 134
 6.5.6 有源和无源共形天线 ········· 136
 6.5.7 适用于军用雷达、卫星通信以及 5G 地面和 5G 回传应用的有源电控阵列天线 ········· 137

6.6 4G 和 5G 地面 AESA 系统:灵活的 MIMO ········· 139
 6.6.1 汽车 AESA ········· 139
 6.6.2 诺基亚 5G 柔性 MIMO 天线阵列的一些示例 ········· 139

6.7 波束频率分离 ········· 140
6.8 等离子体天线 ········· 140
6.9 平面 VSAT 及其在 LEO、MEO 和 GSO 干扰抑制中的作用 ········· 141
6.10 按波长和尺寸缩放平面 VSAT ········· 142
6.11 能以低成本生产 VSAT 吗? ········· 143
6.12 28GHz VSAT 智能手机 ········· 144
6.13 多频段平面和共形 VSAT ········· 144
6.14 卫星应使用什么物理层? ········· 144

- 6.15 12GHz 和 28GHz 高吞吐量吉比特卫星,40/50GHz 的超高吞吐量太比特卫星和 E 频段的极高吞吐量皮比特卫星等与 5G 的频段共享 ………………………………………… 145
- 6.16 平面 VSAT 和无线可穿戴设备? ……………………………… 146
- 6.17 平面 VSAT 的作用:解决地面网关干扰和成本问题 ………… 146
- 6.18 星座间交换:GSO 卫星作为母星和 GSO 卫星作为空基服务器 … 147
- 6.19 向上移动星座间交换减少地球站数量和成本 ………………… 148
- 6.20 卫星上的 VSAT ………………………………………………… 148
- 6.21 小结 …………………………………………………………… 148
- 参考文献 ……………………………………………………………… 150

第 7 章 星座创新 ………………………………………………………… 152

- 7.1 决定和推动星座创新的技术和商业因素 ……………………… 152
- 7.2 星座创新的关键点 ……………………………………………… 153
- 7.3 星座选项参考提示 ……………………………………………… 153
- 7.4 新兴传统低轨卫星系统(NEWLEGACYLEO) ……………… 154
- 7.5 新兴传统静止轨道卫星(NEWLEGACYGSO) ……………… 154
- 7.6 NEWLEO …………………………………………………… 156
- 7.7 NEWLEGACYLEO …………………………………………… 157
  - 7.7.1 Iridium …………………………………………………… 157
  - 7.7.2 Globalstar ……………………………………………… 158
  - 7.7.3 混合蜂窝/卫星星座的设备可用性 …………………… 159
- 7.8 NEWLEO 角功率分离 ………………………………………… 160
- 7.9 OneWeb 共存 …………………………………………………… 163
  - 7.9.1 OneWeb 地面站 ………………………………………… 163
  - 7.9.2 OneWeb 渐进俯仰 ……………………………………… 163
  - 7.9.3 OneWeb 干扰模型 ……………………………………… 164
  - 7.9.4 OneWeb 与 GSO 系统共存 …………………………… 164
- 7.10 角功率分离和有源电控天线阵列 ……………………………… 165
- 7.11 干扰计算和其他争论 …………………………………………… 166
- 7.12 亚洲广播卫星案例研究 ………………………………………… 167
- 7.13 答案:包含 5G 的混合星座 …………………………………… 167

7.14 早期的先上后下星座示例:哈勃望远镜和国际空间站 ······ 169
7.15 TDRS 保护率 ······ 169
7.16 地面天线创新(无源和有源平面 VSAT)成为推动因素 ······ 169
7.17 GSO HTS 和 VHTS 星座创新 ······ 170
7.18 全球 GSO 组织 ······ 171
7.19 其他全球 GSO 组织 ······ 172
7.20 区域卫星 ······ 172
7.21 国家级卫星 ······ 172
7.22 甚高吞吐量星座 ······ 172
7.23 自主 CubeSat 卫星 ······ 173
7.24 空间遥感星座:四处张望的方形卫星 ······ 175
7.25 全球导航卫星系统(GNSS) ······ 175
7.26 准天顶星座 ······ 175
7.27 轨道碎片 ······ 175
7.28 亚太空高空平台 ······ 176
7.29 浮空平台 ······ 177
7.30 小结 ······ 177
参考文献 ······ 178

第8章 生产和制造创新 ······ 180
8.1 航空制造:一个童话 ······ 180
8.2 卫星制造:相似的故事? ······ 181
8.3 汽车工业是卫星制造创新的源泉 ······ 184
    8.3.1 福特和马斯克 ······ 184
    8.3.2 5G 智能手机的生产创新:为什么规模对性能至关重要 ······ 184
    8.3.3 5G 供应链中的材料和制造创新 ······ 185
    8.3.4 火箭行业的材料和制造创新 ······ 186
    8.3.5 电池制造领域的投资 ······ 186
    8.3.6 汽车企业价值:马斯克是现代版的马可尼 ······ 187
8.4 汽车雷达供应链成为卫星和 5G 天线制造创新的源泉 ······ 187
8.5 供应链比较 ······ 187
8.6 为什么规模很重要 ······ 189

8.7 厘米波和毫米波智能手机生产和制造的挑战 190
8.8 Wi-Fi、蓝牙或亚GHz物联网连接是一种选择 191
8.9 接入点和基站设备 192
8.10 服务器和路由器硬件制造创新 192
8.11 小结 192
参考文献 193

第9章 商业创新 194

9.1 引言 194
9.2 卫星行业需要解决的问题:规模不足 194
9.3 双十二规则 194
9.4 国家、地区和全球运营商以及国家、地区或全球规模 195
9.5 标准对商业创新的影响 196
9.6 移动运营商有什么问题需要解决吗? 197
 9.6.1 回传成本、公共安全和偏远农村以及沙漠覆盖 197
 9.6.2 偏远农村网络、设备成本问题和卫星解决方案 198
 9.6.3 低成本物联网:卫星能快递吗? 199
9.7 变革的代理 CondoSat 200
9.8 地面垃圾桶 Wi-Fi:竞争或新目标市场 201
9.9 能源和碳排放目标:卫星能实现吗? 201
9.10 云计算:阿里巴巴和腾讯的未来? 202
9.11 火车、轮船和飞机 202
9.12 移动汽车移动网络 202
9.13 卫星、802.11p 汽车 V2V 和 V2X 202
9.14 亚 GHz 的 CubeSat 作为替代的交付选择 203
9.15 天基白频谱 204
9.16 天基与高空平台 Wi-Fi 204
9.17 智能手机是 B2B 和大众消费市场的默认标配设备 205
9.18 5G 智能手机是通向卫星行业消费市场规模的关口 205
9.19 无线可穿戴设备 205
9.20 回到伯恩茅斯的海滩 206
9.21 将 28GHz 卫星连接引入 5G 智能手机:可行性 206

9.22 将 C 频段(和扩展 C 频段)、S 频段、L 频段和亚 GHz 卫星连接
引入智能手机 ………………………………………………… 206
9.23 标准是重要推动者 ……………………………………………… 206
参考文献 ………………………………………………………………… 207

第 10 章 标准 …………………………………………………………… 208

10.1 标准是 5G 卫星智能手机的障碍 ……………………………… 208
10.2 标准是 5G 卫星智能手机的推动者 …………………………… 208
10.3 标准制定程序的使用和滥用:内部关键点 …………………… 209
10.4 5G 和卫星 3GPP R15 工作项目 ………………………………… 211
10.5 并行传输介质标准 ……………………………………………… 214
10.6 5G、卫星和固定无线访问 ……………………………………… 214
10.7 5G、卫星、C 频段卫星电视标准 ……………………………… 214
10.8 用 Wi-Fi 标准制定过程来集成 5G 和卫星 …………………… 215
  10.8.1 SAT-FI ………………………………………………… 215
  10.8.2 高数据速率 Wi-Fi,Cat18 和 Cat19 LTE,50X 5G ……… 215
  10.8.3 LTE 和 Wi-Fi 链路聚合 ……………………………… 216
10.9 5G、卫星和蓝牙 ………………………………………………… 216
10.10 卫星如何帮助实现 5G 标准文件中规定的性能目标 ………… 218
  10.10.1 eMBB 和卫星 ………………………………………… 218
  10.10.2 卫星和 5G 频谱效率 ………………………………… 218
  10.10.3 卫星和 5G 偏远农村物联网 ………………………… 219
  10.10.4 卫星、高速移动用户及物联网设备 ………………… 220
  10.10.5 卫星和低移动高热点区 ……………………………… 220
  10.10.6 卫星和海量机器类通信:甚高频平面 VSAT ……… 220
  10.10.7 卫星和超可靠低延迟通信 …………………………… 220
  10.10.8 能源效率和碳排放 …………………………………… 220
  10.10.9 5G 和卫星波束成形 ………………………………… 221
10.11 谁拥有标准的价值? …………………………………………… 221
10.12 卫星和汽车互联 ………………………………………………… 221
10.13 卫星工业和汽车雷达 …………………………………………… 221
10.14 卫星和 5G 数据密度 …………………………………………… 222

10.15 卫星和 5G 标准:调制、编码和共存 …… 223
10.16 CATs 和 SATs …… 223
10.17 5G 卫星回传 …… 225
10.18 网络接口标准和光纤射频 …… 225
10.19 标准和频谱:HTS、VHTS 和 S-VHTS 卫星服务 …… 225
10.20 5G 和卫星频谱共享 …… 226
10.21 5G 和卫星频段共享对监管和竞争政策的影响 …… 227
10.22 物理层兼容性 …… 227
10.23 无源平面 VSAT 标准 …… 227
10.24 有源平面 VSAT 标准 …… 228
10.25 带内 5G 回传和卫星 …… 228
10.26 ESIM 和 BSIM 标准:T 型连接 …… 228
10.27 指定网络能效和碳排放 …… 228
10.28 CATSAT 智能手机和可穿戴 SAT 标准:Tencent Telefonica 和其他意想不到的结果 …… 229
10.29 小结 …… 229
参考文献 …… 230

第 11 章 美国破产程序 …… 232
11.1 电信业及其相关供应链的财务概览 …… 232
11.2 从过去的金融失败中汲取教训:第 11 章是个旋转门 …… 232
11.3 电信行业的规模分析 …… 234
11.4 SAT 和其他实体 …… 235
11.5 卫星供应链 …… 236
11.6 财务比较 …… 236
11.7 GAFASAT 和汽车工业的主要业务 …… 238
11.8 华为 …… 239
11.9 美国国防部门供应链 …… 239
11.10 卫星供应链 …… 240
11.11 小结 …… 242
参考文献 …… 242

第12章　互利互惠的合作模式 …… 243
　12.1　引言 …… 243
　12.2　频谱中的交叉点和关键点 …… 243
　12.3　天线创新对Ku、K和Ka等频段频谱共享的影响 …… 247
　　12.3.1　有源相控阵天线(有源平面VSAT) …… 247
　　12.3.2　无源固定波束宽度平面/共形阵列天线
　　　　　　(无源平面VSAT) …… 247
　12.4　天线创新对26GHz与28GHz之争意味着什么 …… 248
　12.5　交换条件:3.8GHz以下5G重新规划频段中的卫星 …… 248
　12.6　卫星链路预算真的难以满足多数地面应用系统吗? …… 248
　12.7　卫星垂直模式 …… 249
　12.8　垂直市场的垂直覆盖 …… 250
　12.9　地面水平模式:水平市场的水平覆盖 …… 250
　12.10　水平与垂直的价值 …… 250
　12.11　小结:环游世界的80种方式 …… 252
　参考文献 …… 254

作者简介 …… 255

第 1 章 卫星 60 年

1.1 从沙滩球开始

1957年10月4日,十月革命40周年纪念日,苏联发射了第一颗人造卫星——人造卫星1号。这颗卫星有沙滩球那么大,重83.6kg,发射机频率为20.005MHz(15m波长)和40.002MHz(7.5m波长)。这颗人造卫星至今仍在轨道上运行着,尽管它目前所做的工作并不多。

60年过去了,SpaceX和特斯拉汽车公司的创始人埃隆·马斯克向我们保证,我们很快就会在火星上生活[1],并且可以在不到一个小时的时间内飞往地球上的任何地方[2]。亚马逊的杰夫·贝佐斯[3]和维京大西洋公司的理查德·布兰森[4]计划让我们去太空度假,Facebook的马克·扎克伯格致力于连接外太空[5]未知世界。谷歌的母公司字母表集团和投资集团富达集团在SpaceX投资了10亿美元,以换取10%的股份[6]。

与此同时,小行星采矿初创公司行星资源公司[7]与卢森堡公国合作,为小行星带开采资源的所有权确定了监管和法律框架。高盛认为,火箭成本的下降和外太空星球岩石上大量铂的存在,使这项投资很有前景,与寡妇基金相比可能更适合孤儿基金[8]。

屈指可数的几个初创太空企业、相对较新的公司(15年前谷歌只有不到12名员工)和世界上最小但最富有的主权国家之一加起来能改变一个行业吗?福特无疑给汽车行业带来了重大变革,马可尼可以看作是爱德华时代版的马斯克,他在无线行业掀起了那个时代的一些巨浪,更确切地说,是更加长久壮阔的波澜。

可以说,马可尼商业帝国是衰落的大英帝国的产物,由民用消费和军事需求混合推动。这一模式今天仍然适用。每次金正恩向日本方向发射一枚远程导弹,美国的弹道预算就会增加。阿基米德可能会感到很惊讶,但更多应该是高兴[9]。利用一个潜在竞争者的行为,作为对严重不成比例的军费开支进行绝对控制的依据,是早已确立的原则。对亨利八世来说,来自法国的威胁被用来为军事开支辩护,这或多或少导致英国都铎王朝破产,但也有助于巩固亨利对绝对权力的控制。如果亨利和金正恩先生今天能见面,他们会有很多共同点,毫无疑问,亨利对中世纪修道院的创新性金融改造会给金正恩先生留下深刻印象。

1.2 俄罗斯、中国和美国

这把我们带回(或者说是间接引导)到1983年3月23日,那一天罗纳德·里根总统发表国情咨文演讲,这篇演讲后来被称为《星球大战》演讲(与《星球大战》第三部电影《绝地归来》不谋而合)。演讲阐述了为应对俄罗斯可能给美国造成的威胁,而增加天基导弹拦截方面国防开支的理由。如今,这种支出变化的影响仍然显而易见,SpaceX成为波音X37B的发射工具[10]。

2016年4月,俄克拉荷马州第一国会选区的共和党众议员吉姆·布莱登施泰因提出了《美国空间复兴法案》[11],支持美国开展太空项目,承认了太空在军事和商业上的重要性。该法案将太空描述为终极高地,并主张军方应更密集地利用民用卫星系统进行成像和侦察、攻击探测以及天基拦截。

太空也是未来网络安全的关键,引人瞩目的是中国(而不是美国)最近上了头条新闻,因为中国成功地分发了来自Micius近地轨道卫星的量子密钥,传输距离达到了1200km,是迄今通过地面光纤能够传输距离的10倍[12]。

1.3 空间管制与开放

60年前,人造卫星Sputnik推动了美国宇航局NASA的成立。1962年古巴导弹危机突显了空间的战略重要性。1962年的《卫星通信法案》允许美国政府负责监督商业卫星的公平使用,与此同时,全球第一颗通信卫星Telstar 1发射升空,随后在1963年发射了全球第一颗地球同步卫星。《卫星通信法》创建了通信卫星组织,1964年,该组织成为国际电信通信卫星组织,拥有17个成员国。1965年4月,国际电信通信一号卫星"晨鸟"被发射到地球静止轨道,用于传送电视、电话、电报和高速数据,是全球最早的四元播放平台。其他地区采用了国际电信通信卫星管制模式。欧洲电信卫星组织于1977年成立,负责运行第一颗欧洲卫星(1983年发射)。阿拉伯卫星通信组织于1976年建立,由阿拉伯联盟的21个成员国组成。

第1章 卫星60年

国际海事卫星组织(the International Maritime Satellite Organization,Inmarsat)成立的出发点有所不同,该组织于1976年作为国际服务运营商成立,负责监督海上生命安全(SOLAS)。1982年,国际海事卫星组织开始提供移动卫星通信服务,1989年扩展到陆地移动通信服务,1990年扩展到航空服务。1999年,作为对国际电信联盟(ITU)开放空间政策的回应,国际海事卫星组织是第一个解除管制的国际卫星运营商。2001年,国际电信通信卫星组织和欧洲电信卫星组织紧随其后开放。

然而时机不好。互联网泡沫在2000年破裂,2年后电信工业紧随其后。互联网的繁荣产生了对跨大西洋光纤的狂热投资,并导致供过于求。这些不需光照、不发亮的光纤意味着每比特的长距离传输成本几乎降至零。与此同时,卫星运营商需要维护现有的地面和空间硬件设施,并为新的Ku频段、K频段和Ka频段星座制定合理的投资计划。结果是,卫星部门开始出现令人不安的高负债率。当时国际通信卫星组织的偿债成本相当于每年购买3颗卫星。

所幸的是,电视收入,包括完全摊销的C频段卫星收入和军事有效载荷,帮助挽救了局面。如果不把国际通信卫星组织列入卫星运营商的财务分析之中,那么该行业目前的发展速度并不过快,对卫星行业的发展有很大贡献,在这个领域耐心的股东们熬过了最初的15年,保住了一席之地,并有能力继续推进新的研发和软硬件投资。

1.4 伯恩茅斯的海滩

为了真正感受到新空间的潜力,我们需要参观一下伯恩茅斯的海滩。想象你是一个平板相控阵天线,坐在躺椅上凝视着太空。根据你所处的纬度,你通过射频将至少能看到50颗卫星,而在10000颗新的近地轨道卫星送达轨道之后可见卫星的数量会更多。你身边的智能手机拥有最多6个手机站点的射频可见性。一颗近地轨道卫星进入太空需要20min,比卡车开到到蜂窝基站要快得多。这颗近地轨道卫星展开天线之后,就可以按照它的初始配置开始工作,并能够在太空中停留长达20年。在地球大气层之外,太阳能密度为1350W/m^2。在地球表面,太阳能密度是1000W/m^2。太空中太阳能更加充足,并且从不下雨。多节太阳能板电池的效率现在已经能够到达40%,这意味着有20年的免费射频功率并且不需要支付租金。网络致密化在太空也更容易实现(更便宜)。(太空中有更多的空间)太空中也很冷(-270.45℃),所以也不需要担心空调问题。

3

如果我想在躺椅上做一些高频交易,我可以利用卫星间交换的近地轨道卫星星座更快地与世界的另一边通信。无线电波和光在自由空间中比在光纤电缆中传播得更快。一旦光缆达到一定长度(约 10000km),自由空间中速度优势远超往返距离(1400km)。

伯恩茅斯,这个受欢迎的英国南部海岸度假胜地,碰巧是英国 4G 覆盖最差的城镇之一[13]。从伯恩茅斯理事会提供的躺椅上,我可以在 120ms 内通过近地轨道卫星网络到达新加坡,比光纤至少快 60ms。近地轨道卫星公司将他们的近地轨道卫星商业模式建立在这种时差基础上。如果我真的想加快速度,那么交易服务器就不会在新加坡,而是会出现在这个星座中(对那些顶尖的卢森堡律师来说,这是另一个有趣的税务问题)。

相反,如果我使用智能手机,我的新加坡之旅将通过当地的 4G 或 5G 网络进行;经由微波链路或光纤、电缆或铜制回传线路;通过很多可能的路线到达新加坡;然后进入新加坡网络,最后进入新加坡的服务器。

这里有两点需要关注。在多个 4G 和 5G 移动宽带和回传网络中,我对端到端延迟一无所知。另外,我无法控制延迟可变性(也称为抖动)。除了增加交易时间的不确定性外,它还让认证变得更难管理。应对这一挑战并推出相应的响应算法依赖于如何确定往返等待时间和最小抖动。相比之下,我在近地轨道卫星星座上的端到端旅行让我能够完全控制端到端信道。

但是,忘了告诉大家我的躺椅还有轮子和电动机。我的近地轨道卫星服务器告诉我,海滩的另一端阳光更充足、也不那么拥挤。我现在有两个选择。我可以使用航位推算(由来自最近的近地轨道卫星的实时、高精度时钟脉冲支持)在海滩上自我导航,或者让近地轨道卫星直接为我导航。把这项工作让近地轨道卫星负责可能更容易,因为它知道其他所有的躺椅在哪里,也知道我的电池即将耗尽,所以它可以带我到海滩小屋充电站,在那里我可以充电、为软件升级,并且购买防晒霜、太阳帽和冰淇淋。顺便说一下,伯恩茅斯自称是英国最阳光灿烂的城镇之一[14],但一切都是相对的。

1.5 用于自主运输系统和移动物体互联网的卫星

这只是一个微不足道的例子,但很可能解释了马斯克为什么热衷于发射自己的低地球轨道卫星网络。在多个地面蜂窝网络上实现完全安全的半自主或完全自主的驾驶或地面旅行体验将是极其困难的。而通过低轨网络提供完全安全的半自主或完全自主驾驶或公共交通体验将是相对容易的。马斯克还可能计划

占领移动躺椅市场,这没准是另一个500亿美元的机会。

然而,这引出了一个更普遍的观点。服务器带宽本身并不带来附加价值。附加价值来自对服务器上所保存数据的控制,以及用于挖掘和管理这些数据的算法。这是一个显而易见的结论,但却解释了为什么云计算(表面上看起来)是免费的。

有许多静止的和移动的物体已经被从太空中监视和管理。国际海事卫星组织和其他运营商(Iridium 和亚洲卫星)为商用飞机提供连接、管理和监控系统。如果我的躺椅是在一艘皇家加勒比邮轮上,它将通过由 SES 拥有和运营的 O3b MEO[15]星座连接到互联网。该星座还用于确保游轮不会撞上其他驶往伯恩茅斯的游轮(O3b 为海上自动识别系统提供辅助支持)。Caterpillar、John Deere、Komatsu 和其他一些为美国提供大型挖掘机和收割机的制造商,都为其资产设备安装了 Orbcomm 甚高频调制解调器,以便于进行设备的跟踪和(低带宽)遥测遥控。

我们所描述的服务扩展已经具备了很坚固的基础。Inmarsat 于 1982 年开始提供移动卫星服务,1989 年开始提供地面服务。Iridium、Globalstar 和 Orbcomm 提供移动连接服务已经有 20 年了,但是这些传统服务是基于双向语音和数据传输的,而不是基于云连接。

1.6 卫星和5G:自然融合?

更多的卫星、更宽的带宽、更强的线上处理能力和更大的存储带宽,其组合显著地改变了卫星行业的市场定位,并使其更接近于新兴的 5G 商业模式。

OneWeb 表示,它有信心在密集的城市和偏远农村地区大幅降低 5G 回传成本,并为农村通信市场提供更具成本效益的移动和固定宽带地理覆盖[16]。其中包括物联网连接和开发基站用电成本特别昂贵的城市连接。在发达市场中,这一提议对不掌握光纤网络资源和管理权的运营商尤其具有吸引力,因为这些资源往往掌握在他们的竞争对手手中。

因此本书的前提背景很简单。卫星行业的一系列技术、商业和监管创新正在改变天基通信的交付经济学。这在一些技术和商业文献中通常被描述为新空间或空间 2.0(网络 2.0 的升级版)。

这类创新包括空间和地面的硬件设备创新、制造技术创新、发射技术创新和星座创新,特别是结合了地球静止轨道、中轨道和低轨道卫星优势的混合星座交付平台的开发。星座创新包含的技术允许在星座之间以及与地面 5G 系统之间共享相同通带。

在卫星行业中,商业模式取决于频谱资产的组合,频谱资产主要包括对下行链路和上行链路频谱的特定接入权、轨道权以及所谓的着陆权,即为在地球静止卫星上可见或由中轨道和低轨道卫星飞越的主权国家提供服务的权利。已建立的客户群也属于重要资产。

在5G行业中,商业模式取决于与微微蜂窝、微蜂窝和宏蜂窝固定资产以及光纤和微波回传相结合的频谱接入权限。商业贷款的依据是,这些权限在未来已知的时期内可用,如20年或25年,或者在某些情况下,在履行特定服务义务的前提下无限期可用。与卫星行业类似,诸如物联网设备的注册用户量也是一种资产,可以用来作为贷款时的资产评估依据。

在过去30年中,移动电信和卫星行业一直在适度的规模上合作。大约1%的蜂窝网络回传通过地球同步卫星承载。在某些极端的地理位置,卫星往往是连接基站的唯一方式,或者比微波、光纤或铜轴电缆更经济。

新兴运营商,(为了简单起见)我们称之为NEWLEO运营商,其目标是从根本上改变这种关系。

1.7 新兴运营商

新兴运营商包括OneWeb、SpaceX和LeoSat。OneWeb和SpaceX制定的计划是向LEO发射成百上千颗卫星。这些高计数星座使用Ku频段、K频段和Ka频段几千兆赫兹的上行链路和下行链路频谱,今后计划长期使用V频段和W频段频谱。该频谱带宽与超高效太阳能电池板阵列的组合提供足够的射频功率和容量,可以在直接连接和回传配置方面支持地面上已有的数百万和潜在的数十亿用户和设备。

这种连接模式只有在其通信成本与其他模式相当或更低时才有意义。新一代卫星行业的投资者陈述和监管备案文件普遍基于交付成本可以保持足够低的假设,即目前尚未使用此连接的3500万美国用户和30至40亿全球用户都能以较低成本接入。

这究竟意味着什么还有待讨论。对于许多每天生活费只有1美元或更少的没有使用卫星连接的人群来说,花1000美元买一部苹果iPhone 10的想法仍然比较奢侈。然而,如果让那些由NEWLEO星座支持的低成本、太阳能供电的基站提供Wi-Fi服务,成本就可以降低。此外,NEWLEO辩称,目前投入农村光纤铺设的补贴可以更有效地用于天基系统,而目前在全球范围内,天基系统获得的政府补贴预算不到 1.5%[17]。

就长距离延迟而言,也有潜在的性能提升空间。Iridium 已经成功部署了低星数低轨卫星星座(66 颗卫星),该星座已经提供 20 多年服务了,目前正在进行星座升级。该星座在 K 频段进行卫星间交换,使用的频率为 23.187～23.387GHz。

卫星间交换有助于减少所需的地球网关数量,提供端到端信道的绝对控制,降低延迟和最小已知延迟可变性(也称为延迟抖动)。这使得 Iridium 非常适合于一些具有更高附加价值的军用和重大安全类的业务。

LeoSat 的方案与 Iridium 类似,使用由 Thales 提供的相同空间系统平台,在 Ka 频段进行卫星间交换,用户上行链路和下行链路使用 7GHz 的成对频谱(3.5+3.5GHz)(与 Iridium 采用的 L 频段中的成对频谱的 10+10MHz 不同)。美国联邦通信委员会(FCC)的提案是使用与 Iridium 下一代星座类似的极轨道中的 120～140 颗卫星。当然,商业模式的重点是为高价值应用提供延迟收益,如高频交易、石油和天然气行业、企业网络和政府机构等(详见第 3 章)。LeoSat 正在同欧洲航天局合作开展 5G 和卫星横向活动[18]。

类似地,SpaceX 提出使用光学收发器进行卫星间交换,可以获得类似的延迟增益。这些产品在许多全球垂直市场中可能特别有用,例如,车联网以及自动驾驶和半自动驾驶的汽车、卡车和运输系统等。

卫星间交换还可与星座间交换组合,以节省额外的成本。例如,低轨道卫星可以上行连接到地球同步轨道网络,然后返回到地球同步轨道的地球网关。这虽然引入了额外的延迟,但是减少了地面站的数量。考虑到高计数低轨道星座大概需要 50 个网关,每个网关建设和运营成本为数千万美元,可以看出潜在的可节约成本空间是相当大的。

1.8 监管和竞争政策

形势的发展带来了监管政策、竞争政策和运营商竞争定位等相关问题。在某些情况下,已经成立的地球同步轨道运营商 50 多年来一直在努力巩固其在频谱资产、轨道权和着陆权方面的主导地位,包括拥有和运营地球网关的权利。

低地球卫星不可避免的飞过地球同步轨道卫星和中高轨卫星的构成的地－空和空－地路径,并有可能将不希望接收到的多余射频能量辐射到其在地面部署的指向同一方向的卫星接收天线上。

这对于 Iridium 和 Globalstar 来说不是问题,它们早在 20 年前就已经在运营

LEO 星座,并在 L 频段中具有用户链路,尤其对 Iridium 而言,因其承接有军事业务,在频谱接入方面有优先权。

与之相反,NEWLEO 运营商在频谱部署时,只能在 Ku 频带、K 频带和 Ka 频带中,选择与 GSO 运营商使用相同的通带或者在相邻频谱中部署。NEWLEO 运营商必须提供详细的证据,证明已经采取了足够的防范措施,能够确保不对现有频谱用户产生有害干扰。

防范措施是通过角功率分离和功率控制机制来实现的,我们将在后面的章节中讨论。然而,这些提案中使用的模式也面临诸多技术和法律层面的挑战,特别是在需要同时适用于多个高计数 NEWLEO 运营商或潜在运营商的时候。NEWLEO 运营商也可能质疑彼此的实施方案,这削弱了它们与现有 MEO 和 GSO 运营商的竞争优势。

就商业竞争而言,NEWLEO 商业模式是基于假设未来成本的快速下降能够带来预期价格的快速下降。相比之下,GSO 商业模式和 MEO 商业模式(以 O3b 为例)取决于设置相对较高的价格点,为债务融资提供足够但并非总是充足的担保。

一种解决方案是让一个或多个 NEWLEO 实体能够与一个或多个 GSO 和 MEO 运营商合并。这可能在技术上是令人信服的,但需要说服现有的 GSO 和 MEO 运营商股东,让他们相信更高的杠杆率和更大的实施风险是值得的。

还可能有一个挥之不去的疑问,即合并后的实体可能会发现,它们的频谱访问权、轨道权和着陆权面临法律挑战,这将是一个令人担忧的前景。这些因素综合起来大概能够解释为什么 OneWeb 和 Intelsat 的合并以失败告终。

1.9 轨道选择与性能比较综述

作为提醒,有必要回顾一下 LEO、MEO 和 GSO 之间的区别。卫星轨道的分类如表 1.1 所列。

表 1.1 卫星轨道高度(和姿态)

近地球轨道 LEO	160 ~ 2000km	99 ~ 1200miles[①]
中地球轨道 MEO	2000 ~ 20000km	1200 ~ 12000miles
地球同步轨道 GSO	36000km	22000miles

---

① 1 英里 = 1.609344 公里。

LEO星座通常是采用极轨道部署,可选择部署与太阳同步的卫星。太阳同步卫星每天在相同的地方时间经过世界各地。太阳同步极轨道对来自太空的地球成像特别有效。

为了完整起见,我们还应该参考高椭圆轨道(HEOS),例如 Tundra 和 Molnya 轨道[19],虽然这些轨道最适合于高纬度、极轨覆盖和准天顶星座区域,对那些地区而言部分卫星是地球同步但不是地球静止的;位于日本上空的全球导航卫星系统(GNSS)备份星座就是其中一个示例[20]。

LEO、MEO 和 GSO 是本书中我们最感兴趣的内容。图1.1 中,国际海事卫星组织提供了这张很好的图表,比较了三个轨道的特性,包括典型的延迟和轨道持续时间。

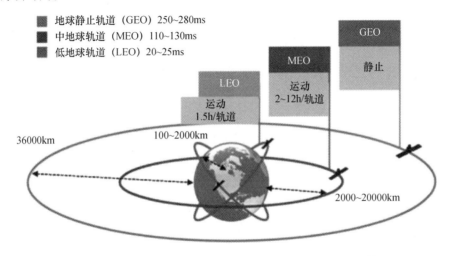

图1.1 LEO、MEO 和 GSO(图片由 Inmarsat 和 Euroconsult 提供)

三种轨道通常用于不同的目的。地球同步轨道与赤道共面,这些轨道上的卫星似乎静止不动地悬浮在地球上一个点的上方。因此,这类轨道对于提供电视覆盖和天气观测是很有用的。卫星上的点波束天线可用于为陆地或海洋特定区域提供信号覆盖。这类轨道上的通信卫星相对于 MEO 和 LEO 卫星具有较高的路径损耗和较长的往返延迟。这些额外的路径损耗可以通过使用高增益天线来补偿。例如,在过去15年中,甚小口径卫星终端(VSAT)已经被用于向公司和企业以及高价值个人用户提供高速数据服务。一个贯穿本书的观点是,VSAT 天线在提供选择性增益和拒绝不需要的信号能量两方面都变得越来越有效。这种效率的提高能够转化为更低的交付成本,同时我们也认为,这将有助于解决目前困扰该行业的许多频谱共享问题。

然而，GSO 系统的局限性在于轨道槽数量有限，如图 1.2 所示。

商业通信卫星地球同步轨道

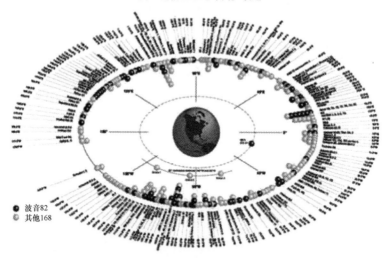

图 1.2　GSO 插槽[21]（多亏了波音公司）

按照国际电联规定，轨道间隔量过去是 3°（120 个轨道槽），现在是 2°（180 个轨道槽）[21]。任意两颗 GSO 卫星之间都被隔离开约 75km（45miles），这个距离仅比大伦敦的直径略大[22]。

可以通过增加每个卫星的射频功率和带宽来增加容量，但是这需要更大的卫星。过去，受火箭承载技术的限制，很难（昂贵）将卫星重量限制提高到 6000kg 以上（最大的 GSO 卫星是 TerreStar-1[6910kg]，于 2016 年用 Ariane 5 火箭发射）；然而，现在 10000kg 的有效载荷已经成为现实，新一代用于深空任务（到火星和更远）的火箭运载量将被设计提升到能够运送超过 60000kg 的载荷进入低地球轨道。

同步卫星（当从地球观看时处于相同位置的卫星）增加了 GSO 容量，SAT 现在提出再额外发送卫星与现有卫星对接，从而使每个单元的容量和功率加倍。国防高级研究计划局（DARPA）通过推动 GSO 卫星全寿命周期维修保障和硬件升级的工作，也显著提高了 GSO 的交付经济性[23]。

需要注意的是，虽然利用四个 GSO 卫星就可以提供从东到西的全球覆盖，但是运营商普遍采用的做法是在 40 个或更多卫星上拥有或租用转发器带宽以获得附加容量、更高（且更少可变）通量密度。高 GSO 星座星数（例如，40 个而不是 4 个卫星）能够确保总有一颗 GSO 卫星在赤道正上方，使路径链路预算最大化并且使路径等待时间最小化(必须指向较低的东/西高度使一条GSO路径长度增加了几千公里)。

MEO(有时称为中间圆形轨道[ICO])最常用于导航、环境监测和部分通信卫星。MEO卫星的轨道周期约为2~24h(Telstar 1,1962年发射,在MEO轨道上运行)。

当前众所周知且被最广泛应用的MEO星座是GNSS星座。几乎所有人开车时都要使用卫星导航系统。也许我们对使用GPS、GLONASS、北斗和(未来的)伽利略不以为然,但这些20000km处的GNSS MEO星座都是现代空间工程杰出成就的实例展现。

O3b系统是MEO通信系统的典型示例:卫星轨道位于8000km的高度。

LEO常用于较高带宽的通信卫星(利用较短的路径并因此获得此较低的信号路径损耗),也用于环境感测和其他用途科学卫星,后者(使用极轨道)重复环绕地球以获得特定参数的详细地图。重力恢复和气候实验(GRACE)就是此类应用的一个很好的例子,自2002年3月发射以来,该实验一直在对地球重力场异常进行详细的监测。GRACE使用微波测距系统来精确地测量在相距约220km的极轨道上飞行的两个同型航天器之间的速度和距离的变化:通过两个航天器之间的距离的微小变化来检测重力的微小变化。

LEO通信系统的典型轨道高度如表1.2所列。

表1.2 典型轨道高度对比

Orbcomm	775km
Iridium	780km
OneWeb	1200km
Globalstar	1410km

LEO系统没有任何轨道槽限制或实际尺寸和重量限制。例如,在400km轨道上飞行的国际空间站(ISS)有足球场那么大,重408000kg,它的建设周期很长而且耗资巨大。需要注意的是,ISS通过NASA(GSO)近地网络与地球通信,因此它是基于混合星座LEO/GSO星座进行星座间切换的早期示例(1998年)。

卫星运动遵守牛顿物理定律,所以离地面较近的卫星会飞行得更快。LEO需要更多的卫星来提供与MEO和GSO卫星等效的覆盖。例如,Iridium卫星以17000miles/h(27000km/h)的速度运行,并且8min绕地球一圈。在70%的时间内,将有一个以上的卫星在视野中,虽然卫星将只是偶尔和短时间内的直接过顶。

GPS卫星以8700miles/h(14000km/h)的速度运行。Iridium卫星较高的飞行速度产生了较强的多普勒信号。当与地面上更高的通量密度(信号强度)组合时,就形成了可选时间和定位系统,称为Iridium卫星时间定位系统,但是如果使用诸如长期演进(LTE)的可选物理层,则引入了对附加时间对准的需要,这就要求所有用户必须在被称为循环前缀的时间保护域的约束内同时到达基站。

现阶段的卫星主要包括重不到1kg的皮卫星、重不到10kg的纳卫星、重在10~500kg的微卫星和大卫星(>500kg)(表1.3)。CubeSatsuma是使用标准尺寸和形状因子构建的纳卫星,其中每一个单元是10cm×10cm×10cm立方体,具有多个单元被组合在一起或在空间中对接在一起的能力。

表1.3 大卫星和小卫星

皮卫星	纳卫星	微卫星	大卫星
<1kg	<10kg	<500kg	≥500kg

在卫星尺寸规模的另一端,Inmarsat I-5 Ka频段卫星是发射质量为6100kg的大型大卫星,高度有双层客车那么高,太阳能阵列翼展为33.8m,能够产生15kW的功率,使用氙离子推进系统进行轨道机动。

发射技术创新正在改变将大大小小卫星送入空间的经济性,例如,SpaceX的可重复使用火箭、欧洲的Soyuz火箭以及电动卫星(发射到临时轨道之后漂浮到目标轨道)。卫星寿命在增长,还有可能在太空中补充能量和实施维修。

如前所述,单个火箭上的历史最大可用有效载荷为10000kg的量级。最新的猎鹰重型火箭能够将63800kg载荷运送到近地轨道,或者将26700kg载荷运送到同步轨道,这意味着四颗I-5颗卫星可以在同一枚火箭上发射。

1.10 卫星技术创新:分数波束宽度天线

技术创新是贯穿本章及其后各章的关键线索。这里我们关注的一个重要创新是分数波束宽度天线,这种天线的3dB波束宽度为0.5°~1.5°,通常在卫星上实现为12~100点波束阵列。这些天线与地基固定和移动地面设备上的新一代VSAT天线配套使用。

在这点上,值得强调的是分数波束宽度天线与多输入多输出(MIMO)系统之间的区别。两种方式都需要高度线性的发射和接收路径来支持相移,都需要天线间有足够的波长间隔,除此之外其他都不同。

MIMO系统经通过特定配置产生多条路径,每条路径进行单独调制及信道编码(及放大),以支持较高的每用户数据速率,并在短距离上具有足够的复用效率。分数波束宽度天线通过配置从基站与用户/IoT 装置之间的单个窄波束路径来实现链路预算增益。

MIMO 系统最大限度利用多径效应。分数波束宽度天线则是最小化多径(以及相关联的延迟扩展)。设计良好的分数波束宽度天线可产生大于 40dBi 的各向同性增益;主要目的是在长距离上支持适度高的数据速率,而不是在短距离上支持超高的数据速率。分数波束宽度天线是当前一代高吞吐量卫星最重要的一项技术手段。它们用于在小地理区域按需提供射频能量。

分数波束宽度天线还可针对陆地和卫星网络中个别用户或 IoT 装置按其需要提供射频能量。结合角功率分离技术(在后面的章节中更详细地描述)的使用,这些天线技术的发展使构建成本经济、功率高效的广域高数据速率、高移动性 5G 地面和卫星网络成为可能,并且使这些网络能够共同共享相同的频谱。

1.11 FDD 分数波束宽度天线的双用途双频带频谱

MIMO 和分数波束宽度天线之间的另一重要差异在于,当在时分双工(TDD)频谱中应用时,MIMO 更为有效,因为上行链路和下行链路是互逆的。

然而,时分双工系统不提供与频分双工(FDD)系统相同的灵敏度,并且随着距离的增加,灵敏度和效率变得更低。换句话说,时分双工系统在广域网(WAN)中不能有效地扩展,只有在所有运营商都联合的情况下才能正常工作,考虑到目前的竞争政策,这在很大程度上是不现实的。这同样适用于卫星领域。

一个典型的 28GHz Ka 频段卫星 FDD 频带规划,在 28.35~30GHz 之间设置 4 个 250MHz 上行链路信道,并与在 17.7~21.2GHz 的下行链路配对。这与 30~31GHz 的军事频带上行链路和 20.2~21.2GHz 的军事下行链路相匹配。

Inmarsat Global Express 卫星的 Ka 频段有效载荷可以在军用和商用频率之间切换,军用频段支持一系列高附加值应用,包括无人机(UAV)连接和控制。

1.12 目前的发射计划:Intelsat 和 Eutelsat

2009 年,Intelsat 宣布了一项 35 亿美元的投资计划,并与澳大利亚国防部签署了一项协议,随后在 2012 年计划建造新一代(称为 EPIC 一代)高吞吐量卫星。一枚 Ariane 5 火箭能够发射两颗这种由波音公司制造的重达 65000kg 重的卫星。卫星上有 Ku 频段转发器,服务主要面向航空和航海市场,在 Inmarsat 的传统领域进行交易。

Eutelsat 计划在 2018 年第三季度发射一颗 44 转发器的 Ku 频段电子卫星（Eutelsat 7C），优化后向撒哈拉以南非洲提供服务，还在以色列建造一颗名为 A-MOS（Affordable Module Optimized Satellite，也是一个犹太先知的名字）的 Ka 频段卫星，将在卡纳维拉尔角由 SpaceX 火箭发射升空。

Facebook 已经宣布与 Eutelsat 达成协议，使用 AMOS Ka 频段的 6 个点波束为非洲提供低成本的互联网接入。位于西经 4°的 GSO 卫星也将为中东和西欧、中欧和东欧提供覆盖，尽管其中一些特定国家的着陆权问题尚待解决。

1.13 卫星行业背后的人

在这里我们谈谈卫星行业背后的人，回顾 2016 年美国俄克拉荷马州的国会议员吉姆·布莱登斯坦提出的美国空间复兴法案，俄克拉荷马州是俄克拉荷马州空中和空间港的所在地[24]。

该法案寄望于带来美国军事、民用和商用航天工业的复兴。Bridenstein 援引普京在 Glonass 投资方面的宣言，提出美国应该在一个"终极军事高地"进行军事投资，需要投资包括火星任务在内的民用太空任务（过去 20 年中，NASA 取消了 27 次太空任务，价值 200 亿美元），并为 SpaceX 的马斯克、Virgin Galactic 的布兰森和他们的同行提供一个有利的监管环境。

这项法案得到了 EchoStar 的 Charles Ergan 的支持，他同时也拥有 Dish Networks，并在 2012 年 5 月 Light Squared 第 11 章提交后，于 2013 年以极低的折扣价格收购了 Light Squared 股票。与竞争管制的移动蜂窝行业的最初几年一样，个人可以产生重大的市场影响和巨额的财富，Craig McCaw 就是一个显著的例子。

McCaw 是 Teledesic 卫星项目的创始投资者，该项目计划在 Ka 频段（30GHz 上行链路/20GHz 下行链路）运行 LEO 卫星星座，其任务是为最初计划的 840 颗卫星（1993 年），而后来确定的 288 颗卫星（1997 年），提供低成本的互联网连接。Teledesic 花费了 10 亿美元的大部分后，于 2002 年 10 月关闭。频谱和轨道资产权后来由 Greg Wyler 的 O3b MEO 网络获得，该公司现在由 SES 运营管理。

相比之下，Light Squared（2010 年成立的运营 L 频段混合地面卫星网络的公司）将在第 11 章中以 Ligado（西班牙语中的"互联"一词）的名称再次出现，由 Verizon 前董事长兼首席执行官 Ivan Seidenberg 和 FCC 前董事长 Reed Hundt 担任主席。至少这个名字暗含了一个拉丁美洲低成本互联业务计划。

1.14 星地网络融合的第三次机遇期?

Light Squared 的重新出现可以被解释为一个积极的迹象,表明星地网络融合可能被再次列入议程。现有的例子诸如 Thuraya(GSM + 卫星)的混合网络,在技术上和商业上是成功的,但是仅限于在拥有广袤沙漠的高 ARPU 国家中。也有像 Orbcomm 的 VHF 卫星系统,可提供与地面移动蜂窝网络组合的 IoT 连接。Orbcomm 提供的服务中包括蜂窝调制解调器。

Dish Networks 已经申请了基于 MIMO 和波束成形在卫星和地面系统之间重用频率的专利(参见第 1.18 节)。Dish 作为 10 家公司联盟之一,正在游说 FCC 把当前未使用的非静止轨道固定服务频谱(NGSO FSS)的 12.2GHz 和 12.7GHz(K 频段的下端)频段重新分配给 5G 多信道视频分配和数据服务(MVDSS)。这将把分配给 NGSO 的频段缩减为 11.7 ~ 12.2GHz,此举受到 SpaceX、OneWeb LCC 和 Intelsat 的反对。

Dish Networks 也可以访问美国市场上的蜂窝频谱。Inmarsat 也有类似的计划,采用与德国电信(Deutsche Telkom)合资的方式,利用与频段 1 相邻的 S 频段频谱,实现一个混合星地网络,即欧洲航空网络(European Aviation Network)。

1.15 规模和标准带宽

混合卫星地面网络,特别是混合卫星和 5G 网络,将需要在 5G 非地面网络标准化过程中投入大量的额外工作。

成千上万的工程师花费成千上万的工时来制定 5G 标准和规范文件。然而,卫星工业体量要小两个数量级,因此可获得的标准带宽要少得多。

除了在欧洲和亚洲以 DVB - S 作为相对广泛采用标准的卫星电视之外,卫星工业由专有物理层主导,与当前地面蜂窝无线电标准的重叠最小。十年前 ETSI 曾努力支持 UMTS/IMT - 2000 与邻近地面蜂窝频带 1 的 2GHz 卫星系统的互操作性,但进展甚微。市场上热推的 LTE 和卫星集成仅仅是在宣传概念,远达不到可立即实现的程度。但是,我们认为 5G 需要卫星工业,卫星工业也需要 5G,5G/卫星一体化将是双向互利的。

卫星工业需要 5G 社区,因为它需要获得消费者规模。5G 需要卫星工业,因为廉价的广域高数据速率、高移动性连接性只能通过使用诸如自适应分数波束宽度天线之类的技术来实现,这些技术已经部署应用在卫星领域,全面覆盖城市、乡村、峡谷以及广大开放空间。廉价的广域高数据速率、高移动性连接性只能通过利用卫星工业正在使用中的频谱来实现，并且卫星工业可以说处于从该频谱实现价值的最佳位置（实际上直接在开销上）。以接近90°的仰角垂直向上和向下的直接视线链路是避免在较高频率下的高表面吸收和地面反射的唯一有效方式。相反，在视线能见度有限的地面网络中，高的表面吸收和地面反射将显著地损害5G传输效率，这一点我们将在后面的章节中重新讨论。

1.16　信道带宽和通带：卫星和5G频带规划的影响

为什么我们要用这些更高的频率？这一需求在考虑信道带宽要求时变得明显。

随着每用户数据速率增加，需要更宽的信道带宽来维持复用增益。然而，更宽的信道带宽降低了射频效率，特别是那些在空间上受限的用户设备。

例如，在理想情况下，天线的工作带宽是中心频率的10%，滤波器的工作带宽是中心频率的4%。这些理想带宽经常不能如愿。对于天线而言，需要改变天线的电长度或增加物理长度（例如，平面倒F天线（PIFA）[25]）来获得所需带宽，但是在这两种情况下都将存在效率损失。对于RF滤波器，更宽的通带会影响滤波器边缘，并且增加相邻信道泄漏和系统间以及系统内的干扰。这可以通过引入额外的滤波器来进行改善，例如修平滤波器，但是这些滤波器将增加插入损耗并且会从移动上行链路的链路预算中提取功率。

Get-out条款是，重要的不是信道带宽，而是信道带宽与中心频率的比值。

RF滤波器是在1GHz以下的蜂窝FDD网络中的通带通常不大于40MHz（4%带宽比）的原因，该通带支持5MHz和10MHz LTE信道组合。先进LTE的期望是需要100MHz的通带以在复用增益和RF效率之间实现充分的折中。3.3%的有效带宽比在3GHz下需要100MHz。

人们一致认为，2020年的初始5G网络部署将需要250MHz的信道带宽来提供足够的复用效率。如果继续基于每个频带四个运营商来拍卖频谱，则这意味着需要1GHz的通带。

这意味着中心频率将需要接近30GHz，这与Ka频段HTS卫星目前使用的频谱一致。任何低于此值的情况都将损害射频效率。

到2025年，500MHz的信道带宽将意味着2GHz的通带，当2030年信道带宽增加到1GHz时，将意味着5GHz的通带。该带宽仅从使用毫米频段的射频效率带宽比的观点来看是实用的，汽车雷达的频谱就是一个潜在的选择。

汽车雷达工作在77～81GHz,在72～77GHz的任一侧(紧邻64～71GHz的新指定的美国无执照频带)和82～87GHz预留5GHz通带。前提是在10年后,数字信号处理器将能够在100dB的动态范围内有效地处理1GHz信道带宽和5GHz通带功率。考虑到汽车行业也有类似的问题需要解决,这种情况很可能会发生。

Ku频段是Ka频段的可能替代频段,并且具有较低的衰落裕度,但是目前很难看到这些提议如何在全球范围内推广实施。如果需要多运营商拍卖模式,则在12GHz处潜在可用的500MHz通带并不够用。假设可以获得12GHz处的1GHz通带,将导致射频通带效率的损失。

相比之下,在28GHz频带,则可以在1GHz通带内方便地分配250MHz信道栅格,有效带宽比为2.5%。该频带在固定链路地面硬件中已具有一定规模,可以被转换为低成本5G硬件。因此,28GHz可以说是5G部署的最优技术和商业起点,而38～40GHz可作为备选之用。

从技术的角度看,稍后将要部署的具有500MHz和1GHz信道带宽的4GHz或5GHz通带,在70GHz和80GHz的毫米波频段将更有效。

5G如果想要兼顾成本和功率进行有效部署,就需要充分借鉴现有卫星技术,初始阶段需要利用厘米频段(Ka频段和可能的Ku频段)卫星频谱,长远期需要利用E频段、V频段和W频段(毫米频段)。

AT&T宣布的与EchoStar、Verizon、ViaSat、Facebook和Eutelsat的合作,就是这种新出现的依赖性的先兆,这一点似乎被美国频谱和竞争政策的转变所证实。

这种转变尚未反映在目前的ITU频谱或标准政策中,需要作为重要因素纳入到未来的竞争政策中。卫星运营商已经获得了所需频谱,并且通常能够访问至少4GHz的聚合带宽(包括L频段和C频段)。

5G社区和卫星行业之间关系微妙,其中存在着复杂的共存、共享、合作以及商业挑战和机会,需要综合权衡取舍。在监管和竞争政策方面,美国对世界其他国家采取了截然不同的做法,这可能会加剧复杂性。28GHz频带似乎特别适合初始的5G部署,但如果要实现全球规模应用,这将面临巨大的政治挑战。

1.17 新兴LEO卫星部署的影响:渐进俯仰方案的产生

从监管的角度来看,卫星分为静止卫星(GSO)和非静止卫星(NGSO)。ITU规定GSO卫星在频率使用方面优先于MEO和LEO(NGSO)卫星。在160～2000km的极轨道中低轨卫星(近似圆形)定期在地面用户和网关与MEO和

GSO 卫星之间通过，因此必须证明它们符合商定的共存标准。

在过去 20 年中，Iridium 和 Globalstar 已经表明 LEO 和 MEO 以及 GSO 星座是有共存可能的，但是这种共存需要建立在 L 频段窄带（10+10MHz）用户链路的基础之上。

Iridium 通过使用卫星间交换（23.187~23.387GHz）来减轻到 Ka 频带中的网关到网关的干扰。LeoSat 提出了一种类似的方法，使用与 Iridium 相同的基于 Thales 的平台。NEWLEO 运营商们也提出一些建议，例如 SpaceX 星座提议使用光学收发器进行卫星间交换。

Iridium 和 NEWLEO 运营商（如 SpaceX、OneWeb 和 LeoSat）之间的本质区别在于，使用 Ku 频段进行地面到空间和空间到用户的链接。

OneWeb 收购了 Skybridge 公司（Skybridge Incorporated）最初拥有的频谱和访问权。Skybridge 公司是美国一家成立于 20 世纪 90 年代的实体公司，旨在推出高卫星数低地球轨道星座。下行链路的 Ku 频段通带为 10.7~12.7GHz，上行链路是 12.75~14.5GHz。网关下行通带为 17.8~20.2GHz，下行通带为 27.5~30GHz。在向 FCC 最初提交的文件中，Skybridge 提议通过使用渐进俯仰角功率分离技术来满足美国 Ku 频段有效各向同性辐射功率（EIRP）和通量密度限制，以及对通带和邻近通带共享服务的保护比。

这意味着当卫星朝向赤道移动时，它们会以逐渐倾斜的角度来传递能量，以避免将功率径直发送到 GSO 卫星接收器中。当它们远离赤道时，GSO 卫星天线指向的高度逐渐降低，此时其功率才被越来越直接地向下传输。

这是通过向一个方向缓慢转动卫星，然后在经过赤道后反转，在卫星过顶时关闭传输来实现的。这是一个简单但聪明的系统，由卫星上的太阳能电池板提供动力，驱动反冲式叶轮或动量轮就能实现此类反转，假设轨道时间是 110min，那么每 55min 反转一次即可。我们将在第 7 章中对此进行更详细的讨论。

FCC 受到来自 Ku 用户和 Ka 网关通带的其他现任用户的大量游说，主要关切是用于计算干扰水平的方法。

20 年过去了，这些争论还在继续。OneWeb、SpaceX 和 LeoSat 强调，他们的渐进俯仰方案与自适应功率控制相结合，某些情况下配合分数束宽度自适应天线使用，会比最初的 Skybridge（和 Teledesc）方案更有效，但是建模也更复杂，尤其是当必须考虑共享相同通带的多个星座的时候。还存在广泛的潜在受影响的接收器，范围从高清晰度和超高清晰度（UHD）卫星电视、甚小孔径终端以及大量民用和军用双向无线电系统。

相反，如果让 NEWLEO 选用相对极端的倾斜角度，则将直接对链路预算、额

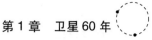

外等待时间和容量成本产生不利影响,所有这些因素都会导致 NEWLEO 商业获利受损。

关于渐进俯仰方案还有一个潜在的棘手问题。如果 NEWLEO 可以证明它们可以在相同的通带中与 GSO 运营商共存,那么就同时表明,用于实现这一目标的空间分离和功率技术可以在允许 5G 运营商共同共享频谱(包括如 28GHz 频带)方面同样有效。

这可能就是 WRC 2019 上一些有趣的技术和监管争论的根源所在,又把我们带回到监管和竞争政策的话题上来。

1.18　扁平 VSAT:替代渐进俯仰实现 5G 和卫星通信共享的方案

在第 6 章中,我们探索了一种管理共存和频带共享的替代方法,该方法基于低成本的平板甚小孔径终端、无源和有源平板和共形阵列,包括集成到电视显示器中的用于室内覆盖高元件数阵列(256/512/1024 元件),以及用于室外覆盖的集成到太阳能电池板和广告板中用于高吞吐量和极高吞吐量地面室外移动和固定接入的阵列。

我们还探索了 16 元和 32 元阵列嵌入智能手机和可穿戴设备屏幕的潜力,并展示了这将如何为卫星行业带来与智能手机相关的附加价值。

在我们看来,这似乎是一种更安全和更鲁棒的频谱共享方法,提供了可接受的 5G,频带回传中的 5G,LEO、MEO 和 GSO 星座之间共享 12GHz、28GHz 以及 V 频段和 E 频段通带的前景。它还提供了重新把现有 450MHz～3.8GHz 蜂窝频谱用于卫星连接的机会。

1.19　共存和竞争,补助和普遍服务义务

我们已经说过,频谱访问权以及在卫星行业中的轨道访问权和着陆权,是根据预期由连接性能的改善而带来的社会和经济利益而授予的。这可以为消费者或企业和工业用户,公共安全、救灾、紧急服务带来便利,也可以为军方带来国防和军事效益。这些预期的利益源于技术和商业创新的各种组合,或是对传输介质基础性质的改进利用。

例如,如前所述,LeoSat 有一个独特的商业模式,其基础是无线电波在自由空间中比在光纤中传输的更快。相比之下,OneWeb 和 SpaceX 在它们的 FCC 文

件中强调了它们在连接未联网或已联网用户方面的潜在关键作用。根据统计方法的不同,这相当于美国 3500 万人,全球 30~40 亿人,受益其中。

2008 年,O3b(the Other Three Billion)的创始人 Greg Wyler,成功地利用这一论点通过了 O3b MEO 星座的监管审批,他在 2002 年 Teledesc 停止星座开发时获得了其 Ka 频段频谱。这为 O3b 提供了对 17.7~20.2GHz 的下行链路通带以及 27.5~30GHz 的上行链路的接入权,相同的频带被建议用于 NEWLEO Ka 频带网关上行链路和下行链路,并且已经由 Iridium 和多个 GSO 运营商使用。

在雷曼兄弟破产的那一年,O3b 被迫艰难地集资,星座发射成功并且或多或少达到了其商业计划的目标,印证了 Wyler 管理团队的公关能力。然而,该公司通过大幅改变业务的市场重点最终实现了这一目标。目前,该业务能为赤道两侧 40°地区提供互联网连接(之前行业内的笑话是 O3b 代表"仅仅三艘船"而不是"另外 30 亿人")。

这凸显了一个问题,即许多目前未联网的客户是低收入或无收入客户,因此,如果要全面跨越数字鸿沟,很可能需要各国、各地区的大量政府补贴。

这种情况已经在地面光纤补贴或通过各种财政激励强加的普遍服务义务中发生。流入卫星行业用于弥补数字鸿沟的补贴数额相对较小(在美国市场约为 1.5%),包括 SpaceX 在内的 NEWLEO 运营商提出了一个有说服力的论点,即这些美元用于卫星行业将更有效,而不是用于地面系统补贴。

情况是否如此取决于共存协议的最终细节,现在,5G 社区分享或获得 Ku 频段和 Ka 频段频谱资产的野心使达成协议的进程变得更加复杂。

5G 运营商日益认识到,可以应用角功率分离的原理来支持地面 5G 与 LEO、MEO 和 GSO 之间的网络共享,这一组合将提供通过空间频率重用实现的最大范围全球覆盖和最大容量增益。

然而,在这成为现实之前,需要克服大量的审批障碍。Interlsat 和 OneWeb 合并提议案的失败就是一个很现实的例子。也许是 Intelsat 股东对提高杠杆率持谨慎态度,因为他们的杠杆率已经达到了极高的水平。它还可能受到一种挥之不去的担忧的影响,即如果合并成功,Intelsat 经过 50 年耐心谈判争取来的频谱资源和国际着陆权可能会面临法律挑战。

这一僵局可能会被谷歌或 Facebook 打破。如前所述,谷歌和富达投资(Fidelity Investments)已经用 10 亿美元的投资换取了 SpaceX 10% 的股份,两家公司都有足够的闲钱可以按照目前的企业市值购买卫星行业的很大一部分资产。它们同时还具有相当大的监管影响力。

当前最重要的是,NEWLEO 之间不要因为相互质疑干扰模型而搬起石头砸了自己的脚,而是要向监管机构提供一个统一的愿景,表明高计数 LEO 卫星星座在未来互联网连接中能够起到关键作用并且在经济上极具吸引力,也应该能够与 MEO、GSO 和 5G 网络进行无缝集成。

1.20 美国的竞争和频谱政策

2016 年 4 月,AT&T 和 EchoStar 宣布了一份 28GHz 频段的潜在共享框架,并计划与 Hughes 网络系统和 Alta Wireless 合作。与此同时,Verizon 和 ViaSat 同意开展共存、共享和合作研究。在这之前,AT&T 于 2016 年 1 月向 FCC 提交了实验许可证,要求对 27.5 ~ 28.5GHz 的各种类型的新无线设备进行固定和移动测试。

CTIA 建议这些研究应该也扩展到超微波柔性应用(UMFU)共享接入协议中的 37 ~ 40GHz 频段。2016 年 7 月,FCC 批准其频谱前沿计划,推动发布 UMFU 规划,涉及的频段包括 27 ~ 28.35GHz、37 ~ 38.6GHz 和 38.6 ~ 40GHz 的以及一个新的未授权频段 64 ~ 71GHz。

美国和其他潜在的 5G 陆地移动运营商对 28GHz 和 38 ~ 40GHz 频带的兴趣易于解释。卫星行业能够接入 FDD 频谱,非常适合于开展地面 5G 应用。此外,卫星工业已成功地实施分数波束宽度天线技术,能够满足当前许多以及预期未来所有的 5G 广域高数据速率链路预算要求。

28GHz 和 38GHz 的地面固定链路硬件也可实现额外的规模经济效益。然而,包括东南亚运营商在内的许多卫星运营商反对在 28GHz 频带中建设 5G,并且表示该频带高吞吐量卫星的投资将受到损害。对美国来说,拥有不同的监管前景并不罕见,在可预见的未来,28GHz 频段始终会是激烈争论的焦点。

1.21 卫星和局域网连接

NEWLEO 的商业模式基于的假设是 Wi-Fi 将用于提供来自小型的、可选的太阳能供电的、具有低成本基站的本地连接,并且存在类似的机会把蓝牙集成到这些优化的本地通信系统中。

我们将在第 10 章中介绍 Wi-Fi 802.11、802.15,以 SigFox 和 Lora 为代表的专有低功耗、远程许可无线电选项,以及包括低能量蓝牙和长距离蓝牙的最新蓝牙技术,但是总的来说,可以观察到,将局域网、个人区域网络与 5G 和卫星系统进行集成,是获得较为理想的 5G 用户和物联网体验的关键路径之一。未来面临的部分挑战将是设法把这些增强的传统无线电系统集成到低成本、小体积的用户终端和 IoT 设备中。

传统上,用于 3G 和 4G 网络的物理层设计集中于使用具有实际包络调制的高阶调制来传送带内频谱效率。这些选项将带内频谱效率与频谱泄露进行折中。它们本身能量效率有限。

5G 对于电池供电的 IoT 应用而言具有足够高的功率效率和足够窄的带宽的波形。这应被视为是对其他优化的传统技术选择的补充而不是竞争。

在理想的 5G 和卫星集成的状态中,5G 和卫星将使用相同的物理层或者至少共享一些基线共性特征。这种状态是可能的,因为版本 16 和 17 标准在 Ku 频段、K 频段和 Ka 频段的物理层实现方面具有一定的灵活性,但如同我们在第 10 章中强调的那样,标准集成的问题只是刚刚得到解决,在实现任何有意义的集成之前还有大量工作要做。

更有可能实现的是,可以在低移动性大蜂窝(LMLC)5G 物理层和卫星物理层之间实现某种兼容性,特别是卫星能够满足不同大小地面移动宽带系统的容量需求,包括常规规模(35~100km)到 2000km 或更大规模。

1.22 小结

在过去 60 年中,卫星行业的频谱访问权逐步巩固,从 VHF、L 频段、S 频段和 C 频段到 Ku 频段、K 频段、Ka 频段,以及现在提出的对 V 频段和 W 频段分配等。这些频谱访问权与密集谈判的轨道权和国家间访问权紧密相依。

NEWLEO 运营商必须在更短的时间内(5 年而不是 50 年)完成这些权限审批过程,或者与已获得授权的 GSO、MEO 和 LEO 运营商合并。然而,这种合并可能会受到法律挑战,实际上,管制和竞争政策障碍可能比未来的技术挑战更成问题。

NEWLEO 运营商确信,与现有运营商相比,他们能够将交付成本降低至少一个数量级,并且能够在有限成本下提供足够的能力以满足实际需求。对于一些依赖丰厚利润来履行目前债务覆盖承诺的现有 GSO 运营商来说,利率快速下降将是个问题。

谷歌(Google)、苹果(Apple)、Facebook 和亚马逊(Amazon)等现金充裕的顶级(OTT)玩家可以帮助解决这种紧张局势。Alphabet Group 在 SpaceX 的 10 亿英镑初始投资,表明互联网巨头对卫星领域的兴趣正在增长。

有些任务只能通过卫星来完成,有些任务最好通过卫星完成,有些任务最好通过地面网络在本地完成。

从表面上看，与几米外的基站相比，向空中数百或数千公里发送信号似乎是愚蠢的，但 4G 和 5G 中的网络密集化正在增加路由复杂性，回传网络的成本和电力消耗正在使端到端的旅程变得不可预测，有时也是昂贵的。

因此，越来越有说服力的论点是，4G 和 5G 网络中日益增加的直接用户和设备业务以及间接回传业务由卫星网络承载将更具成本效益。

然而，实现全球覆盖需要混合 LEO、MEO 和 GSO 星座。角功率分离潜在地允许跨星座的频率重用以及用于 5G 地面点对点和用户到基站链路的重用，但是在这一切变为现实之前，需要解决审批和竞争策略的许多问题。

特别是，新老卫星行业仍然被锁定在对抗的频谱分配和拍卖过程中，这抑制和阻碍了两个行业及其各自供应链之间的合作。

这就引出了下一章的主题，即需要在 WRC 2019 和 WRC 2023 上解决的空间频谱竞争和潜在战场的问题。

参考文献

[1] https://www.space.com/37200-read-elon-musk-spacex-mars-colony-plan.html.
[2] https://www.space.com/38314-elon-musk-spacex-mars-rocket-earth-travel.html?utm_source=notification.
[3] https://www.blueorigin.com/.
[4] http://www.virgingalaccic.com/.
[5] https://www.facebook.com/Internetdotorg/.
[6] http://www.spacex.com/news/2015/01/20/nnancing-round.
[7] http://www.planetaryresources.com/#home-intro.
[8] http://www.goldmansachs.com/our-thinking/podcasts/episodes/05-22-2017-noah-poponak.html.
[9] http://www.hellenicaworld.com/Greece/TechnoIogy/en/CatapuItTypes.html.
[10] https://www.nasaspaceflight.com/2017/09/spacex-first-x-37b-Iaunch-falcon-9/.
[11] http://spacerenaissanceact.com/satellite-industry/.
[12] http://www.scienccmag.org/news/2017/06/china-s-quantum-satellite-achieves-spooky-action-record-distance.
[13] http://www.techdigest.tv/2017/05/middlesbrough-tops-table-4g-table-that-is-but-4g-coverage-remains-well-short-of-ofcom-target.html.
[14] http://www.bournemouthweather.co.uk/climate.php.
[15] https://www.ses.com/networks.

[16] http://oneweb.world/board/greg-wyler.

[17] https://www.ispreview.co.uk/index.php/2016/11/uk-government-pledge-1bn-boost-fuel-pure-fibre-optic-broadband.html.

[18] http://www.satellitetoday.com/newspace/2017/06/23/leosat-joins-forces-esa-satellite-5g/.

[19] http://www.sciencedirect.com/science/article/pii/S0273117714005766.

[20] http://qzss.go.jp/en/.

[21] http://www.satellitetoday.com/publications/via-satellite-magazine/features/2008/03/01/hot-orbital-slots-is-there-anything-left/

[22] https://space.stackexchange.com/questions/2515/how-closely-spaced-are-satellites-at-geo.

[23] https://www.darpa.mil/program/robotic-servicing-of-geosynchronous-satellites.

[24] https://airspaceportok.com/.

[25] http://www.antenna-theory.com/antennas/patches/pifa.php

第 2 章 空间频谱的竞争

2.1 为什么频谱很重要

我们的上一本书《5G 频谱和标准》在 WRC 2015 结束的时候刚刚完成。如果你最近刚买了手中这本书,那么它可能就在 2019 年举行的下一次世界无线电会议之前。如果你是在 WRC 2019 会议之后读到本书,那么至少你看看事情是否会像我们说的那样发展。

频谱分配和拍卖过程本质上是对抗性的,其设计的理论目标是使频谱作为有限但可重用和可共享的资产来实现社会效益、经济效益以及少数情况下政治利益的最大化。这其中有数十上百个利益相关者参与,例如,世界气象组织就担心不少问题[1]。

世界无线电会议是需要花费成千上万小时来准备的重大事件[2]。图 2.1 是参加 2015 年活动开幕式的代表。

图 2.1　2015 年日内瓦世界无线电会议开幕式(© ITU/D. Woldu.)

频谱对于卫星系统是重要的,因为可用频谱的数量和质量以及对该频谱的用户施加的使用条件和/或服务和/或共存义务决定了容量和覆盖范围,并因此决定了系统的经济性。

共存包括对共享相同频带或邻近频带的 GSO、MEO 和 GSO 卫星系统之间的干扰以及双向通信系统和地基卫星电视接收系统之间干扰的管理。

2.2 5G 和卫星电视以及其他卫星系统的共存

卫星电视部署在 3.7~4.2GHz 的 C 频段,8GHz~12GHz 的 Ku 频段(主要在 11.7~12.7GHz 这是我们大多数人在家观看的),以及 18.3~18.8GHz 和 19.7~20.2GHz 的 Ka 频段。Ka 频段分配(18.3~18.8GHz + 19.7~20.2GHz)用于超高清和超高清电视。

C 频段通常使用直径平均为 2m 的抛物面天线来支持 250 个频道的视频和 75 个音频服务。C 频段抛物面天线是可控的,使得 C 频段用户能够从 20 个或更多个卫星接收信号。第五代(5G)运营商热衷于将 5G 地面服务部署到该频谱中。5G 社区经常声称,C 频段电视正在迅速消失,但它仍将在数量惊人的国家中继续存在。我的邻居有一个很大的 C 频段天线指向地平线,我想他是用来看土耳其电视的,从移动台或基站来的 5G C 频段信号很可能会把不需要的能量注入他的卫星电视前端。新加坡 3.7~4.2GHz 的 5G C 频段网络将需要与马来西亚的 C 频段电视接收器共存,至少电视天线的指向或多或少是一致的。

美国的多通道视频分配服务(MVDDS)联盟[3]目前正在游说 FCC 重新审查 12.2~12.7GHz 频带中的技术限制,以便使它能够提供双向移动宽带服务而不是目前允许的单向固定服务。美国公司 Dish Networks 是这个联盟组织的积极成员。Dish Networks 在所有 3 个电视频带(C 频带、Ku 频带和 Ka 频带)中提供卫星电视,并且具有对 3 个地面蜂窝频带的接入权:未配对的 AWS-3 上行链路频谱(1695~1710MHz)、H 区下行链路频谱(1995~2000MHz)和 AWS-4 频谱(2000~2020MHz)。

2016 年 6 月,3GPP 正式批准频带 70,将这些地面频带聚集在一起。这使得 Dish Networks 可以构建与 Ku 频段中的卫星电视和双向卫星服务集成的三频段 LTE 地面网络,尽管这将需要监管部门的批准。这些频带在其他市场中不是普遍可用的,并且其他移动宽带地面运营商也不太可能具有相同或类似的地面聚合频带计划,这表明该提议可能受到缺乏全球规模支持的限制。Sprint 是另一个特定于美国运营商的例子。Sprint 千兆 LTE 三频带方案组合了它们的

800MHz、1900MHz 和 2.5GHz 频带分配。2012 年,Sprint 经历了一次主要由软银(Softbank)提供资金的重大资本重组[4]。软银(Softbank)也是 OneWeb 的主要投资者,该公司表示,对包括移动宽带和传统广播在内的卫星和地面资产的交叉投资可能会变得更加普遍。

然而,由同一银行提供资金并不能解决共存问题。许多 GSO 卫星运营商支持电视转发器和双向通信服务的混合,因此它们可以主动管理任何带内或相邻带干扰。

与 Ku 频段 LEO 下行链路的共存更成问题,并且需要通过角功率分离和极化分集来管理(这两者都将在第 5、6 和 7 章中更详细地讨论)。

因此,LEO、MEO 和 GSO 卫星运营商之间的竞争是多种多样的。将 5G 区域运营商增加到其中将使得已经复杂的局面更加复杂。

2.3 雷达频带的划分命名

卫星行业的频带(以及用于固定点到点回传和用于 5G 地面),使用 IEEE 标准 521 - 1984《雷达频带划分》来进行命名,如表 2.1 所列。

表 2.1　IEEE 标准 521 - 1984 雷达频带

L 频段	S 频段	C 频段	X 频段	Ku 频段	K 频段	Ka 频段	V 频段*	W 频段*
1~2GHz	2~4GHz	4~8GHz	8~12GHz	12~18GHz	18~27GHz	27~40GHz	40~75GHz	75~110GHz
GPS	MSS	电视	军用	商用	军用	商用	军用、商用和汽车雷达	
持牌	持牌	持牌	持牌	持牌	持牌	持牌	无执照	

* 有时会用到所谓的 E 频段,来定义 60~90GHz 子频段。就像 E 频段这一名称来自 WR22 波导命名系统,你也可能遇到 Q 频段这个名字,Q 频段覆盖范围是从 33~50GHz(波长为 9.1~6mm)。

可以通过从甚高频(VHF)到 V 频段和 W 频段(并且对于一些军事通信系统更高)的电磁频谱直接发现卫星。例如,Orbcomm 星座[5]在 VHF 频段提供窄带 IoT 连接,Iridium[6]和 Globalstar[7]在 L 频段和 S 频段实现第二代 LEO 星座,NEWLEO 提供 Ku 频段的用户上行链路和下行链路、K 频段和 Ka 频段的网关上行链路和下行链路以及 K 频段的遥测和遥控链路等的频谱共享。

2.4　5G 标准和频谱

3GPP 版本 15 标准定义了 6GHz 以下的地面 5G 可用频段规划(如 C 频段)。

3GPP 版本 16 标准定义了用于 Ka 频段和 E 频段的地面 5G 可用频段规划。HTS Ka 频段卫星(高容量 GSO 卫星)通常被部署在具有 250MHz 信道间隔的频分双工(FDD)的 3.5GHz 通带中。这是 5G 的理想选择。

卫星行业为失去对 Ku 频段和 Ka 频段频谱的主要访问权这一前景感到不满,并且在 WRC 2015 上成功地限制了 WRC 2019 的研究选项。这些如表 2.2 所列。这包括 FCC 建议考虑将超微波柔性应用作为一项用于共享 Ku 频段、K 频段和 Ka 频段频谱的机制[8]。请注意,卫星行业对于在 28GHz 频带中推广 5G 的前景尤为不满。目前使用这一频段的高通量卫星清单对此作了简单的解释,该频带包括 28GHz 频带高吞吐量卫星 GSO 现役卫星和澳大利亚国家宽带网络卫星(2 个卫星)、IPSTAR(4 个卫星)、Inmarsat Global Xpress(4 个卫星)、O3b MEO(12 个卫星)、Viasat(4 个卫星)、Jupiter(2 个卫星)、Hylas/Avanti(2 个卫星)、A-amazonas 3、Spaceway 3、Wild Blue 1、Superbird4、AMC15 和 16 及一定数量的电视直播卫星。

表 2.2 在 WRC 2019 研究中达成一致的频段(不包括 28GHz 频段)

	K 频段	Ka 频段		V 频段						W 频段	总计
ITU WARC 2109 研究用于 5G 的频段											
GHz	24.25	31.8	37	40.5	42.5	45.5	47	47.2	50.4	66	81
GHz	27.5	33.8	40.5	42.5	43.5	47	47.2	50.6	52.6	76	86
GHz	3.25	1.6	3.5	2	1	1.5	200MHz	3	2.2	10	5	33.8GHz
FCC 超微波柔性应用											
GHz		27.5	37	38.6						64	
		28.35	38.6	40						71	
GHz		860MHz	1.6	1.4						7GHz	
										无牌照	
		牌照	牌照*								10.85GHz
GHz		FCC									
		ITU									
总结	ITU 在 WRC2019 研究的频谱共有 33.8GHz 用于 FCC UMFU 研究的频谱共有 10.85GHz,其中的 3GHz 较为普遍(37~40GHz) FCC 提议在 28GHz 的低频带虽然与 ITU 研究频带临近,但不纳入 ITU WRC2019 研究范围 * FCC 提议从 37~37.6GHz 中选择 600MHz 用于商业/联邦共享。										
FCC 未来建议规则备忘											
GHz	24.25	25.5	31.8	42			47.2	50.4	71	81	
	24.45	25.25	33.4	42.5			50.2	52.6	76	86	
GHz	200MHz	200MHz	200MHz	500MHz			3GHz	2.2GHz	5GHz	5GHz	17.7GHz

第 2 章 空间频谱的竞争

(续)

FCC 未来建议规则备忘									
FCC/ITU				FCC/ITU			FCC/ITU	FCC/ITU	
GHz 总结	用于研究的 FCC 频谱中的 17.7GHz,是 ITU 和 FCC 普遍使用的(24GHz,25GHz,32GHz,42,47~50,50,52GHz,71~76,81~86GHz) IEEE 521-1985 雷达频带——X 频段 12~18GHz,Ku 频段 12~18GHz,K 频段 18~27,Ka 频段 27~40GHz,V 频段 40~75GHz,W 频段 75~110GHz。								

还有一种提案是使用 77GHz 汽车雷达频段的任一侧的 E 频段,可能的频段规划如表 2.3 所列。

表 2.3 5G E 频段

5G PPP E 频段信道化和共存									
CEPT									
71~76GHz		76~77GHz	77~81GHz	81~86GHz			86~92GHz	92~95GHz	
5G MOB TX?				5G MOB RX?			5G TDD		
防护频段	信道	防护频段	窄带长距离雷达	宽带近距离雷达	防护频段	信道	防护频段	射电天文频段	防护频段	信道	防护频段
125MHz	19×250MHz	125MHz			125MHz	19×250MHz	125MHz		125MHz	11×250MHz	125MHz
U.S. FCC				U.S. FCC					
4×1.25GHz 信道				4×1.25GHz 信道					
保留使用									
71~74GHz	74~76GHz			81~84GHz	84~86GHz				
固定卫星	类似 71~74			固定卫星(地到空)					
(空到地)	附加广播卫星			移动卫星(地到空)					
移动卫星	空间探测			空间探测(地到空)					
(空到地)	(空到地)			射电天文					

需要进一步研究汽车雷达频段和相邻通带内的潜在干扰的量化问题。工作在 76~81GHz 多个雷达系统意味着产生显著的频谱密度和强脉冲信号,这可能引起带内和带外干扰。

较低双工频段(71~76GHz,E 频段)的下缘也紧邻所提出的扩展 60GHz Wi-Fi 频段,这将潜在地产生大约 15GHz 的连续未授权频谱。

从卫星的角度来看,扩展 60GHz 频段的意义在于,与 2.4GHz 和 5GHz Wi-Fi 频带一起,它们产生可以与 NEWLEO 系统解决方案集成的无成本或更准确地说低成本连接解决方案。OneWeb 提供了此建议方法的一个示例,还提出了用于车联网的 5GHz Wi-Fi 频带扩展建议。

跟上 802.11 的字母版本更新进程一直是一个挑战,但是最新的 802.11ax 芯片组[9]声称支持 4.8Gbit/s 的标题数据速率,从 802.11ac 多天线接入点获得的 1.7Gbit/s 理论上能够支持 10Gbit/s 吞吐量和/或每小区最多 400 个用户(显然不是 400 个用户每用户 10Gbit/s)。

这显然是个小细节,但是 3GPP 工作组 RAN 1 内针对 5G 帧结构的工作包括对 1ms 时间帧内的至少两个符号组成的微小时隙的规范。这是为了能够部分支持 EMBB(增强型移动宽带)信道中的超可靠低延迟通信(URLLC)和 URLLC 预部署,但是也意图用于在未许可频带中操作,例如,在成功的先听后说过程之后立即开始传输而无须再等待时隙边界。

Wi-Fi 与 LTE 辅助接入(LAA)以及 LTE-U 和 5G 的集成应当考虑这些频带潜在的卫星应用,这是将在第 10 章中讨论的主题。

2.5 现有 LEO 的 L、Ku、K 和 Ka 频段分配

Iridium 和 Globalstar 在 L 频段的现有分配与 Inmarsat L 频段频谱相邻,Iridium 馈线网关下行链路在 19.4~19.6GHz 的 K 频段,网关馈线上行链路在 Ka 频段的 29.1~29.3GHz,卫星间交换分配在 23.187~23.387GHz 的 K 频段。

使用卫星间交换的传统 LEOS(如 Iridium)有可能从 FCC 和 ITU 获得许可,以使用角功率分离来支持频率重用和共存,将它们在 K 频段和 Ka 频段中的卫星间和地球站上行链路和下行链路频谱用于一般广域覆盖。这将改变 Iridium 的服务提供方式。然而,它们还需要将其星座扩展到数百或数千个卫星,以便具有足够的 RF 功率和持续过顶可见性,以支持大众市场消费者和/或低平均收入用户(ARPU)的移动和固定接入网络连通性。Iridium 还没有对此发表任何声明,他们现有的星座升级可能过于先进,无法支持现行商业模式的改变。

第 2 章 空间频谱的竞争

他们似乎可以继续有效地为传统的高价值用户提供服务。请注意,卫星间交换减少了所需的地球网关的数量,减少了等待时间,有更高的功率和带宽效率,并且如前所述,允许 Iridium 在其进行商业运营的同时支持高附加值的军用载荷。

Iridium 的网关链路在所提议的 OneWeb 和 LEOSAT 用户链路以及 O3b/SES Ka 频段 MEO 下行链路的通带内。作为现有的运营商,以及可能作为承载关键军用载荷的运营商,FCC 不太可能希望对 Iridium 强加任何共存要求,而更有可能要求新的市场进入者满足严格的保护比率,以确保现有和下一代的 Iridium 服务水平能够得到维持。

在理想情况下,移动宽带社区和卫星行业将共同努力,整合频段的划分和技术标准,实现共同的规模效益。实际上,移动运营商,特别是美国移动运营商,正在游说大家接入现有的卫星无线电频带,包括 Ku 频带、Ka 频带和 E 频带中的频谱,这一对抗举动将阻碍合作的推进。

如上所述,现在已有了 L 频段和 S 频段中的固定和移动系统,包括 LEO 系统(Iridium 和 Globalstar)和 GSO 卫星(如 Inmarsat 4)。卫星也集中部署到 C 频段(4~8GHz)的许可频谱中,包括卫星电视(也在 10GHz)、X 频段(8~12GHz)、Ku 频段(12~18GHz)、K 频段(18~27GHz)和 Ka 频段(27~40GHz)。该频谱与军事卫星系统共享,尽管其中许多目前集中在 X 频段和 K 频段。

卫星运营商通常可以在这些频带上占用几千兆赫兹的频谱。相比之下,移动运营商在 UHF 频段和 L 频段、S 频段以及 C 频段的下端(TDD 频带 42 和 43)将具有至多 200 或 300MHz。

表 2.4 列出了这些频段为什么适合于在波长方面描述的更大的频谱图像。

表 2.4 频率和波长对照

	kHz	kHz	kHz	MHz	MHz	MHz	GHz	GHz
频率	3~30	30~300	30~3000	3~30	30~300	300~3GHz	3~30	30~300
波长	km	km	m	m	m	m	cm	mm
	100-10	10-1	1000-100	100-10	10-1	1-0.1	10-1	10-1
名称	100千米频段	10千米频段	千米频段	百米频段	十米频段	米频段	厘米频段	毫米频段
	长波	长波	中波	中波	短波	短波	微波	微波
大气噪声小于20MHz								
星系射电噪声小于100MHz								
线路噪声								
孔径增益偏移传播损耗								

人们特别感兴趣的频段是米频段(300MHz～3GHz)、厘米频段(3～30GHz)和毫米频段(30～300GHz),也称为 Sub 10 频段(波长为10mm或以下)。更详细的分析见《5G 频谱和标准》。

2.6　更高频率/更短波长的好处

较短波长频段的意义在于可以构造传输各向同性增益的紧凑相控阵天线,从而抵消在这些较高频率处的传播损耗。

这些天线正在卫星工业中得到广泛应用,特别是在 Ku 频段、Ka 频段和 E 频段。有一种被称为分数天线阵列的天线,其波束宽度在 0.5%～1.5%,可提供大于 40dBi 的增益。与 900MHz(低频段蜂窝)相比,28GHz 处的附加传播损耗大约为 30dB。天线能够跟踪移动卫星(LEO 和 MEO),使指向损耗最小化。

卫星在 2.7～2.9GHz、5.2～5.7GHz 与深空通信以及商用和军用和气象雷达,在 24GHz 与水汽共振峰值微雨雷达(与汽车雷达共享),在 35GHz 与云合成雷达(云雷达)之间,共享其频谱。军事应用包括无人飞行器的遥测和遥控、高分辨率成像和监视以及包括反导弹系统的远程武器系统。

每一代新的军用和民用卫星无线电和雷达系统需要更多而不是更少的带宽、更大的发射功率和更高的接收灵敏度。这些要求转化为对更高保护比(例如,拒绝带外信号的能力)的需求[10]。

2.7　频谱:为什么 Ka 频段有用

图 2.2 总结了为什么 Ka 频段是在频谱可用性(3.5GHz 的当前可用频谱)方面的首选频段。它还强调了 Q 频段和 V 频段(以及不包括在图形中的 W 频段/E 频段)的潜力。

2.8　标准对 5G 频谱需求的影响

标准化过程还对频谱策略和潜在的频谱需求有影响。3GPP 第 1 阶段第 15 版将于 2018 年末发布,主要针对 6GHz 以下(包括 3.8～4.99GHz)的频段。版本 16(第 2 阶段)包括 28GHz 和 38GHz 波束,预定于 2019 年 12 月完成,届时将知道 2019 年世界无线电会议的结果(表 2.5)。被称为 5G 非独立新无线电的第一次迭代于 2017 年 12 月完成。

第 2 章 空间频谱的竞争

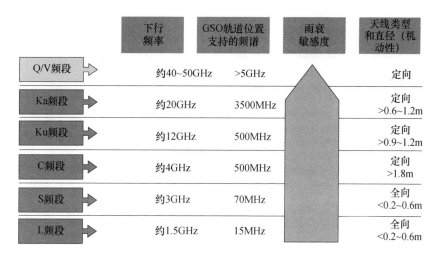

图 2.2 5 个 Ka 频段和其他频段比较（感谢 Euroconsult 和 Inmarsat）

表 2.5 3GPP 标准化工作和 WRC2019 对标

阶段 A	阶段 B	阶段 C
2012	2013	2016
版本 10 和 11	版本 12 和 13	版本 14、15 和 16
WRC12	WRC15	WRC19

来源：3GPP

图 2.3 给出了当前 3GPP 增强型移动宽带（eMBB）标准的推进计划。

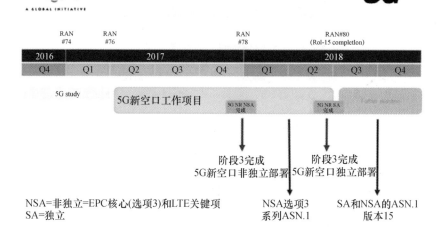

图 2.3 5G 新空口（NR）eMBB 工作计划（3GPP 提供）

33

2.9 多路复用、调制和共存

5G 新无线电层使用灵活的参数集(numerology)。这意味着可以根据所需应用来选择不同的正交频分复用(OFDM)子载波,从 15kHz 开始,然后是 60kHz、120kHz、240kHz 和 480kHz。图 2.4 建议在 3GHz 以下的 FDD 和 TDD 频谱中使用 15kHz 子载波,用于使用 1MHz、5MHz、10MHz 或 20MHz 带宽 LTE 的大型室外和宏小区。对于室外低功率无线接入节点,建议将 30kHz 子载波应用到高于 3GHz 的 TDD 频带中,例如,具有 100MHz 或 80MHz 信道栅格的频带 42 (3.4~3.6GHz)和频带 43(3.6~3.8GHz)。建议将 60kHz 子载波用于室内宽带,使用 160MHz 信道栅格,应用于未获授权的 5GHz 频带。建议在 28GHz 的 Ka 频段使用 12kHz 子载波,使用 500MHz 信道栅格。指定 240kHz 和 480kHz 作为子载波以供将来使用。

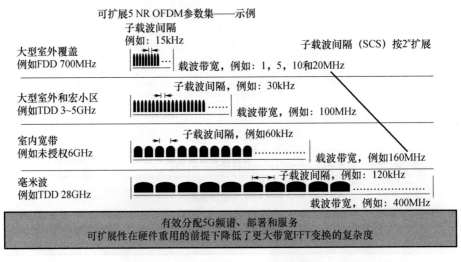

图 2.4　OFDM 参数集(© 2017 Qualcomm Technologies,和/或其关联公司)

第 10 章中更详细地介绍了 5G 和卫星标准,但是可以看出,人们明显期望信道带宽从当前在 2GHz 以下通带的 LTE 10MHz 扩展到 Ka 频段的 500MHz,并在未来继续扩展到 V 频段和 W 频段的 1GHz 和 2GHz。请注意,NEWLEO 提交给 FCC 的文件,例如,2016 年 7 月 OneWeb 的一份提议,假设用户链路在 Ku 频段 (12.2~12.7GHz 上行链路,14.0~14.5GHz 下行链路)中的通带为 500MHz,馈线/网关链路在 Ka 频段(19.7~20.2GHz 下行链路和 29.5~30GHz 上行链路)

中的通带为500MHz。假设上行链路信道用125MHz载波实现,而下行链路用250MHz载波实现。用户和IoT设备解调每个250MHz下行链路信道上的所有包,然后丢弃报头不是发往它们的包。请注意,由于功率效率的原因,卫星系统不使用OFDM或正交幅度调制(QAM),而是使用相对简单的幅度相移键控(APSK)。这限制了AM分量,因此需要来自RF功率放大器的较少(功耗)线性度。可以认为APSK的频谱效率不如QAM和OFDM,但实际上频谱效率是通过空间分离和极化分集来实现的。图2.5比较了两种调制类型。

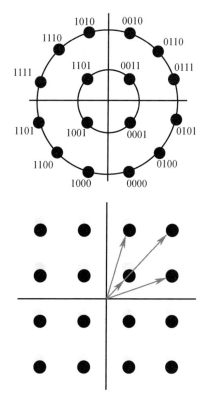

图2.5　ASPK(上方)和QAM(下方)调制(感谢Radio Electronics)

在共享具有不同物理层规范的地面和空间频谱的优缺点方面,还需要做大量的工作,在第10章中更详细地讨论这个主题。

2.10　区域频谱政策

就区域政策而言,FCC和当前ITU政策之间存在一些显著差异,特别是在

28GHz、38GHz 和 39GHz 频带附近。特别地,作为对 AT&T 和 Verizon 游说的回应,FCC 正在采取稳健的方法,将主要接入权分配给 28GHz 和 39GHz 的移动宽带运营商。不出所料,卫星行业反对这一点,并且可以预期在 WRC 2019 中采取强有力的倡导立场,在共同分享的基础上获得更多有限的访问权。这其中包括财务建模,移动运营商在厘米和毫米频段的地面部署可能对移动运营商在利息、税收、折旧和摊销(EBITDA)以及企业价值之前的收益产生负面影响,而不是正面影响。

3GPP 版本 15 集中于 6GHz 以下 5G 部署(表 2.6)。从逻辑上来说,卫星行业可以将这一论点推进一步,即在现有的 LTE 频谱(包括 600MHz 的新频段 71)中部署 5G,而不是在现有的卫星频段中部署 5G。或者(正如我们在本书其他地方所讨论的),为卫星使用提供对这些千兆赫以下频段的访问是合乎逻辑的。

表 2.6　地面 6GHz 以下 4G 和 5G 频谱频段分配

450		600			700			800			900		合计
频段 31	巴西	频段 71	美国	频段	频段 28	APT	频段	E850 美国	频段 26	频段	频段 8	欧洲和亚洲	MHz
452	462	617	663		703	758	814	859			800	925	
457	467	652	698		748	803	849	894			915	960	
5	5	35	35		45	45	35	35			35	35	155 + 155
				12	696	729	791	832	U. S. ISM		902		
					716	746	821	962			928		
				17	704	777							
				AT&T	716	787							
				13	746	788							
				Verizon	756	798							
				14	758								
					768								

450~900MHz 之间还有 155+155MHz 的低频段频谱可用。与使用 Ku 频段、K 频段和 Ka 频段几个吉赫兹的频谱相比,这看似不太起眼,但是这一段是优质频谱,不受天气影响,传输率好,表面吸收和散射最小。从监管的角度来看,这段频谱具有明确定义和高度保护的访问权限。

2.11　UHF 频段的 5G 和卫星

因此,UHF 可以提供低成本、相对高数据速率 5G 连接方案。卫星运营商必须证明,他们可以在价格、吞吐量和覆盖范围方面与这些潜在增强的稀疏网络地面方案竞争,特别是考虑到中国供应商群体可以实现的规模经济收益,这些收益可以通过他们的本地高容量 4G 和 5G 市场进行分摊,在这些市场上,基站流量被或将被以百万单元计,用户和 IoT 设备量以数十亿单元计。

从蜂窝站点的角度来看,在这些波长范围实现智能天线虽然困难但并非不可能,挑战在于在 0.3m 宽的包络面天线(一列元件)内实现性能增益以满足重量和风力载荷约束。如果频谱更普遍地与卫星社区共享,那么共存问题就需要得到解决。太空中的大型超高频阵列不会有风荷载问题。

2.12　频谱重新布局中的 5G

一位今年访问澳大利亚的朋友惊讶地发现,他那公认的老式电话竟然用不了了。原因是澳大利亚电信公司 Telstra 已经关闭了他们的 GSM 网络。

随着运营商开始淘汰其 2G GSM 和 3G 网络,至少在理论上可以将 5G 应用到任何 4G 频带中,即从频带 31(450MHz)到频带 42 和频带 43(3.4~3.8GHz)。

然而,正如我们在第 1 章中指出的,不仅可用带宽是重要的,带宽比(通带带宽与操作中心频率的比)也是重要的。这意味着 3GHz 以下的 200MHz 5G 连续信道没有地方安置,即使它们可以通过用户或 IoT 设备前端中的传统声学滤波器链来支持,但也似乎不太可行。

此外,并非所有运营商都希望或需要淘汰其 GSM 网络,特别是在需要继续支持重要的 GPRS 垂直市场用户组的情况下。版本 13 还引入了具有附加信道编码的增强覆盖 GSM(EC-GSM),这对于一些较偏远的农村地区可能是一种潜在的具有成本效益的方案。因此,在先进 LTE、LTE Pro 以及诸如 EC-GSM 的增强版传统技术方案之上,重新划分 5G 频谱到底可以实现什么效益,需要一些时间来给出答案。

另外的方案是在不连续信道的聚合频谱中实现 5G,但是面对目前存在的如此众多的运营商频带规划方案,即便是对 4G 而言,都不大可能实现全球规模的产业,更不用说 5G 用户和 IoT 设备了。

这个话题在《5G 频谱和标准》一书中已经详细的讨论过,也涉及在支持高带宽比和/或聚合信道时带来的性能折中的背景介绍。总之,可以设计某种前端 RF 架构,从而可以并行处理多个现有 RF 频段以实现高速数据传输。前提是快速发送数据的能力将减少功率消耗,但是这必须与较低的 RF 效率和物理层时钟处理器开销相对应。很难设计出适合于处理多个和单个频段的前端架构,因此用户会发现高速数据传输设备不够理想,例如,该设备可能在小区边缘(低载波干扰)或边缘覆盖区域(低信噪比)表现得较差。传统上,在物理层设计和网络经济建模中,这些很明显非常平常的用户和 IoT 设备的 RF 性能折中,往往是被忽略掉的。

2.13 FCC、ITU 和主权国家的监管:地面和非地面网络间的相似和不同

在这里我们需要相当有条理地讨论一下不同地区和国家之间在频谱分配、拍卖和管制方面存在的差异,以及陆地频谱管理和空间频谱管理之间的共性和差异。

第一个明显的区别是,卫星系统从空间为用户提供服务。严格地说,非地面系统还包括 LTE 空对地系统,例如用于提供与直升机的双向通信。在使用低成本无人驾驶飞机为应急和救灾提供按需覆盖方面,也有相关的研究。

图 2.6 给出了在 Verizon 测试中,安装在无人机上的空对地 LTE 和 LTE 微微基站的示例。

图 2.6 LTE 空对地和基于无人机的 LTE 基站
(感谢美国航空航天技术公司和 Verizon Wireless)

如果这变得很普遍,则意味着需要重新配置终端及其天线,以便从上方垂直接收信号,而不是在或多或少的水平或低仰角上接收信号。如果 5G 空对地或

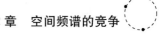

基于无人机的 5G 被部署在与 5G NGSO 和 GSO 卫星相同的频带中,则可以将其视为是一个问题(相互干扰)或一个机会(5G 和 NGSO/GSO 网络之间的共享信道带宽,在垂直和水平信号方面分开)。请注意,迄今为止的 Verizon 测试一直是 4G LTE,而不是 5G。

2.14 公共保护和救灾的空对地应用:LTE 和长期 5G 应急服务无线电网络示例,AT&T FirstNet、BT EE 和澳大利亚 NBN

空中的这些实时 LTE 网络对于公共保护和救灾(PPDR)事故响应是非常重要的,如果它们投标并赢得公共安全无线电合同,则必须成为移动宽带运营商网络产品的一部分。实例包括 AT&T FirstNet 网络,其任务是在美国替换 10000 个单独的传统无线电系统,英国电信公司替换 Airwave TETRA 网络,以及澳大利亚的国家宽带网络。美国的网络要求是在 2001 年 9 月 11 日之后规定的,包括对公共建筑、购物中心和地下区域的覆盖范围。

这些网络需要地理覆盖,包括偏远农村地区,和以服务协议形式指定的难以到达的城市和建筑物内部。这些问题可以在一定程度上通过网络建设和为应急车辆配备 LTE 基站来解决。澳大利亚 NBN 还在服务中包括两个 GSO 卫星,以满足农村覆盖和网络弹性要求。

2.15 GSO 和 NGSO 术语

从监管的角度来看,卫星系统通常被表征为 GSO(地球静止)或非 GSO(NGSO)。NGSO 包括 MEO 和 LEO 卫星以及任何从地面看来是在移动的卫星。GSO 系统显然也在移动,但速度与地球自转的速度相同,因此从地球上看似乎是静止的。由于它们在地球上方的固定轨道位置,显然可以在区域或国家的基础上处理 GSO 星座(若干 GSO 卫星);此外,干扰问题通常与固定实体有关,并且相对容易管理。

相反,NGSO 系统,例如 LEO 卫星,飞越许多区域和国家,要求它们遵守许多(和潜在的各种)不同的监管制度,以便允许它们向用户提供服务。还需要管理与 GSO 系统的交互和干扰,GSO 系统占据更高的位置(以多种方式)。在本书中,当提到监管问题时,我们使用术语 NGSO,尽管实际上,NGSO 和 LEO 在所讨论的实际系统方面是可互换的。

为了使卫星项目真正脱离地面,必须克服许多初始障碍。包括 OneWeb 和 SpaceX 在内的 NEWLEO 实体,已经处理了其中的一些,但不是全部。

特别是对美国公司而言,这一过程通常始于向 FCC 提交文件,因为美国仍在全球卫星领域最具影响力,中国和印度正在迅速迎头赶上。

世界上每一个主权国家都有权决定如何在其领土内和理论上在其领土之上使用无线电频谱,特别是有权要求适用特定的和特殊情况下使用的共存条件。

世界贸易组织在《服务贸易总协定》的框架内,承认各国根据其本身的目标管理频谱的主权权利,同时努力制定所需的文书,以使这一权利的行使不会造成成员国之间服务贸易的障碍。在这方面,在区域和全球一级建立标准,有助于有效和经济地使用频谱和发展无线电服务。国际电联[11]与世贸组织合作,提供一个区域框架,使主权国家能够在区域一级提交和讨论其频谱要求(区域1、区域2和区域3)。国际电联区域(图 2.7)在国际电联无线电条例第 5.2 条至第 5.22 条中作了规定。

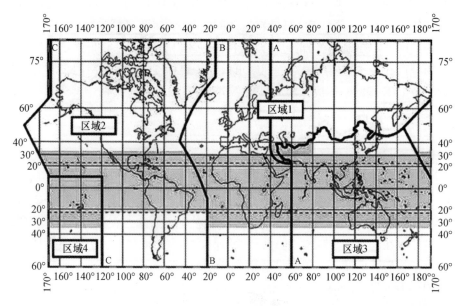

图 2.7　ITU 区域

这些区域会议的成果随后进入世界无线电会议进程。上一次 WRC 在 2015 年召开,下一次会议将于 2019 年 11 月举行。这些会议规模巨大,通常有 7000 名代表参加,在全体会议上采用表决系统对各主权国提案进行裁定。

2.16 为什么国家和区域差异对全球互联互通很重要

考虑卫星系统用于全球互联的更有说服力的一个原因是,汽车、卡车、公共汽车、轮船、飞机、火车或其他大大小小的移动或静态物体有可能被运往世界上的任何国家和任何地方,并且通过一个一体化的全球网络无缝且持续地理想连接。

例如,为 John Deere、Volvo、Caterpillar 和 Hitachi Construction 以及 Iridium 系统用户提供的 Orbcomm VHF 服务就是这种情况。然而,这些是相对窄带的系统(对于 Orbcomm,在 VHF 下为 1+1MHz,对于 Iridium,在 L 频段下为 10+10MHz),在全世界具有明确和有据可查的使用权。

通过比较,OneWeb 和 SpaceX 以及其他 NEWLEO 竞争者提议在 Ku 频带中部署具有 2GHz 下行链路通带和 1GHz 上行链路通带的宽带无线电系统,并且与 TV 广播、视频分发多通道视频和数据分发服务(MVDSS)以及由 FCC 许可在美国使用的电视和因特网传送技术共享频谱(有时称为共享频谱);这种基于地面的无线传输方法利用直接广播卫星(DBS)频率在长距离上分配多通道视频和数据、GSO 和 MEO 卫星系统以及其他双向通信系统,包括军用无线电、深空无线电和无线电天文学。网关链路部署在 K 频段和 Ka 频段,有类似的共存问题需要解决。

至关重要的是,频谱规划和无线电系统技术的部署方式存在区域差异,有时存在国别差异,因此,带内和带外(OOB)发射要求会在区域和国家基础上有显著不同。

在过去 50 年中,卫星运营商(传统 SAT)已经有了技术和管理团队可以在某些情况下处理这些差异。Iridium 和 Globalstar,这两个"新来的孩子",有 20 多年的经验。NEWLEO 必须在压缩的时间范围内(到 2019/2020 部署)处理这种管理复杂性,以满足 FCC 的要求。在某种程度上,这可以通过招募监管能力来实现。

ITU 规定,GSO 卫星在频率使用方面比 LEO 卫星具有优先级。问题是 NEWLEO 卫星将定期在地面用户与 GSO 和 MEO 卫星之间通过,并同时使用相同的 Ku/K 频段和 Ka 频段频率。

因此,了解 NEWLEO 提出的特定的系统间干扰抑制措施是非常重要的。通常,这些内容被记录在 FCC 文件中,这是美国传统卫星行业的市场支配地位和随后的 FCC 监管影响的结果。

我们建议读者把 OneWeb 2016 FCC 文件作为一个起点[12]进行研究。干扰缓解措施和与之相关的软件模型需要得到 ITU 的同意,并且可能收到共享该频谱的其他实体(包括现有运营商)的质疑。

上面提到的 OneWeb 文件是基于 720 个卫星的提案。最近来自 OneWeb[13]的新闻声明表明,他们有 2000 颗卫星的生产方案。如果在每个卫星上使用相同的功率水平,将卫星添加到星座会增加容量,但是也会增加通量密度。OneWeb 将必须证明更高计数的星座仍然符合 EIRP 和通量密度限制(见第 7 章),并就这可能如何影响所需的地面(地球网关)站的数量及其可能的位置和复合上行链路和下行链路功率提供措施建议。从比较积极的方面看,增加星座中卫星的数量增加了卫星将在较低高度处与其他卫星系统或者接近水平海拔的地面 5G 系统垂直间隔最大的情况下直接过顶的次数。

与国际电联的其他文件一样,NGSO 使用这些频率的权利是在先到先得的基础上授予的。由于在规划和执行阶段有多个 NGSO(OneWeb、LEOSAT、SpaceX、Telesat),进度取决于提交过程中各实体的资历。类似地,需要针对由所有提出的星座产生的复合干扰来对干扰和保护比进行建模。

2.17 射频功率和干扰

卫星运营商被授权在指定频带中以规定的最大(发射)功率运行,并且还要满足与其他系统的干扰相关的限制条件。发射功率通常被指定为有效各向同性辐射功率(EIRP),即在单个方向上测量的辐射功率。该发射功率、卫星上的发射天线的设计(极性响应)以及卫星相对于地面上的接收器的方向(即,头顶上或以掠射角)构成了功率通量密度(PFD)。对于基于地面的用户终端,当与任何天线增益组合时,通量密度将决定接收机输入端的信号电平。

在接收机处由其他发射机引起的干扰可以是带内干扰或带外干扰。可以指定保护比,该保护比定义了期望与不期望信号比的最小值,通常在接收机输入端以分贝表示,以实现特定的接收质量(如误码率和吞吐量)。

2.18 星间交换的重要性

2016 年的 OneWeb 文件[14]指出,需要 50 个地面站和更多的高纬度站来支持遥测和控制,并管理全寿命维护、轨道保持和寿命终止脱轨。对于 OneWeb 和其他 NEWLEO 运营商而言,确保全球 50 多个地点网关的许可和着陆权将是一项挑战,并且可能是决定收入运营和全球部署节奏进程的主要问题。目前由OneWeb[15]提出的将卫星数从720增加到2000的方案,虽然没有明说,但是可能需要更多的网关。网关本质上就是一个天线场,有多个碟形天线(直径约2.5m)指向天空不同部分,每个站点可以支持更多的天线,但是站点将变得更大。这似乎是一个微不足道的问题,但必须有人找到合适的地点,购买或租赁土地,并在一系列不同的规划制度(以及电源和回传连接)上安排规划许可。替代方案是上行链路到 MEO 或 GSO,然后经由 GSO 下行链路返回到地球。军事无线电系统(哈勃和国际空间站)采用了这种方案,但引入了额外的等待时间。然而,这将节省大量费用。

2.19 着陆权

我们已经说过,卫星运营商资产可以概括为频谱访问权、轨道权和着陆权(允许服务进出主权国家),以及网关资产。

着陆权的技术问题是,它要求 RF 功率集中在一个或多个卫星上,从某个地区或国家的陆地上空飞过(NGSO)或总是以固定倾角(GSO)可见。用户设备和地面站也将在上行链路上进行传输。

如果一个主权国家认为现有的卫星系统或地面系统(包括军用卫星和地面无线电或卫星 TV 接收机)可能受到新提议服务的损害,则它们可以请求并坚持关闭来自卫星的点波束或降低 RF 输出功率。因此,在某些国家,OneWeb 和其他 NEWLEO 运营商可能无法提供覆盖或只能以较低 RF 输出功率提供覆盖。

2.20 干扰管理

OneWeb 和所有其他提议的高吞吐量 Ku 频段、K 频段或 Ka 频段 NGSO 系统,使用角功率分离来满足国家特定的 EIRP 和通量密度限制的附加机制(参见第 6 章,作为共同共享和干扰管理的替代方法)。本质上,这意味着在高纬度上,需要假定几乎总是一个有 LEO 过顶并使用点波束向小区内的地理上邻近的一组用户传送 RF 能量。例如,一辆汽车将解调 250MHz 的信道带宽,而且这个带宽是由多个用户共享使用的。TCP/IP 分组报头用于识别期望的传输路径。

顺便指出,争用比将对可用带宽具有直接影响。这是一个重要的因素,需要在网络测试计划中予以考虑。在上行链路上,类似的时分复用(TDM)争用协议在被细分成较窄(<20MHz)信道的 125MHz 信道带宽上使用。争用率是服务级协议中需要仔细规范的重要参数。

频率共享的基础是地面系统或 GSO 系统将从低得多的仰角接收 RF 能量(你家房子侧面的卫星电视抛物面天线就是一个很好的例子),因此系统串扰将被最小化。我们将在下一节中更详细地讨论这个问题。

相反,在赤道附近,GSO 卫星将直接向下照射。为了避免干扰,OneWeb 和其他新兴 LEO 使用称为渐进俯仰的技术,这意味着 RF 能量以倾斜的角度从赤道两侧的卫星而不是赤道上方的卫星来传送。然后,当卫星移动通过被干扰接收器的视锥范围时,RF 功率将被关闭或降低,服务从更接近地平线的卫星传送。当卫星穿越赤道时,也可以通过改变卫星的俯仰角来实现。这是通过使用反作用轮[16],一种用于改变航天器的方向的卫星标准配件,也称为动量轮(主要供应商是 Blue Canyon Tech[17]),在每个赤道轨道(每 55min)建立自旋速率和方向来实现的。

需要考虑这对用户链接的影响。对于像汽车、卡车或公共汽车这样的移动物体,使用高计数 LEO 星座的一个关键原因是它们几乎总是在头顶上,这最小化了建筑物和树木的遮挡。由于需要通过使用低仰角来满足特定国家的 EIRP 和通量限制,这种优势将逐渐消失。请注意,这也将导致更长的路径长度,增加大气衰落,需要更高的雨衰裕度,并且增加路径链路延迟。

这在高楼大厦林立的赤道国家将是个潜在问题,新加坡就是一个例子。

因此,可以看出,特定国家的具体监管要求,以及由到达和离开的角功率确定的 EIRP 和通量密度限制的隐含需要,可以对服务可用性和服务质量产生影响,并意味着用户体验可以随市场而变化并且偶尔不可用。

更积极地说,可以看出,NEWLEO 是对地面 5G 的有益补充,特别是对于在 Ku 频段、K 频段或 Ka 频段中实施的地面 5G,其中建筑物和表面散射吸收将是显著的。特别地,在较高纬度处近似全时过顶的 LEO 信号与有效地以 90°偏移进入的信号能量之间的角分离暗示了带内频率重用的机会,尤其是如果还使用极化分集的话。能做到多好将取决于天线的设计,这是在第 6 章中讨论的一个主题。

2.21 频谱访问权

频谱访问权与产权非常相似,卫星和地面系统的监管和法律框架也相似,尽管 NGSO 卫星由于处于移动状态其情况更加复杂。

第 2 章 空间频谱的竞争

频谱访问权限可以是主要访问、共同访问或次要访问,其中主要访问是潜在的最有价值的资产,如表 2.7 所列。

表 2.7 频谱访问权

主要访问	保证单独使用和防止干扰(包括有能力阻止竞争对手在可能造成干扰的基础上部署系统,而不是等待检测或测量到干扰发生后才阻止)
共同访问	两个或更多运营商根据可执行的技术(共存)标准商定的共享使用
次要访问	在次要基础上允许的使用,必须接受其他用户的干扰(他们自己必须遵守商定的功率限制)

根据定义,在 LEO NGSO,我们讨论的是共享访问机制,其中现有的(GSO)应用者已经确立了现存的主要访问权。

监管机构根据潜在经济价值(对国家、区域或全球 GDP 的影响)、社会价值(如弥合数字鸿沟)和政治价值(卫星电视是一个主要例子)来评判新提议的服务。

网络公司 OneWeb 的创始人格雷格·怀勒(Greg Wyler)被证明擅长玩这种监管扑克游戏。他之前的公司 O3b 从电信公司(Teledesic)收购了频谱,电信公司是一家高品质的 Ka 频段低地球轨道星座公司,在 2002 年耗尽了资金,O3b 吸收了克雷格·麦考(Craig McCaws)可观财富中 10 亿美元的最佳部分(图 2.8)。

频谱被分成具有指定的等效功率通量密度限制(ePFD)的子频段和没有限制但干扰必须与 GSO 运营商协调的频段。

公司给 FCC 提交的是一个 MEO 星座,该市场/业务模型是连接了其他 30 亿未连网用户,公司也因此得名。

2008 年,Lehmann Brothers 破产的那一年,O3b 不得不艰难地筹集资金,印证了 Wyler 管理团队的公关技巧,Wyler 管理团队建立了该星座,或多或少达到了其商业计划的目标。

然而,该公司通过实质性地改变业务的市场焦点,为赤道两侧 40°的邮轮提供互联网连接业务,实现了这一目标。现在,邮轮在高峰时间平均消耗 500Mbps 的互联网带宽,这是一个利润丰厚的市场(O3b 声称它还为亚马逊和太平洋群岛的一些地区提供服务)。邮轮的优势在于,它们大部分时间都在主权管辖范围之外运营,这意味着 O3b 可以避免逐国谈判登陆权的麻烦。这表明了服务市场在提交初始 FCC 文件之后有可能会发生显著改变。

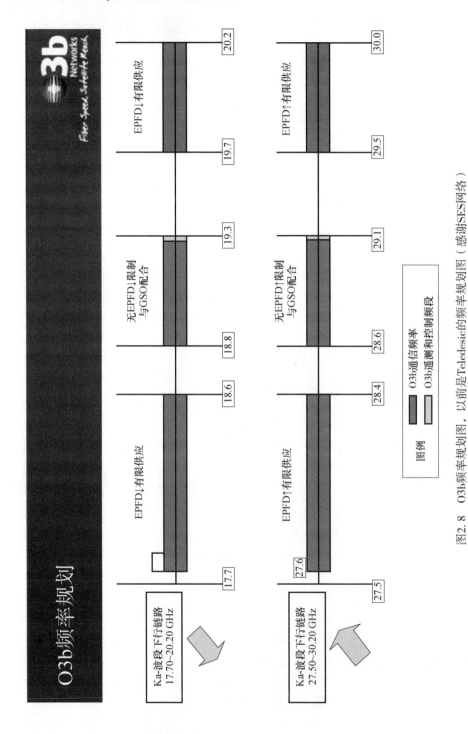

图2.8 O3b频率规划图,以前是Teledesic的频率规划图(感谢SES网络)

第2章 空间频谱的竞争

Wyler 于 2012 年离开 O3b,创建了一个最初名为 World – Vu 的网站。该实体还在向国际电联提交的监管文件中使用替代名称 L5,并在美国和泽西注册。

2017 年 3 月,OneWeb 向 FCC 提交了一份申请,要求增加 2000 个 V 频段(40~75GHz)卫星星座,尽管在目前阶段,这被认为是一个本质上的投机举措。SpaceX 和波音公司以及其他一些潜在的新 LEO 实体也提交了 V 频段星座建议。

OneWeb 成功地获得了 Skybridge 公司最初拥有的频谱和访问权限[19],该公司成立于 20 世纪 90 年代,旨在推出 Ku 频段(用户上行链路和下行链路)和 Ka 频段(网关上行链路和下行链路)高卫星数 LEO 星座。Skybridge 在星座图还没能实现的时候就破产了(图 2.9)。

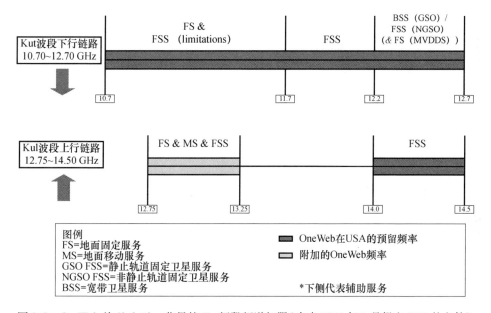

图 2.9 OneWeb 从 Skybridge 获得的 Ku 频段频谱权限(来自 2016 年 7 月提交 FCC 的文件)

以下示出了具有来自 FCC 的针对美国的指定访问权限的通带,以及共享频谱的其他实体,包括移动和固定服务以及广播服务。

图 2.10 显示了 K 频段和 Ka 频段频谱访问权限。

OneWeb 提交的方案只是在这个规划的基础做了些小的修改。提交的频段计划如表 2.8 所列。

47

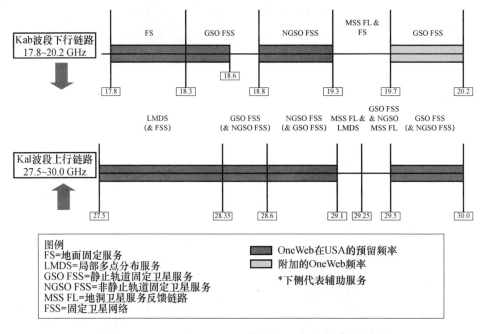

图 2.10 OneWeb 从 Skybridge 获得的 Ka 频段频谱访问权限
（来自 OneWeb 2016 年 7 月提交 FCC 的文件）

表 2.8 2016 年 7 月 OneWeb 提交 FCC 的内容

链路和方向	频率	频率
网关到卫星	27.5GHz,29.5GHz	29.1GHz,30.0GHz
卫星到网关	17.8GHz,18.8GHz,19.7GHz	18.6GHz,19.3GHz,20.2GHz
用户/IoT 设备到卫星	12.75GHz,14.00GHz	13.25GHz,14.5GHz
卫星到用户/IoT 设备	10.7GHz	12.7GHz

虽然 OneWeb 卫星具有在 12.75~13.25GHz 频带中的地-空方向和 19.7~20.2GHz 频带中的空-地方向上的运营能力，但是对于这些频带不要求 FCC 授权，并且它们将不在任何美国领土上使用。OneWeb 在提交的文件中承诺按照 FCC 第 25.118 条的规定向 FCC 提供卫星部署所需的部署时标。

2.22 NGSO 对 GSO 的干扰规避

Skybridge 在其最初向 FCC 提交的文件中提出渐进俯仰角功率分离机制，以满足美国 Ku 频段 EIRP 和通量密度限制以及对通带中和通带附近支持的共享服务的保护比。这些共享频谱的实体力争游说 FCC 接受他们的提案,这些实体质疑当前用于计算干扰水平的模型的有效性以及所提议的缓解措施的有效性。这一矛盾在今天仍在继续,一个现实例子就是 MVDDA/MVDS 联盟,它代表诸如 Echostar/Disish Networks 之类的公司,正在部署、已经部署或提议部署多通道视频分发服务和/或 5G 服务[20,21]。与之类似,SpaceX 也质疑 FCC 当前使用的干扰模型,主要是基于它们是在 WRC 2000 会议之前和为 WRC 2000 会议开发的,并且没有考虑基于渐进俯仰和功率控制的高卫星数 LEO 星座的动态干扰能力。

对于 OneWeb 和其他 LEO GSO 实体来说,回避这些技术和法律挑战,并推动解决这些技术上复杂的共存争议,将是一项持续而艰巨的任务。法律和诉讼程序将耗费时间和金钱,并可能推迟其在美国和其他全球市场的部署。

2017 年 6 月 FCC 情况清单总结了 OneWeb 为了能在提议的通带中部署网络而必须履行的义务(图 2.11)。这包括与 GSO 运营商、其他 NGSO 运营商、地面运营商、超微波柔性应用服务以及 17.8~18.6GHz 中的运营商共存,其中仅允许 OneWeb 在无干扰、无保护的基础上运行。

请注意,这些限制与频谱访问权相比更像是市场准入权,准入许可裁决仅适用于美国市场。因此,这与地面移动频谱访问权没有实质上的不同,但也必须逐国协商和竞标,这些卫星频段在历史上还没有被拍卖过,只是作为对包括地理覆盖要求的特定服务义务的回报而被变得可用。

2.23 FristNet 和 2012 年的频谱法案

与此类似的还有与 First Net 和美国政府签订的 AT&T 协议,以及 2012 年的《频谱法案》(Spectrum Act),后者决定拨出 70 亿美元用于网络建设(见第 2.14 节)。AT&T 对这一建设补贴预算的权利进行了削减,同时获得了 700MHz 频谱的 20MHz,尽管附加了繁重的服务义务。对 Ku 频段、K 频段和 Ka 频段频谱的类似尝试可能潜在地涉及激励运营商提供非常高吞吐量的卫星(VHTS)数据速率,以满足对偏远农村社区的光纤等效接入或用于远程户外位置中的紧急服务响应。NEWLEO 当前处于较为有利的形势,能够为当前版本 8 LTE 上支持的第一响应用户组提供额外的覆盖。

June 1, 2017

FCC FACT SHEET
OneWeb Market Access Grant
Order and Declaratory Ruling - IBFS File No. SAT-LOI-20160428-00041

- **Background**: OneWeb is seeking access to the U.S. market for a proposed non-geostationary-satellite orbit (NGSO) fixed-satellite service (FSS) satellite system, consisting of 720 satellites distributed across 18 near-polar orbital planes at an altitude of approximately 1,200 kilometers. The proposed grant would be the first Commission approval to facilitate a new generation of NGSO FSS large satellite constellations proposing to provide ubiquitous low latency broadband connectivity across the United States, including some of the most remote areas in places like Alaska where broadband access has not been possible before.

What the Order Would Do:

- Grant OneWeb's request for a declaratory ruling concerning the conditions under which it will be permitted to provide broadband communications services with its NGSO FSS constellation to the United States using frequencies in the Ku- and Ka-bands, specifically the 10.7~12.7 GHz, 14~14.5 GHz, 17.8~18.6 GHz, 18.8~19.3 GHz, 27.5~29.1 GHz, and 29.5~30 GHz frequency bands. As such, the Order provides a blueprint for the earth station licenses that OneWeb or its business partners must obtain before providing service in the United States.

- Specify conditions intended to protect or accommodate other operations, including:
  - **Geostationary-satellite orbit (GSO) operations**: OneWeb operations will protect GSO operations by meeting equivalent power-flux density limits.
  - **Non-geostationary orbit operations**: OneWeb operations will comply with the avoidance of in-line interference spectrum sharing method specified in 47 CFR § 25.261(b)-(d) with respect to any NGSO system licensed or granted U.S. market access pursuant to the processing round initiated in Public Notice, DA 16-804.
  - **Terrestrial operations**: OneWeb will protect terrestrial operations by meeting power-flux density (PFD) limits.
  - **Upper Microwave Flexible Use Service (UMFUS)**: OneWeb operations will protect UMFUS operations in the 27.5~28.35 GHz frequency band in accordance with the rules adopted in FCC 16-89.
  - **Operators in the 17.8~18.6 GHz Frequency Band**: OneWeb operations will be authorized in this band only on a non-interference, non-protected basis.

- Require modification of OneWeb operations to bring them into accordance with any future rules or policies adopted by the Commission.

图 2.11 OneWeb 市场访问授权情况清单（经 FCC 许可复制）

2.24　光纤接入和无线接入权

顺便说一句，2002 年 Teledesic 的关闭继续掀起波澜，其中一些是积极的。控股公司 XO 通信（前身为 Next Link）的光纤资产最近被 Verizon 以 18 亿美元的价格收购，并可附带该公司 28GHz 部分剩余频谱使用权[22]。

2017 年 4 月，AT&T 斥资 12.5 亿美元获得了 28GHz 和 39GHz 的直通接入权。Next Link 和 Direct Path 都是为建立本地多点分发服务（LMDS）而建立的实体的示例,但是覆盖权限并没有扩展到由 FCC 指定的 289 个蜂窝市场区域中的全部或者多数区域,并且特别缺乏边远农村覆盖。这些基本上是工程资源或网络推广经验有限的公司进行的投机性频谱收购,可能有人会说,这些收购实际上只是为了被 Verizon 或 AT&T 收购。请注意,LMDS 许可条件指定固定服务,但没有规定移动服务[23]。

这意味着基站/接入点与用户/IoT 固定终端或用户驻地设备(CPE)之间的通信需要直线可视,以避免在这些较短波长/较高频率下的高散射损耗和表面吸收损耗。

这在城市和农村地区都难以实现,并且涉及高得无法承受的房地产成本,特别是如果潜在的新运营商没有塔或建筑资产的话。像 AT&T 和 Verizon 这样的运营商至少可以利用现有的蜂窝和回传基础设施和站点资产。即使考虑到这一点,也可以看到一些有说服力的论点支持从上方直线可视,例如 NEWLEO 的近似全时过顶(NANO)访问模型。请注意,较高纬度处的 GSO 覆盖将处于低仰角,因此将遭受来自建筑物和树叶的影响以及来自表面散射的影响(类似于陆地传播模型)。相反,在赤道上的 NEWLEO 将需要倾斜以满足 GSO 保护比率,并且同样会受到阻塞的影响。请注意,在热带地区会下很多雨,潮湿的树叶会有更高的吸收损耗。

最好的选择是整合 LEO、MEO 和 GSO 轨迹,以获得近似全时过顶的下行链路和上行链路可见性。这将有可能填补几乎所有的覆盖缺口,更重要的是,这将很容易扩展到其他全球市场。在第 7 章中重新讨论这个话题。

这些"美国特色"的频谱收购,解释了为什么美国运营商在 FCC 支持下,不顾其他主权国家运营商的反对,执意要开发 28GHz 和 39GHz 的 5G 频段。

2.25 固定点对点和点对多点的微波回传

实际上,LMDS 是美国的一个监管机构,旨在鼓励新的市场进入者在光纤运营商不想去的地方提供光纤的替代品。因此,它依赖于实现低于光纤的每比特实际成本的资本支出(CAPEX)和操作支出(OPEX),这种预期总是乐观的,尤其是考虑到以前试图实现成本有效的固定接入无线宽带的尝试都失败了。

我们推荐读者参考《5G 频谱和标准》一书的第 9 章和第 10 章,其中我们回顾了用于地面回传和微波链路的频谱和频带计划。这些在硬件方面与 LMDS 实际上是相同的,尽管目的不同(回传,而不是到个别用户和站点的因特网宽带接入)。概括而言,28GHz 的许可链路设备通常通过 56MHz 信道传送 400Mbps 峰值吞吐量,抛物天线提供 38dBi 的各向同性增益。42GHz、70GHz 或 80GHz 的频谱使用具有高电平调制的 112MHz 或 250MHz 信道间隔来提供 1Gbit/s。70GHz 和 80GHz 链路还可以通过将四个 250MHz 信道聚集在一起来实现标题 1 - Gbit/s 数据速率。额外的带宽意味着可以使用低阶调制。

显然,通过为更通用的点到多点和多点到多点网络重用或交叉分摊链路硬件,有机会实现规模经济效益。卫星还可以在提供回传方面发挥更大的作用。NEWLEO 运营商似乎特别有信心,他们可以用足够的延迟控制和较低的成本来交付回传。

2.26　传统的 LEO 和 GSO 运营商频谱

OneWeb、SpaceX 和 LeoSAT(以及 Sky Space Global 和 Boeing),相互之间不断发布 NEWLEO 星座的公告和提案。他们都积极参与制定 FCC 文件和国际电联提案。

然而,这种偶尔的狂热活动应该在现有 LEO 运营商 Iridium 和 Globalstar 正在进行升级以及 GSO 正在进行升级的背景下看待。Iridium 和 Globalstar 正在他们现有的 L 频段频谱分配中设计这些升级。2016 年 12 月,FCC 允许 Globalstar 使用公司的 2.4GHz(S 频带)频谱中的 11.5MHz(2483.5 ~ 2500MHz)来部署地面低功率宽带网络,以支持 LTE 网络的小型小区部署。它利用 2.4GHz 中的 22MHz 带宽的信道 14,并把已授权的 11.5MHz 和未授权的 10.5MHz 用于地面低功率服务(TPL Wi - Fi)。与 Iridium 相反,Globalstar 不使用卫星间交换(这被称为弯管系统)。这降低了星座成本和星座复杂性,但也降低了端到端延迟控制,增加了地面站的费用。

GSO 星座升级分为 Ku 频段和 Ka 频段升级,Ka 频段的升级通常被描述为高吞吐量卫星星座。Ka 频段星座(26 ~ 40GHz)需要更高的雨衰裕度,但是可以从更短波长的分数波束宽度天线获得更多各向同性的增益,并且通常可任意使用 12 ~ 100 点之间的波束。这些频段用 250MHz 信道光栅进行信道化(类似于所提出的 3GPP 版本 16 的 5G 标准)。

表 2.9 显示了 Inmarsat 的一个通带。例如,将其与 10 × 10MHz 的 L 频段中的 Iridium 上行链路和下行链路进行比较,可以发现可用带宽存在两个数量级的差异。

表 2.9 具有 250MHz 信道化的 Inmarsat Ka 频段

	28.35GHz	29.6GHz	29.25GHz	30.0GHz
极化 1	250MHz		250MHz	250MHz	250MHz
极化 2	250MHz		250MHz	250MHz	250MHz

2.27 V 频段和 W 频段

在本书撰写之时,波音公司和其他五家公司,SpaceX、OneWeb、Telesat、O3b Networks 和 Theia Holdings[24] 都已通告 FCC,他们计划在非地球同步轨道上部署 V 频段卫星星座,以便在美国和世界其他市场提供通信服务。

FCC 最初推迟了波音在 42GHz 和 42.5GHz 以及 51.4~52.4GHz 频段之间运营的请求,但是波音随后向该机构提交了新的申请,要求使用 37.5~42.5GHz 范围的 V 频段,用于从航天器到地面终端的下行链路,以及另外两个频段(47.2~50.2GHz 和 50.4~52.4GHz)的上行链路返回到卫星。该公司提出的星座将由 1396~2956 颗 LEO 卫星组成,这些卫星位于 1200km 处 35~74 个轨道平面上,覆盖数千个 8~11km 的小区。2017 年的行业传言称,苹果正在提供资金,或者至少表示有兴趣在资金上支持波音公司的 V 频段星座[25]。

Theia Holdings 是欧洲空间局的一个分支公司,专门生产用于通讯和遥感的小型立方体卫星。申报书描述了他们使用 V 频段频谱作为 K 频段、K 频段和 KA 频段的扩展的提议。以 SpaceX 为例,在运营商最初提出的 Ka 频段和 Ku 频段 4425 颗的卫星方案之后,提出了 7518 颗卫星的 VLEO 或 Vband LEO 星座。总部位于加拿大的 Telesat 将其 V 频段 LEO 星座描述为"将密切遵循 Ka 频段 LEO 星座设计的星座",使用与最初提议相同数量的卫星(117 颗卫星,不包括备用卫星),作为第二代覆盖。OneWeb 通报 FCC,它希望在 1200km 处运行 720 颗 LEO V 频段卫星组成的子星座,并在 MEO 中运行另一个由 1280 颗卫星组成的星座。综合起来,这将使单网星座扩大 2000 颗卫星。OneWeb 打算基于服务需求和覆盖区域内的数据业务来动态地分配 LEO 和 MEO V 频段星座之间的业务。在 ViaSat 提交了 24 颗 MEO 卫星的申请之后,OneWebs 申请 MEO V 频段轨道和访问权,目的是根据目前计划建造或资助的 3Tbit/s 吞吐量卫星,扩充现有的 ViaSat 3 星座。ViaSat 将其提交的使用 V 频段的申请与 MEO Ka 频段轨道和访问权的申请结合起来。O3b 通报 FCC,它希望有多达 24 颗卫星进入 V 频段市场,这些卫星将作为一个名为 O3bN 的星座运行在圆形赤道轨道上。

2.28 小结

许多成熟的 GSO 运营商拥有超过 50 年的经验,为包括消费者、政府机构、军队、工业和商业部门在内的地面客户提供广播和双向通信服务。即使私有化,它们仍被视为关键的国家资产,并相应地授予其频谱使用权。

现在有两个 NGSO 运营商,Iridium 和 Globalstar,20 多年来一直使用它们的极轨 LEO 星座提供连接。他们的客户包括政府机构、军队、公共保护和救灾机构、采矿和勘探行业,以及任何时候几乎任何地方需要连接的人。虽然这两个星座都需要再融资,但它们目前技术状况良好,正在经历实质性的星座升级。

GSO 和 NGSO 卫星多年来也被用于地球遥感和成像。2017 年接连几场飓风的路径都在太空中被精确地追踪。GSO 和 NGSO 卫星也用于跟踪移动物体,包括飞机、船只甚至飞往日本的不明导弹。这些事关安全、生命的系统要求需要反映在保护比率中,该保护比率被设计成确保干扰水平被保持在最低。

NEWLEO 确信它们能够满足这些干扰条件和共存标准,并且在此基础上应当允许共享当前仅由现有运营商使用的频谱。如果能做到这一点,就能取得巨大的社会效益、经济效益甚至政治利益。

从技术角度来看,业界有令人信服的理由转向混合星座模式,在该模式中,用户通过 LEO、MEO 和 GSO 卫星的组合获得服务,获取全时过顶(而不是近似全时过顶)连接。

有一种有说服力的论点,5G 地面服务可以被添加到这样一种连接模式中,通过协调所有实体,使得上行链路和下行链路服务以及地面服务相互补充。然而,存在着大量监管和竞争政策以及国家安全问题和关注点,在其成为现实之前需要得到解决。在接下来的章节中,将探讨支持和反对这个混合星座模式的论据以及相关的监管和商业意义。

参考文献

[1] http://www.ku.int/en/rnj-R/stiidy-groups/workshops/RSG7-ITU~WMO-RSM-17/Documents/World%20Radiocommunication%20Conference%202019%20and%202023%20issues_V2.pdf.

[2] http://www.itu.int/en/ITU-R/conferences/wrc/2015/Pages/default.aspx.

[3] http://about.dish.com/blog/policy/mvdds-5g-coalition-files-comments-fcc.

[4] http://newsroom.sprint.com/softbank-to-acquire-70-stake-in-sprint.htm.

[5] https://www.orbcomm.com/.
[6] https://www.iridium.com/network/iridiumnext.
[7] https://www.globalstar.com/en/.
[8] https://apps.fcc.gov/edocs_public/attachmatch/FCC-16-89A1.pdf.
[9] http://www.qorvo.com/newsroom/news/2017/qorvo-80211ax-portfolio-provides-broader-faster-lower-cost-wi-fi.
[10] www.erodocdb.dk/Docs/doc98/offlcial/pdf/ECCRep 166.pdf.
[11] https://www.itu.int/dms_pub/itu-r/opb/rep/R-REP-SM.2093-2-2015-PDF-E.pdf.
[12] https://www.fcc.gov/document/oneweb-processing-round-initiated.
[13] http://spacenews.com/oneweb-weighing-2000-more-satellites/.
[14] https://www.fcc.gov/clocument/oneweb-processing-rouncl-initiated.
[15] http://spacenews.com/oneweb-weighing-2000-more-satellites/.
[16] https://en.wikipedia.org/wiki/Reaction_wheel.
[17] http://bluecanyontech.com/reaction-wheels/.
[18] http://www.investopedia.com/articles/economics/09/lehman-brothers-collapse.asp.
[19] https://www.itu.int/newsarchive/press/WRC97/SkyBridge.html.
[20] http://spacenews.com/dish-network-battles-oneweb-and-spacex-for-ku-band-spectrum-rights/.
[21] http://www.fiercewireless.com/tech/dish-led-mvdds-coalition-urges-fcc-to-act-12-2-12-7-ghz-band-for-5g-asap.
[22] https://www.wirelessweek.com/news/2017/06/verizon-locks-early-federal-approval-acquire-nextlinks-28-ghz-spectrum.
[23] https://wireless.fcc.gov/services/index.htm?job=service_home&id=lmds.
[24] http://www.theiaspace.com/.
[25] https://www.appleworld.today/blog/2017/3/11/apple-may-be-funding-boeing-internet-satellite-development.

第 3 章 链路预算与延迟

3.1 延迟与 5G 标准

撰写本书的部分目的是为卫星行业的工程师和产品规划人员提供有关 5G 标准推进过程的技术细节,包括物理层上一些新空口业务以及与下一代卫星服务相关的技术。同时,我们还想提供一些 5G 领域的应用案例,包括潜在的卫星应用,以及一些出乎我们意料的与通信延迟有关的关键用例。

在本章中,我们将专门研究 5G 标准推进过程中四个指定的应用领域,包括增强型移动宽带(eMBB)、低移动性大型蜂窝(LMLC)、高可靠低延迟通信(URLLC)和大规模机器类通信(MMTC)。您可能会认为通信延迟仅仅与 URLLC 有关,但实际上 URLLC 服务可以作为 eMBB 信道中的抢占式有效载荷来提供,LMLC 则需要考虑从基站到用户或者物联网(IoT)设备的往返传播时间。而且用户或者物联网设备可能以 1000km/h(飞机)或 500km/h(火车)的速度移动。

5G 应用案例中最极端的延迟要求(第 9 章和第 12 章中有更详细的介绍)是"未来工厂"中的 MMTC 物联网连接,其最小值为 $100\mu s$。

在 5G 网络中,区分用户面延迟和控制面延迟也很重要。用户面延迟是指无线电网络从源发送数据包到目标接收数据包所用的时间(以 ms 为单位)。它定义为:假设移动台处于活动状态,给定服务处于网络的上行链路或下行链路中,在空载条件下,从无线协议层 2/3 服务数据单元(SDU)入口点到无线接口的无线协议层 2/3 服务数据单元出口点传递应用层数据包/消息所需的单向时间。不管是下行链路还是上行链路的小型 IP 数据包(如 0 字节有效负载 + IP 报头)处于空载条件(即单个用户),则 eMBB 用户面延迟的最低要求是 4ms,URLLC 用户面延迟的最低要求则是 1ms。

控制面延迟是指从电池有效状态(如空闲或深度休眠状态)到开始连续数

据传输的过渡时间,实际上就是从休眠状态到活动状态之间的时间。控制面延迟的最低要求是20ms,当然也有人主张将其减少到10ms或者更短。降低控制面延迟的目的是减少电池驱动设备的功率消耗,以及网络中的能源成本和能源消耗。在物联网应用中,唤醒事件之间也有一个定义的延迟时间段。例如,如果要求纽扣电池寿命为10年,则设备可能仅在定义的时间每隔几个小时唤醒一次。例如,对于低轨道(LEO)卫星,每隔110min左右当卫星过顶时才唤醒一次。

控制面延迟还反映了网络响应负载状态变化所花费的时间长度。例如,如果所提供的流量是突发性的,则在无线电层和网络上提供的流量都可能导致控制面延迟急剧而迅速地变化。在理想情况下,将提高无线电和网络带宽以适应最极端的负载条件,但这将意味着无线电层和网络带宽在大多数情况下都不会得到充分利用。实际上,链路传输数据是经过缓冲的,这就会引入传输延迟和延迟可变性。如果缓冲区带宽不足,那么数据包将会丢失或被丢弃,需要重新传输。因此,IP网络的有效带宽,并不是固定的。一旦我们将确定性带宽强制赋予网络,例如,为对延迟最敏感的数据传输提升优先级,就会有相关的带宽和能耗成本,其中包括额外的控制面能耗开销。我们大多数人每天甚至每小时都会体验到因特网上网速度的影响,因此通过移动宽带网络访问因特网也会有类似的性能影响也就不足为奇了。唯一不同的是,物理层的带宽限制是由可用频段和网络带宽限制等因素决定的,而不是由电缆、铜缆和光纤等传输材质所决定。

此外,5G标准支持多种双连接用户情况,这些服务具有定义明确且严密控制的延迟参数,这种控制要么有助于要么会阻碍确定性端对端服务的交付。

3.2 影响延迟的其他因素

我们还需要考虑传播模型、链路预算、设备性能等因素与延迟之间的相互关系。在厘米频段和毫米频段5G地面网络传播模型和信道模型中,还有相当大的散射和吸收损耗需要考虑并在模型中予以量化表征。传播模型决定了链路预算,而链路预算又确定了信道范围、吞吐量和信道编码开销,这些在互联网领域通常被描述为有效吞吐量(用户有效数据量与控制协议数据量的比率)。然而,链路预算假设设备满足一致性规范,例如,接收灵敏功率输出与无效信号能量的比率具备弹性范围(即动态范围和管理干扰的能力)。理论上,所有设备都满足它们的一致性规范,但是这只能通过设备直接测量天线的输出端口来验证。实际操作中,如果在暗室(一种昂贵且耗时的过程)中测试所述装置,则会发现其比率显著低于一致性规范要求,有时低约 10dB 或更高。例如,如果要使带宽更宽,或者需要在小型手持设备中支持多种技术和带宽,则可以适当放宽一致性规范要求。

相反,设备未必能达到一致性规范要求。一个例子就是 20 世纪 90 年代的 GSM 电话,GSM 电话的灵敏度通常每年增加约 1dB,到 90 年代末时,GSM 电话灵敏度则优于一致性规范(102dBm)约 7dB。这就是市场应用的结果,大规模的市场应用使得射频组件供应链更加完善,从而促进工作性能的提升。然而,由于需要支持新的频段和技术(例如 3G 和 4G 移动通信),电话的灵敏度又急剧下降。最后,由于设备以及设备中所使用的组件通常是在理想的实验室条件下进行测量的,因此常常无法达到规格书中要求的性能。因此,毫不奇怪的是,设备和组件的灵敏度、选择性、稳定性和输出功率在现实世界中的表现达不到预期。

这里要指出的重要一点是,大规模应用有助于最大程度地减少这些实际问题。可以促使投入更多的设计工作,通过供应链改善原始设备的性能,以及同批次其他设备的性能。

最后但并非不重要的是,减少干扰的机制可能广泛受到内部和外部因素的影响。例如,在包括 5G 的移动宽带系统中,需要同时在频域和时域中管理干扰。时分复用(TDD)网络特别依赖于维持干扰设备之间的时间偏移,从而适应从设备到基站的距离以及多径引入的差分延迟。为了提高传输效率,在同一通带中,时分双工网络应该与联合基站一起计时。随着小区规模和往返时间的增加,这变得更难管理,这也是为什么所有卫星网络在频域而不是时域中分离用户和信道的原因。具有较高传输速率的高密度用户/设备网络也存在这样的问题。因此,最新的 802.11 ax 标准将频分复用(FDD)引入到物理层中,作为管理本地用户与用户干扰的一种附加机制,同时也适应高密度的数据接入点(更多详细信息,参见第 10 章)。

时分复用的时序可以通过增加用户数据传输数据包任一侧的时域保护带的长度来进行扩容,但这会吸收无线电网络的时域容量,因此会产生相关的成本。相反,减小时域保护带则需要更严格的时间基准,这也将带来相关的成本。

最后,诸如工作温度范围之类的性能要求也可能会对延迟产生间接影响。例如,许多工业应用都需要在扩展的温度范围内工作,该温度范围可能达到 $-40 \sim +125℃$。这会给设备前端的许多组件带来压力,包括功率放大器、低噪声放大器、滤波器和振荡器。从本质上讲,噪声随温度增加而增加,但是许多组件在温度降低时性能也会表现不佳,电池就是一个重要的例子。

因此,卫星工程师必须处理更大的温度范围和其他一些问题,例如空间辐射

第3章 链路预算与延迟

损伤和偶发的碰撞。但正如将要阐述的,无论是在用户体验、路由还是在回传效率方面,卫星是端到端延迟的关键部分。

3.3 延迟、距离和时间

5G 和卫星运营商都具有发展纵向市场的雄心壮志。在这些市场中,延迟是需要管理和控制的关键参数。需要强调的是,这只能在短传输距离范围内实现。在 1ms 时间内,自由空间中的光波和无线电波将传播 300m,按照基本物理学,传输距离超过 30km 时,传输延迟将超过 $100\mu s$。因此,在考虑光纤和路由灵活性之前需要考虑光速(和无线电)传播带来的延迟问题。

表 3.1 给出了自由空间中无线电波/光波的传输距离与时间关系。

表 3.1 无线电波/光波的传输距离与时间关系

时间	距离	
1s	300000km	186000miles[①]
1ms	300km	186miles
$1\mu s$	300m	1000ft[②]
1ns	30cm	1ft

从实际地理角度来看,新加坡从东到西约 50km,无线电或光信号从这个高科技岛国的一端到另一端大约要花费 $166\mu s$(图 3.1),而沿马来西亚海岸线传播则需要花费 1ms。

图 3.1 以光速穿过新加坡所需时间

---

① 1 英里 = 1.609344 千米。
② 1 英尺 = 0.3048 米。

澳大利亚从东海岸到西海岸的距离大约是4000km,因此从东到西的无线电波传输时间仅约13ms。非洲从北到南大约8000km,在直接路由时,无线电波从上到下的传输时间为26ms。

端到端传输延迟时间还取决于准确时间基准在整个网络上的有效分布,尤其是当设备进入或退出休眠模式以减少功耗的时候,较大的时钟误差会增加失去同步的可能性。举一个3GPP纵向市场的例子[1],它确定了对更准确的集中化和本地化时间同步的需求,端到端延迟的要求是小于5ms,从而可以支持汽车运输、能源网格、电子和移动医疗等对安全有特殊要求的应用领域。2015年9月国际无线电通信全会上,提出IMT2020愿景,5G网络要求实现1ms以内的延迟。

光波或无线电波沿直线1ms能传播186miles,加上传输损耗和路由选择时间,除了短距离以外,5ms(更不用说1ms)传输延迟将是一个雄心勃勃的目标。然而,延迟和链路预算是紧密相关的。

安全关键型纵向市场要求的丢包阈值是每10^5个小于1个。丢包阈值是丢包和端到端延迟约束的组合。重发数据包可以降低数据包丢失率,但这会引入传输延迟和延迟变化。光纤通常指定丢包阈值为每10^{12}个小于1个,蜂窝网络针对传统语音通常设计为每10^3个小于1个,因此每10^5个小于1个的丢失阈值似乎是一个适度的目标。但是,从每10^3中1个到每10^6中1个,需要额外的3dB链路预算,以及更加紧密管控的核心和边缘时序。额外的链路预算每增加1dB,网络密度就会增加14%。因此,降低丢包阈值将直接影响资金投入和运营成本。

3.4 其他网络延迟开销和OSI模型

有一种说法,不知是否是阿尔伯特·爱因斯坦说的,时间存在的唯一原因是用于证明任何事都不会同时发生,至少爱因斯坦在宇宙空间尺度上认同时间的重要性。确保事情不会同时发生是通信网络干扰管理和集成的重要方面,在共享相同频谱的TDD网络和使用半双工的FDD网络中(用户之间的频域和时域分离)都是如此。这对于信道切换、聚合复用以及小区间干扰协调等,也是至关重要的。有关如何与5G技术标准LTE Advanced和LTE Pro共同共享同一通带的协调工作目前正在进行中。这对于耦合到LTE控制面的5G网络初始非独立实现以及以后的独立实现都非常重要,这也意味着需要进行控制层面的协调。同时,协调原则可以方便地重新用于5G与卫星干扰之间的协调。

通常认为卫星网络会引入较长的延迟时间,但这只是表面现象。在某些条件下,卫星网络(尤其是具有卫星间交换功能的 LEO 低轨卫星网络)的端到端延迟可能比地面上更短。至关重要的是,延迟可变性有时还有二阶效应,也称之为抖动。

抖动可能是一个更大的问题。已知的延迟通常可以相对容易地得到控制,但是可变的延迟可能更难管理,并且可能扰乱包括身份验证和端到端安全协议等的上层传输过程。

这就是我们遇到的协议堆栈和上层传输错误控制等问题。早在 20 世纪 70 年代后期,在移动电话时代之前,国际标准化组织(ISO)和国际电报电话咨询委员会(CCITT)已经认识到应该有一个统一的标准来描述网络模型。经过一段时间研究后,在 1984 年,发布了称为开放系统互连(OSI)参考模型的统一参考模型(表 3.2)。

表 3.2 OSI 模型

OSI 模型:软件/硬件分布与计划响应时间					
第7层	应用层	Windows、Android、Apple 等操作系统	软件	分钟级
第6层	表示层	HTML/XML 等标记语言		
第5层	会话层	预留协议		
第4层	传输层	TCP 协议		秒级
第3层	网络层	IP 地址协议		
第2层	数据链路层	异步传输 ATM/以太网/MAC		
第1层	物理层	光纤、电缆、铜线、无线		毫秒级

今天,OSI 模型仍然可以普遍应用于可控的(光纤、电缆和铜线)和不可控的(RF 和自由空间光学)物理层,并且仍然是描述物理层(第 1 层)损耗对物理层及其上层性能影响的便捷有效方法。

不难发现,我们在硬件和软件之间添加了一个任意分区层,其中硬件仍然在物理层占主导地位(低成本、高能效、软件定义的无线电仍需时日),而上层越来越多地依赖软件实现。与往常一样,这需要在(软件)灵活性和(硬件)性能之间的进行权衡。

从 5G 通信和卫星的角度来看,要做的一点是,任何物理层损耗都会在协议堆栈的上层产生多重累积效应。一个简单的示例是自动重复请求,这是由于第 1 层物理层损耗,导致错误触发再次发送请求。在 LTE 中,这些重复请求通常会引入最多达 8ms 的延迟,并且延迟具有可变性(延迟是未知变量)。一些自动重复请求将触发上层 TCP – IP 重复请求,结果将导致数据吞吐量降低、容量成本降低以及额外和不必要的功耗。

3.5 移动宽带网络发展历史及其对延迟的影响

现在看来,这似乎已经是很久以前的事了,在20世纪90年代初GSM电话出现时,它采用20ms帧速率(与语音编码速率非常匹配),支持13kbit语音编解码器,采用3kbit/s编码,占用16kbit/s的信道,被多路复用到速率为144kbit/s的ISDN(综合服务数字网络)的信道上。3G出现后,又引入了异步传输模式(ATM),其网络中使用的是10ms的帧速率。这主要是因为3G网络将需要管理更多数量的异步突发流量,并且在同一信道多路复用中处理不同的流量类型和流量优先级。

4G保留了3G相同的10ms时基,但引入了子帧,即两个半帧,每个半帧又分为五个1ms帧,而LTE Advanced则引入1ms作为时基,到了5G,则根据最小时隙的概念将时基降低为0.1ms。理论上这样的好处是可以更严格地控制第1层的延迟、多路复用效率和功率效率。但是,更高的数据速率和更高级别的时间分辨率的结合要求更严格的管理和更准确、更稳定的时基。

诸如GSM之类的传统蜂窝网络,具有相对简单的定时和同步要求,其频率同步是通过异步以太网回传实现的,使用IEEE 1588精确时间协议和/或同步以太网(Sync E)提供频率同步。

使用同步以太网协议进行分布式定时时,可以在空中接口处以$50/10^9$的精度进行频率同步,这反过来又需要在基站接口上具有16ppb($16/10^9$)回传网络。在美国,CDMA网络的引入,产生了对相位同步的额外需求。这时需要将GPS用作频率和相位参考基准来实现,其同步精度在3~10μs之间,具体取决于小区半径。

与CDMA一样,LTE TDD和LTE Advanced网络也需要相位和时间同步。在频率同步网络中,脉冲跃迁以相同的速率发生,但不是同时发生的。它们可能会有相位偏移。在相位同步网络中,脉冲的上升沿出现在相同的时刻。在相位和时间同步网络中,脉冲的上升沿与相位变化同时出现。

LTE TDD和LTE Advanced中的时间和相位参考必须可溯源到世界标准时间(UTC),并且对于半径3km以下的蜂窝小区,其相位精度要求为1.5μs,对于半径3km以上的蜂窝小区,其相位精度要求为5μs。这是由ITU标准ITU-T G.8272定义的,同时需要补偿路由器硬件和路由灵活性带来的可变延迟。UTC的基本单位是国际单位制秒。秒由铯原子钟定义。

第3章 链路预算与延迟

如果您问时间专家,对于任何给定的应用,时间基准需要多精确,答案总是"这完全取决于……"。其中之一就是需要保持误差的时间跨度。例如,金融交易所的自动计算机交易系统的时间精度要求是与世界标准时间相差 1ms 以内,在没有 GPS 的情况下,使用标准温控振荡器可在 3h 以内维持小于 1ms 的误差。如果要获得 3 周以内仍小于 1ms 的误差,就需要使用高精度的铷原子钟[2]。

要想与世界标准时间保持小于 1μs 的误差精度,例如,交易所、智能电网或 LTE Advanced 移动网络,达到 3min 误差 1μs 的效果,可使用温度补偿晶体振荡器(TCXO),如果是 3h 误差 1μs,则需要使用更高精度的恒温晶体振荡器(OCXO)或低精度的铷原子钟源。

传统网络通常使用 G.811 ITU 标准[3]指定的主时钟频率来进行部署,该主时钟频率主要是为了防止国际交换缓冲区滑移而开发的,主要用于语音业务,但也用作诸如同步数字体系(SDH)等系统的主时钟。ITU-T G.8272 对分组网络中的时间、相位和频率进行了补充,并对 G.827x 系列标准中提出了其他建议,以补偿交换机和路由器硬件引入的可变延迟,增加路由的灵活性。

数字网络,从 20 世纪 80 年代开始的准同步数字体系(PDH)系统到同步数字体系系统,再到同步光网络(SONET)和当今的光网络,都需要同步。由于这些导向介质协议以逐位确定的方式传输数据,因此它们本质上适用于同步分发。

向分组网络和用于回传的以太网的过渡,以及维护传统 TDM 网络,意味着需要在不确定的分组网络之间保持时间同步。

实现此目标的常用方法是使用基于时间戳数据包连续交换的精确时间协议(PTP),该协议可确保主时钟基准与边界时钟和从时钟的对齐。网络时间协议(NTP)是一种并行协议,用于在网络上同步计算机时钟。

这些协议可能会受到帧延迟、帧延迟变化(数据包抖动)和帧丢失的影响。PTP 协议采取与 NTP 协议类似的方式运行,但是会以更高的数据速率运行,并且通常在以太网层而非 IP 层运行。这使得 PTP 协议可以达到比 NTP 协议通常使用的 1ms 更高的精度水平[4]。

需要指出的是,网络中的分组延迟通常是不对称的,主机与从机之间以及从机与主机之间是不同的。这会使相位同步过程变得复杂,从机计算出的偏移量通常是错误的,因为它只是对两条路径之间的差进行求和。

例如,计算机或服务器在从机和主机之间以 50ns/s 的精度交换时间戳,在通过交换机或者路由器进行转换时,可能会引入数十微秒量级的不对称路径延迟(包括数据包延迟变化)。

通常计算机或服务器运行的操作系统是基于石英振荡器的,这可能会每天增加几微秒的误差,并且视服务器是处于有载荷状态(风扇在转)还是处于无载荷状态,还会有几微秒的差异。流量缓冲区的填充和清空也会导致额外的不对称的延迟变化。

这样的影响使得核心网络时间基准必须比边缘时钟基准至少精确一个数量级,例如,边缘时钟基准精度1ms,核心网络需要的精度为100ns。当GPS不可用时,也需要有这种精度水平的时钟基准来提供备份。

5G的标准界似乎已经达成共识,即在网络边缘需要大约300~500ns量级的参考时间精度,也就是说核心时间精度需要达到30ns,当然,很难说这个精度会有多大用处,因为如果无法测量和管理端到端延迟的其他因素,这些因素就很可能导致意外的边沿时序和同步成本。

这意味着需要确定网络功能虚拟化(NFV)的时序需求,也被认为是降低5G网络交互成本的主要机制之一。同步欠佳的虚拟网络将导致网络传输不畅。分组定时协议在第2层(数据链路层)上可以很好地工作,但在第3层(网络层)上就不能很好地工作,并且可能需要价格昂贵的解决方法,这将抵消承诺的成本效益。

默认的解决方案是方便和放心地使用GPS,随着L2和L5频率的增加、伽利略和北斗星座的发射以及升级的全球导航卫星系统的增强,全球定位系统变得更加精确,对干扰的恢复能力也更强。但是要将GNSS卫星信号引入到建筑物内部可能既困难又昂贵,同时卫星信号也会受到气象条件的影响,雷击或强风会导致外部天线移位。因此,有线授时替代方案仍然是理想的备份方法。一些国家正在投资建设额外的时间参考系统,作为GPS的额外备份。在日本实施的"准天顶"卫星系统就是一个例子[5]。

通常,可以认为随着数据比特率的增加、用户和接入点数量的增加,以及时域中管理干扰的机制把越来越多的网络捆绑在一起,在网络中维护和发布准确的时间基准,变得越来越重要。

3.6 精度成本

一种可能的长期替代方案是为全网和边缘设备部署高精度时间基准。以DARPA为开发源头,出现了一种低成本原子钟器件,最初用于在GPS基准被干扰时为飞行中的导弹提供精确的航位推算,该设备被称为芯片级原子钟。微型芯片原子钟的原理是基于一种称为相干捕获的技术,该技术使用的是几立方毫米的小型密封真空腔,其中包含用高频调制的激光束照射的碱性蒸气。目前可用的芯片原子钟设备是由Symmetricom[6]集团生产的,在共振腔中使用铯133和缓冲气体。用半导体激光器照射蒸气,该激光器的调制频率接近铯原子的自然振荡频率(约9.192GHz)。随着铯原子开始振荡,它们吸收的光越来越少,通过真空腔传输的光子被用于确定何时激光束的调制频率与原子的共振频率一致,实际上就是一个原子锁相环。Symmetricom原子钟重35g,功耗115mW,尺寸为4cm×3.5cm×1.1cm。时间同步精度可以精确到每天不到半微秒误差,并且可以在-10~+70℃的温度范围内工作。

这使得它适用于各种应用,包括背负式军用无线电、军用GPS接收机、无人机、背负式IED(遥控简易引爆装置)干扰器和海洋地球物理传感器(GPS在海底无法使用)。它的价格约为1500美元,尚未达到消费者期望的价格水平,但随着价格下降和精确度的提高,这些微型原子钟将在5G移动宽带和电信计时定位系统中变得有用。与所有电气设备一样,这些设备也会发生电气故障。

对于5G而言,提高主时钟的准确性是必不可少的,但这会带来成本问题。优化的铯原子钟成本约为10万美元,但铯原子会衰竭,意味着原子钟的铯管需要每5~10年更换一次,费用为3万美元。

有人建议将锶原子钟或者光学钟作为替代方案[7-8],但铯和铷原子设备至少在未来几年内仍将是当前和未来网络中时间同步的默认来源。

包括启动时间在内的其他一些原子钟性能参数,对于广播、卫星和地面移动宽带在内的无线电网络应用也都至关重要,也带来额外的同步成本。更好的时钟通常具有更长的启动和稳定时间。

原子钟的弹性恢复能力也会使成本增加,因为通常需要依靠多个时钟源来实现。正在开展对传统"罗兰"(Loran)超低频(VLF)发射机的改进设计和研究,使其能作为一种经济有效的时间同步方式,为全球卫星导航系统在拒止环境中的应用提供可溯源的UTC时间。最初的测试结果表明:采用该方法,可以产生UTC可溯源的结果,其准确度优于100 ns,与GPS相当,并且具有更好的室内穿透力[9]。因此,诸如"增强型罗兰"(e-Loran)之类的创新补充系统,也可用作潜在的额外时间同步来源。

3.7 时间、延迟与网络功能虚拟化

我们已经说过,从4G到5G的过渡意味着需要更高的数据速率、更低的端到端延迟、更好的弹性、更低的丢包阈值和更低的分组延迟可变性。这些技术与无线电干扰管理技术的叠加,意味着核心和边界时钟设备的时间同步精度有必

要提高一个数量级。

支持网络功能虚拟化（NFV）也需要时间同步精度的提高。尤其是，NFV承诺的成本效益可能会、至少部分地会被其他同步成本所抵消。至少可以预见，随着我们从4G网络发展到5G网络，同步成本会与网络部署成本成相应比例地增加。

时钟质量对于包括下一代电缆（DOCSIS 3）、铜缆（G. fast）和光纤（GPON）在内的所有传输介质同样至关重要，无线接入层与铜缆、电缆和光纤回传的时域集成同样如此。可以断言并有可能证明，改善时钟质量的成本与网络和设备附加值之间的差异会随数据速率的增加而增加，单位流量效率值也将增加，尽管很难对此进行成本分析。

3.8 新的无线电规范与延迟相关问题

5G标准推进过程的复杂性可能会使单方面的分析变得困难。这种情况下，分析延迟会非常困难，但是让我们尽最大的努力来说明相关问题。

在撰写本书时，第15版规范的冻结日期定为2018年9月，该版本对eMBB和URLLC的一些部分进行了约定。但是，第15版的一部分已经按计划于6个月前冻结，称为非独立版本，其中5G与LTE时基和帧结构以及控制面拓扑紧密耦合。非独立版本包括对核心网络的更改，这些更改旨在管理具有许多不同延迟和吞吐量要求的多路复用时更加灵活。

该规范包括服务质量（QoS）和策略框架，这两者都会直接影响传递给各个用户和设备的延迟、网络共享（理论上至少应提高多路复用效率）和层次结构。顺便说一句，身份验证协议可能会对延迟产生重大影响，因为它们可能会在本地引入毫秒级的延迟，而在网络上会引入达几秒钟的延迟。早些时候我们还指出，延迟和延迟可变性会损害身份验证过程，甚至可能会导致通信永远不会启动。

在物理层，在帧结构层为重要的时域差异引入小时隙，使得当前和将来的URLLC要求更容易满足。例如，在eMBB共享通道中，小时隙可用于URLLC抢占。小时隙通过允许在成功的"先听后说过程"（listen-before-talk）后直接开始传输，而无需等待时隙边界，来帮助在未许可频段中进行通信操作。

小时隙由两个或更多的符号组成。第一个符号包含上行链路或下行链路控制信息。最小进程间隔随着子载波间隔从时长1ms频度15 kHz减小到时长0.1 ms频度240 kHz和480 kHz，还有进一步向下扩展的趋势。对于较大的区域或者时间管理较不严格的情况下，调度时间间隔可扩展为0.25ms。

TDD 帧结构则略有不同,将 20ms 帧分为两个 10ms 子帧。请注意,TDD 帧结构的一个优点是上行链路和下行链路是互逆的(在相同的中心频率上),这使信道用起来更简单,从而使波束形成更加容易。

需要注意的是,与数据信道相比,控制信道通常将需要更多的编码。数据信道上使用的调制和编码将适应不断变化的信道状况,以最大程度地减少对物理层及更高层再次发送消息的触发。因此,信道质量测量的准确性和速度是影响端到端延迟的因素。

在优化信道编码以改善检错和纠错方面,仍有大量工作要做。最终目标是在信噪比和载波干扰条件变得越来越不利时,最大程度地降低残留误码率。通常,所有方案会都将一些分组编码与奇偶校验和卷积编码结合在一起。当然,分组编码会引入一些延迟,而卷积编码(使用内存进行编码)也会引入一些可变性延迟。

采用很短奇偶校验码是为了最大程度地减少对物理层延迟的影响,诸如追赶合并协议[10]之类的技术可用于限制错误检测和纠正错误解码符号所需的时钟周期数和时间。要了解更多的纠错编码技术需要更好的数学基础,更多相关信息参见参考文献[11]。

在理想情况下,信噪比水平和载波/干扰比率将保持在一定水平上,该水平将使得无线电通信误码率降至最低。这是在光纤、电缆或铜等传输介质中相对容易实现的,因为此类误码率是可预测的并且是稳定的,因此可以对其进行管理和缓解。这就是为什么光纤物理层可以保持每 10^{12} 比特误码为 1 的原因。但是在移动网络中的无线链路误码率更难管理,因为移动网络的无线通信中会产生诸如多路径信号之类的难以消除的损害,会使得通信误码率迅速并且不可预测地发生变化。移动网络中的信道编码可以在不良信噪比或载波干扰条件下将用户误码率降至最低,但是会产生带宽成本(需要增加额外的纠错位)和等待时间成本(当误码率超过一定的阈值时会发送重传指令)。

3.9 带内回传

暂时先不讨论 5G 物理层帧结构和信道编码相关内容(将在后面的章节中再次讨论),现在看看地面回传及其对端到端延迟的影响。

信号回传可以通过微波链路、固定铜缆或者光纤进行。如果这些选择都不具有成本效益,则可以通过卫星通信进行。5G 的不同之处在于,使用相同的通带来支持用户上传和回传数据,这就非常有意义。这通常被称为带内回传或自回传,它具有许多优势,包括重复使用RF硬件和基带处理模块。图3.2说明了这一概念。

(1)新的无线电回传可能从5G开始阶段就需要密集部署,以获得足够的覆盖范围(尤其是对于频率>20GHz的情况)。
(2)在新的无线电回传部署成熟之前,在每个站点提供光纤连接在经济上是不可行的。
(3)带内回传功能使得多跳网络具有共享访问-回传资源能力。

图3.2 毫米波蜂窝网络的带内回传(感谢诺基亚网络供图)

图3.3显示了带内回传设备是如何集成到5G网络中的,带内回传避免了从无线层进入回传网络所需的信号解调、调制和信道编码。请注意,现有网络中的回传信号频率通常在28GHz或39GHz,这是由已有的硬件设备RF射频决定的。考虑到卫星通信也在使用该频谱,那么显然该频段就会被大量重复使用,因此,对跨系统干扰的管理必须引起重视。本书一直在强调,该过程主要取决于实现潜在干扰系统之间的有效隔离,并且使这些系统的用户确信这些技术可以在由多个运营商管理的多个系统中工作。

· 5G毫米波基站无线回传设备集成在一个小盒子里,易于安装到灯柱、墙壁或者小型桅杆上。
· 集成的小盒子成本主要在RF射频单元,天线和BB-SoC系统芯片上,当然,外壳的机械安装和电源成本也要高一些。
· 需要研究设计如何在适合小盒子里放置的射频和天线组件。
· 假设具有多个回传设备

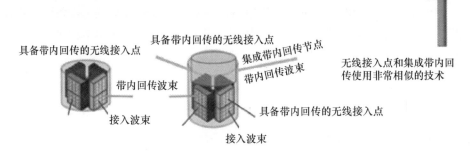

图3.3 基本网络结构(感谢诺基亚网络供图)

在密集或超密集的数据网络中,光纤并不经济,至少在最初推出时是如此。但带内回传可用于到达最近的光纤端点,如果设计和实施得当,则此拓扑结构可以不显著增加总体延迟预算。

总体而言,可以看出,人们在5G物理层和支持的网络拓扑的标准化方面投入了大量精力,以满足5G最终用户对端到端延迟和数据流量要求。这项工作以及计算得出的数据流量和延迟指标确立了一个参照标准,GSO和NEWLEO运营商需要测试其星座性能以与其匹配。

按照这一逻辑,对5G地面信道建模和传播与卫星信道建模和传播进行了比较。从表面上看,如果地面系统和卫星系统在同一通带内实现,则这两个系统将具有相似的传播约束。如果以相似的信道带宽和信道间隔实现,则可以认为它们将具有相似的信道特性。

但是,地面用户到5G基站的路径不同于地面用户到空间卫星的路径。此外,不同的卫星星座拓扑结构也具有不同的传播特性,地面和空基所有系统的到达角和离开角最终决定了数据流量、端到端延迟和载波/干扰比率。

3.10 5G和卫星信道模型

3.10.1 3GPP TR 38.901

本节从5G信道模型开始讨论。信道模型在3GPP标准文档TR 38.901中有所描述。

3.10.2 视距和非视距

如果您想用一句话来总结本书讨论的内容,那么可以说对于可视通路而言,工作在厘米和毫米频段的5G效果更好。不幸的是,这在城市和乡村地形中很少会发生,不管是对于移动用户,还是固定用户,甚至在一些低海拔的基站位置附近,例如,离地面几米远的基站可能受到显著的非附加地面反射。这也是K频段、V频段以及W频段/E频段的大量LEO低轨卫星通信优于地面5G通信的唯一最重要的优势。因为正如前面所述,这些星座几乎总是在头顶上方。如果将10000颗LEO卫星发射到太空,那么世界上任何时间任何地方或多或少都会有一颗卫星对着头顶上方。

这不仅实现了地对空延迟预算的最小化,而且实现了穿过大气层路径的最小化。通信信号所受到地表散射或地面反射的影响也是最小的。但是,令人沮丧的是,目前很难准确地量化从地面RF发射机到其本地目的地的途中损失了多少功率。

3.10.3 现有模型

超高频(UHF)或者 L 频段和 C 频段的现有蜂窝网络是采用成熟的传播模型设计的,其物理层 RF 射频和基带参数由一系列用户定义的模型确定,包括典型的市区(TU3)、城市车辆(TU50)和乡村信道模型(RA250)。它们在 4GHz 以下都能非常正常的工作,但在更高的频率或者更短的波长下,精度会逐渐降低。

围绕适合厘米和毫米频段信道模型开展的讨论主要集中在 αβγ(ABG)模型和 close-in(CI)模型的相对优势上,ABG 模型用一个浮点常数反映已知的测量数据集,CI 模型反映 1m 的路径距离参数和频率加权路径损耗指数(F),但是目前还没有大规模的现成数据集可用于验证或微调模型的参数。据观察,ABG 模型通常在靠近发射机时低估了路径损耗,而在更远处高估了路径损耗。CI 和 CIF 模型更准确且计算更简单。CI 模型适用于户外,而 CIF 模型适用于室内。两个模型都有一个路径损耗变量,该变量持续耦合到发射功率上。

在欧盟内部,研究工作主要集中在 2~73GHz 的频率上,路径长度在 4~1238m 之间,模型包括天线为 10m 的城市微模型(UMi)、天线为 25m 的城市宏模型(UMa)和室内热点模型(InH)。

测量和建模主要基于窄波束 7.8°方位角半功率波束宽度天线和宽带 49.4°天线。尽管这项工作肯定会产生有用的结果,但它并不包括针对较大型蜂窝的建模。它也没有开始对分数波束宽度天线(半功率波束宽度在 0.5~1.5°之间)建模。

幸运的是,点对点回传确实存在大量模型,在一定的大气条件(降雨率)以及氧气吸收(在 60GHz 的氧气共振频率下达到峰值)的情况,对特定频率的直达波和非直达波可以进行简单但有用的路径损耗估计,如表 3.3 所列。注意,30~60GHz(波长 10~5mm)以上的波长与许多人造设施和自然物体表面的粗糙度相似或更差,因此具有很高的吸收率和表面散射。

表 3.3 厘米频段和毫米频段用于测量的无线回传信号传播衰减模型

频率/GHz	波长	路径损耗/dB		降雨衰减	氧气吸收	
		直达	非直达	5mm/h		200m 高度
28	1.07cm	1.9	4.6	0.18dB	0.9dB	0.04dB
38	7.89mm	2.0	3.8	0.26dB	1.4dB	0.03dB
60	5mm	2.23	4.19	0.44dB	2.0dB	3.2dB
73	4.1mm	2	2.69	0.6dB	2.4dB	0.09dB

一个粗略概算经验是,28GHz 的接收机需要额外的 30dB 各向同性增益,才能获得与 900MHz 接收机相同的功率。正如将在第 6 章中看到的那样,这并不难实现。重申一下,影响 5G 地面传输的主要是表面散射和吸收以及非直达传播损耗。

3.10.4　国际电联降雨模型和卫星信号衰减计算

国际电联的降雨模型是建立在对各种天气条件下的衰减进行广泛测量的基础上的,这些条件包括季风(>150mm/h),热带雨(100mm/h),暴雨(25mm/h),小雨(2.5mm/h)和毛毛雨(0.25mm/h)等,衰减范围从几分贝到 10dB 以上,在特殊条件下,较高频率的衰减可达数十分贝。

这些模型可以准确地应用于直达波地面微波链路,但由于需要适应一定的仰角范围,因此不太适合于卫星信号衰减建模。

低仰角链路穿过大气层的路径长度较长,会遭受更多的雨衰影响。相反,如果链路从正头顶直接穿过厚厚的雷雨云层,那么仰角越低反而具有较低的路径损耗。例如,主动天线能比被动天线提供更多的增益,后者只能对着头顶上方。

3.10.5　氧气共振谱线与超高通量 V 频段双通带

为了完整起见,图 3.4 给出了被广泛引用的水和氧气的共振谱线。在 60GHz 处,传播损耗最大。

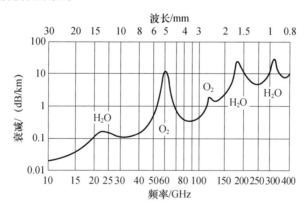

图 3.4　水和氧气共振谱线(感谢卢瑟福·阿普尔顿实验室供图)

损耗较小的窗口确定了 V 频段超高吞吐量星座方案的最佳位置。例如,波音公司的 V 频段方案具有 37.5~40GHz 的低双工通带和 51.4~52.4GHz 的高双工通带。

另一个问题是,信道测量需要很宽的信道带宽才能实现,从几千赫兹到1GHz或2GHz。宽带频谱分析的额外成本意味着可能会导致有更多的窄带测量可用,这可能会产生误导。

3.10.6 超视距

信道模型的类型还包括超视距(BLOS),这既适用于雷达系统(超视距雷达),也适用于频率随地球曲率变化的双向通信系统。20世纪30年代,英国雷达工程师在研究300MHz附近信号传播时发现这一现象,并定义了一个称为K因子的修正系数,该系数计算出的传播效应相当于地球直径增加了33%。这种弯曲效应与频率成正比,但随着频率的增加,增加的程度会逐渐较小。另外,它也受大气条件的影响,在较高频率下,影响逐渐增大。

3.11 卫星信道模型与信号延迟

就目前所知,传播条件随着信号频率的增加越来越多变,传播损耗越来越高,但是其他因素,例如表面吸收和散射以及大气条件也变得越来越重要。网络需要在雨中也能工作。

这些因素是决定哪些卫星星座最适合补充到5G网络的主要影响因素。这些选项包括地球静止轨道卫星,中地球轨道卫星以及低计数和高计数LEO星座。在所有情况下,卫星信道模型和传播特性将由从地球上对卫星的观测仰角决定。

不言而喻,跨过赤道看向GSO卫星的地面设备,越往高纬度地区遭遇的传播损耗将越大。因为随着纬度的增加,路径变长,信号将穿过更多的大气层。卫星的覆盖模式在赤道上大致呈圆形,在高纬度地区越来越呈椭圆形,因此在高纬度地区通量密度越来越低。较长的路径长度也会增加端到端延迟。

MEO和LEO卫星星座也将为地球上的用户提供各种倾角的服务,这取决于他们在任意给定时刻在天空中的位置。如前所述,大量的高计数LEO和MEO卫星星座几乎总是在头顶上。

自由空间中的光波传输速度在某些引力作用下是恒定的,因此所有轨道上所有卫星的飞行距离和飞行时间都可以精确计算,并由轨道高度和仰角决定。

GSO卫星在赤道上方36000km处绕地球运行。无线电波以30000km/s的光速传播。对于在赤道上直接与头顶上的卫星通信的用户来说,单跳(上行和下行)的总距离为72000km,因此往返的时间延迟为480ms。

一个地球同步卫星通常覆盖地球表面大约不到 1/3 的地方,如果您位于这个区域的边缘,这颗卫星看起来就像在地平线上。到卫星的距离实际比看起来大,对于覆盖区域最边缘的地球站,到卫星的距离约为 41756km。与另一个位置相似的站点进行通信,距离将近 84000km,因此端到端延迟大约为 280ms(单向)。两端设备的电缆延迟、信号通过一个以上的卫星跳转路由,都会产生额外的传输延迟。另外,路由过程中路由器、交换机以及信号处理点也会出现显著的延迟。

在 MEO 网络中(以 O3b 为例),轨道高度为 8062km。典型的单跳路径包括大约 11000km 的倾斜路径,产生 22000km 的单跳距离,产生大约 73ms 的传输延迟。O3b 声称[12]一个 11250 + 11250 + 11250 + 11250km 的双跳传输,往返延迟优于 150ms。

在 LEO 网络中,传播延迟更小。例如,Iridiums 的星座在 780km 处运行,Orbcomm 的是 825km 稍高,而 Globalstar 的是 1414km。LEO 卫星系统经历的传播延迟会随卫星位置的变化而变化,但 Iridiums 为每跳 4.3ms,Orbcomm 为 4.5ms,Globalstar 弯管系统为 7.8ms(卫星用作信号中继转发而不是信号处理器[无在轨信号处理]),卫星在头顶上方。对于信号往返延迟,这些数字应当加倍。

如果地面端点不在单个卫星的覆盖范围内(这因不同系统而异),则传输距离会更大,需要通过其他卫星进行星间连接。

传播延迟只是延迟预算的一部分。延迟和延迟可变性也是由处理延迟引入的,例如,通过任何路由器节点或中继转发器。如果这些设备是软件可配置的,则延迟可变性可能很大,有时被称为串行延迟。通过中继转发器的延迟一般是由前向纠错和调制等功能产生的。

在过去的 20 年中,卫星系统经历了最初使用 Viterbi 编码,到 Reed Solomon 编码,然后使用 Turbo 码(带记忆的编码)的演变。随着数据速率增加,块大小的增加,卷积编码提供了更多的编码增益,并且避免了会引入延迟可变性的再次发送循环。与地面电视相比,卫星电视提供了一个典型的传播和编码延迟的例子。

有这样一个趋势,低于 2 Mbit/s 的卫星信道编码方案使用较小的前向纠错编码块。这可以将典型的 200ms 纠错引起的延迟减少到 50ms。换句话说,通过改变前向纠错编码方案,可以从往返延迟中减少 300ms。

最后,在两点之间交换任何数据之前,TCP/IP 使用确认响应来决定可用的带宽量(慢启动算法)。这需要经过三个往返或六个星间跳转才能开始,如果会话空闲，整个过程必须重新开始。有多种方法可以解决这个问题，包括 TCP/IP 快速启动和缓存以及非高峰时段的本地存储。这些方法现已通过空间通信协议标准进行了标准化[13]。还有许多广域网优化器和广域网加速器，它们来自不同的供应商，通常在 OSI 协议栈的第 4 层实现。

这表明卫星在地面网络及其上方引入了大量额外的延迟，但是卫星星座在整个端到端信道延迟上提供了绝对的可见性，这意味着延迟和延迟可变性可以被计算和补偿。这在地面网络中很难实现。

这看似微不足道，但实际上很重要。通常，问题的关键不在于实际的延迟，而在于延迟可变性的二阶效应。当这些变量随时间变化时，很难设计询问、响应和身份验证或再次发送的算法。

一个简单的例子是我问你是否叫约翰。我希望在一定的时间内得到答案。如果你半个小时都没有回答，我会怀疑是你的名字不是约翰，或者是你不想承认。

在通信网络中，身份验证质询和响应算法对身份验证的每个部分需要多长时间有特定的预期。这是一种简单但有效的方法，可以减少算法被欺骗的可能性。具有已知的端到端延迟和已知且可计算的延迟可变性的卫星链路，应该比跨多个地面网络的灵活路由器交换更加安全。

3.12 正在进行的卫星标准编制和相关研究项目

2017 年 9 月，一个研究 5G 新空口标准及其与非地面网络之间潜在关系的标准编制小组最终付诸行动。该工作组涉及的公司相当少（Thales、Fraunhofer、Dish Networks 和 Ligado），（并且移动宽带地面标准联盟没有直接参与），但这至少是一个开始。

3GPP TR 38.811 2017-06 新空口研究[14]支持非地面网络，涵盖弯管有效载荷和再生卫星拓扑，这是中继和中继器的卫星术语。通过弯曲的信道从地球上接收信号，放大后再发送回来。再生收发器解调和解码，然后对下行链路进行调制和记录。

因此，卫星上的再生收发器会引入额外的处理延迟，尽管与往返延迟相比，这并不重要。优点是信号能在继续前进之前被清除锁定。因此，弯管有效地执行与 LTE 中继器相同的功能。再生收发器类似于 LTE 中继。在弯管信道中，单向传播延迟是馈线链接传播延迟和用户链接传播延迟的总和。再生有效载荷本质上是相似的，但是增加了星载处理延迟。

3.13 传播延迟和传播损耗与卫星仰角的函数关系

我们正在讨论的是,仰角越接近90°(直接向上)优势越明显。例如,如果以10°仰角看35786km处的对地静止卫星,路径距离为40586km,延迟为135ms,对比而言,直接路径延迟只有119ms。

如果以10°仰角看600km高度的LEO卫星,则其路径长度为1932km,路径延迟为6.44ms,而直接路径的单向延迟只有2ms。

较短的直接路径降低了大气衰减(如上所示,水蒸气和氧气的吸收衰减)、雨衰减以及云衰减和闪烁。需要注意的是,由信号路径上电子密度的小尺度(几十米到几十公里)扰动引起的闪烁,在低纬度和高纬度地区时更为普遍[15]。

对于NGSO卫星,还需要考虑多普勒效应。在较低仰角看去,LEO卫星将会以7000m/s的速度向观测者移动或远离观测者,这将会产生40μs/s的差分延迟。

如果卫星要使用带有循环前缀的正交频分复用(CP–OFDM)调制技术,就将面临一个挑战,因为所有用户都需要在循环前缀的限制时间之内彼此对齐且都被基站接收到,标准循环前缀要求4.7s之内,扩展循环前缀要求为16.7s。这可以使用定时提前来实现,但是控制面信令负载将是相当大的。

但是,如果直接从头顶看LEO卫星,例如,在高计数LEO卫星星座中,随着卫星进出可见锥时,卫星之间进行快速切换,那么多普勒频移范围将适中(类似于地面LTE)并且易于容纳在标准LTE时序提前协议中。但是,考虑到标准长度前缀相当于1.2km的路径长度,而扩展长度前缀相当于5km的路径长度,较大的差分路径长度可能会有问题。

问题的答案是不要用传统的蜂窝小区规划术语来思考问题,而是应当考虑使用波束规划,以确保每个单独波束服务的所有用户都可以在标准LTE帧结构和时序要求内实现时间对齐。

3.14 NEWLEO 渐进俯仰对延迟和链路预算的影响

当需要改变仰角以最大程度地减少对地面基站通道干扰的时候,对渐进俯仰进行建模的重要性就凸显了出来。可以看出,如果需要低仰角来满足高保护比,那么将会有直接相关的性能成本。本书第6章讨论的另一种方法是在地面站和用户终端上加装天线,使 LEO、MEO 和 GSO 卫星在尽可能接近其最大仰角的情况下工作,从无用信号能量中分离出想要的能量。

3.15 卫星和子载波间隔

在理想情况下,为卫星和 5G 提供相同或至少相似的物理层会很有用。新空口规范中规定的 5G 有效使用了与 4G LTE 相同的下行链路调制(CP-OFDM)。在 5G 通信中,CP-OFDM 也用于上行链路。CP-OFDM 能量效率并不突出,但对相位噪声和多普勒频移具有相当强的鲁棒性。相位噪声与载波频率成比例地增加,由本地振荡器的不准确性和多普勒引起的频率漂移也会随频率而增加。

因此,可以合理地假设 5G 卫星中的子载波间隔将与 5G 地面站相似,并且也可能与 5G 地面相似,在更高的频率下使用更高的子载波间隔以最小化和减轻载波间干扰,例如 S 频段为 15、30 和 60kHz,在 Ku 频段、Ka 频段、V 频段和 E 频段等为 60、120、240 和 480kHz 等。

3.16 边界计算,Above–the–Cloud 计算:Dot. Space 传播模型

5G 供应商把边界计算作为一种提供极短延迟的机制来推广,延迟时间在 1ms 的级别。主要通过将服务器放置在 5G 节点 B 或 LTE 节点 B 中来实现。

这需要假设搜索需求具有足够的可预测性,以使此方法能够产生成本效益。如果用户需求可以从本地缓存的内容中得到满足,那么这就减少了网络中的流量负载,包括回传流量。

出于显而易见的原因(几百公里的路径长度),卫星连接永远无法提供 1ms 的延迟;但是,只有当所需的内容在高速缓存中并且节点 B 与用户之间存在良好的视距链接时,这么短的延迟才是可实现的。

在卫星应用领域中,与之相对应的应用程序是将服务器放置在太空中,实质是在云连接之上(就是所谓的 dot. space)。在本书的其他地方,提到了 Planet. com[16]等公司,这些公司收集地球成像和传感数据并为其增值。目前,这个数据被传回到地球,然而,当太空服务器变得经济时,它们非常实用。

3.17 小结

许多因素决定了5G地面和卫星网络的延迟和延迟可变性,包括链路预算和路径长度。与直觉相反,卫星可以具有链路预算优势,只要它们几乎直接位于用户头顶,例如,赤道上方的地球静止轨道卫星或任意纬度上的高计数LEO和MEO星座。

几乎总是在头顶上方,或者理想情况下总是在头顶上方,通常会给大多数室外覆盖场景提供良好的可视性,并且地球表面吸收和地面反射将最小。

出于相同的原因,由于典型建筑结构的高穿透损耗,卫星无法有效地提供与建筑物中手持终端设备的可靠连接。卫星在建筑物内部唯一可见的时间是在低倾角时,地面网络在这种情况下可能更有效。卫星运营商通过提供安装在窗台或建筑屋顶上的天线来克服这一限制。例如,用于公司用户连接的VSAT卫星通信终端已经使用了很多年,但是现在已经转向使用集成了Wi-Fi的低成本收发器进行本地覆盖。用于室外低成本连接的OneWeb模式可以通过与Wi-Fi耦合的Ka频段收发器,实现硬件设备在建筑物内部的重复使用。当然这也意味着,Wi-Fi将增加延迟预算,尽管这对于总体往返延迟而言并不十分重要。

在那些在意延迟的5G应用中,往返延迟让卫星看上去不适用,但在某些情况下卫星可以提供性能优势。前面章节中已经提到的包括Iridium和有潜力的LeoSat卫星系统的例子,在自由空间(与光纤相比)中无线电传播速度更快,远胜过10000多千米的路径延迟。Iridium还具有星间交换(K频段)功能,而LeoSat和SpaceX已经建议使用光学星间交换,所有这些都提供了端到端信道的绝对控制,消除了延迟可变性的二阶效应。如果需要高级身份验证,这一点尤其有用。端到端控制和安全性的结合是军事和生命攸关系统的基本要求,也是高频交易等高价值金融服务的基本要求。

延迟也是网络负载的函数。这在卫星领域中被称为填充因子,但在所有无线和有线网络中也可以表示为争用率,它是共享无线电信道、光纤、电缆、铜缆或路由器节点用户数量的函数。用户数量以及这些用户提供的聚合流量的突发性决定了网络所需的传输和缓冲带宽。缓冲区被设置为允许排队,以便在端到端信道中的任何一节点没有足够的传输资源时,分组都不会丢失或被丢弃。在理想情况下,可以通过设置网络的规模来避免排队。这也将避免对流量优先级和网络抢占的需求,具体就是分离出延迟可容忍和延迟敏感的流量过程,这将消耗带宽和功率。但是这将涉及确定网络的规模以适应最坏情况下的负载,这在资金和运营成本方面都是昂贵的。因此，延迟是网络拓扑产物的一部分，也是网络经济的产物。

考虑到所有这些，要回答的问题是，卫星能否以与地面 5G 相当或更低的成本向地球提供服务。以下各章旨在找到该问题的答案。

参考文献

[1] http://www.3gpp.org/news-events/3gpp-news/1839-5g_cc_automation.

[2] http://www.chronos.co.uk/index.php/en/time-timing-phase-monitoring-systems.

[3] https://www.itu.int/rec/T-REC-G.811/en.

[4] http://www.ntp.org/.

[5] http://qzss.go.jp/en/.

[6] https://www.microsemi.com/product-directory/clocks-frequency-references/3824-chip-scale-atomic-clock-csac.

[7] http://www.nist.gov/pml/div689/20150421_strontium_clock.cfm.

[8] https://www.rp-photonics.com/optical_clocks.html.

[9] http://www.chronos.co.uk/index.php/en/delivering-a-national-timescale-using-eloran.

[10] ftp://www.3gpp.org/tsg_ran/WG1_RL1/TSGR1_17/Docs/PDFs/R1-00-1428.pdf.

[11] http://pfister.ee.duke.edu/courses/ecen655/polar.pdf.

[12] https://www.o3bnetworks.com/technology/latency-throughput/.

[13] http://www.scps.org/.

[14] https://portal.3gpp.org/desktopmodules/Specifications/SpecificationDetails.aspx?specificationId=3234.

[15] http://www.swpc.noaa.gov/phenomena/ionospheric-scintillation.

[16] https://www.planet.com/.

第 4 章 火箭发射技术的创新

4.1 引言

1859年9月5日,伊桑巴德·金德姆·布鲁内尔(1806—1859)在他设计的大东方号(Great Eastern)蒸汽轮船[1]上拍了一张照片。30年来他在自己的建筑工程事业中兢兢业业,很少有人像他这样因为工作而筋疲力尽。他英年早逝,那是他去世之前拍摄的最后一张照片。当年来看,大东方号是有史以来建造的最大船舶,长700ft①,排水量为22500t,而且它是第一艘完全用钢铁建造的船。它只需要加装一次煤,就可以将4000名乘客从英国运送到澳大利亚。

事实上,这艘船有一段传奇的历史。几任船主都曾因为它而赔了钱,直到铺设了从英国、欧洲到美国、跨越印度洋的跨大西洋电缆之后,这条船的运营才走上了正轨。

故事的重点是,与商业规模一样,物理规模可以带来潜在的性能提升,例如大东方号的速度、效率和吨位容量,但最终应用并不总是与最初的预期完全一致。火箭也是如此。在本章中,将介绍为首次载人火星飞行任务而开发的新一代超大型、超能力、超快速、超高效的火箭。

总有一天,火箭将被改造成可以多次重复利用。假如火箭能够重新利用,将可以用远低于现有发射系统的成本将大量有效载荷送入近地轨道。这一章将带我们了解这个演变过程及其对卫星经济的影响。

4.2 老一辈的火箭人

牛顿在他1687年的《数学原理》中首次详细阐述了轨道力学的原理,想象

---

① 1英尺=0.3048米

有一颗炮弹从某一山上的大炮水平发射出来,它拥有的动能足以确保它永远不会落地,炮弹靠近地球的速度与地球远离炮弹的速度保持一致。如果没有大气阻力,炮弹将永远绕着地球转[2]。

4.2.1 查尔斯·克拉克和科幻小说的角色

在1945年10月版《无线世界》杂志上,科幻作家查尔斯·克拉克的文章"地外中继:火箭发射站能覆盖全球吗?"让地球同步卫星广播电台和电视节目的理念得到普及。这些卫星将由新一代火箭发射,可以把载荷加速到超过8km/s(5miles/s)[3]的入轨速度。

4.2.2 儒勒·凡尔纳和赫尔曼·奥伯特

80年前的1865年,儒勒·凡尔纳出版了《从地球到月球》。受美国内战中弹道技术进步的启发,凡尔纳在其书中讲述了一个"大炮俱乐部"的故事,一群导弹专家决定建造一门威力足以击中月球的巨型大炮。在书中,凡尔纳还提到,大炮将在佛罗里达州发射,大炮上搭载载人航天器,三名机组人员乘坐铝制飞船。凡尔纳提出这种设想比阿波罗8号发射早了整整100年。

1905年,11岁的罗马尼亚人赫尔曼·奥伯特染上了猩红热,有人送给他儒勒·凡尔纳的这本书阅读,以减轻他的不适。两年后,奥伯特设计了一种反冲火箭,它可以通过从底部排出废气来推进自己。在第一次世界大战中,奥伯特移居德国,并加入了一个医疗队。不久后,他回到大学学习数学和物理,意识到火箭需要多级推动。"如果在大火箭顶部有一个小火箭,在大火箭分离抛弃的时候,小火箭被点燃,那么它们的速度就会增加"。

4.2.3 赫尔曼·奥伯特和韦纳·冯·布劳恩

从1923年到1929年,奥伯特致力于《火箭进入行星空间》[4]一书,解释了火箭如何摆脱地球的引力。他的火箭设计获得了专利,1931年5月7日他在柏林附近发射了他的第一枚火箭,并成为年轻的韦纳·冯·布劳恩的导师。赫尔曼·奥伯特于1989年12月29日在西德的纽伦堡去世,享年95岁。韦纳·冯·布劳恩出生于1912年,与奥伯特一样都喜欢把科幻变成现实,他于1928年加入了德国太空旅行协会。

1932年,冯·布劳恩进入德国陆军研制液体燃料火箭,并在接下来的10年间,研制出V2火箭(图4.1),一种液体推动(酒精和液态氧)火箭,长14m,重达12000kg,能够以5600km/h的速度飞行,可向300km外的目标(从巴黎到伦敦)

第4章 火箭发射技术的创新

发射700kg的弹头。发动机通常燃烧60s,将火箭推送到2km/s左右的速度,使火箭上升到约90km的高度(图4.2)。

图4.1　V2火箭(图片由V2 Rocket.com提供)

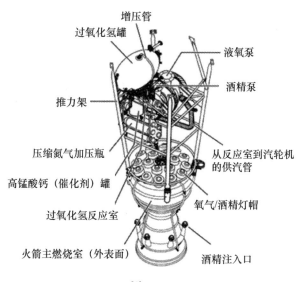

图4.2　V2火箭发动机[5](图片由V2rocket.com提供)

4.2.4　罗伯特·戈达德与世界大战

在大西洋的另一边,罗伯特·H·戈达德(Robert H. Goddard)[6](1882—1945)受到赫伯特·乔治·威尔斯(H. G. Wells)《世界大战》(1897)一书的启发,于1914年申请了两项美国专利,一项是液体燃料火箭,另一项是两级或三级的固体燃料火箭。1920年,史密森学会发表了他的文章《到达极端高度的方法》,文中涉及了向月球发射有效载荷的可行性研究。1926年,他在马萨诸塞州的奥本研制并发射了有可能是世界上第一枚的液体燃料火箭。戈达德证明了火箭可以在真空中工作(图4.3),1929年将世界上第一个科学有效载荷搭载在火箭上,1932年用火箭发动机的叶片进行导向,研制出适用于火箭燃料的泵,1937年发射了一枚火箭,其电动机靠陀螺机构控制的万向节实现转动。

图4.3　1935年10月,在新墨西哥罗斯威尔,罗伯特与他研制的火箭
(来源:NASA/上帝空间飞行中心)

4.3　苏联的火箭

与此同时,在20世纪20年代初,列宁决定为苏联红军[7]装备新型武器,包括可以与常规火炮相匹敌的固体燃料火箭。斯大林从1924年起到1953年去世时,同样热衷于追赶、超越美国和德国的火箭研究,在30年代初投入大量资金支

持"国防、航空和化学技术进步协会"。

在第二次世界大战中,苏联的冬天可以说是对付德国的一种更有效的武器,但战后时期到底是苏联弹道导弹发展的黄金时代还是黑暗时代,每个人的观点并不一样。

冷战促进了大西洋两岸的发展。从1954年到1957年,苏联的火箭设计师谢尔盖·科罗列夫花了四年时间研制出世界上第一枚洲际弹道导弹R7,其威力足以向美国发射核弹头或者将航天器送入轨道,而人造卫星Sputnik(见第1章)也首次大获成功。1961年,一架改装的R7将尤里·加加林送入太空。尤里的人像海报在当年青少年中非常热门。

4.4 德国的火箭

与此同时,布劳恩先生迅速从战后饱受打击的德国转移到美国,为美国陆军工作,开发了第一代木星C、朱诺11号和土星1号运载火箭,"木星"C运载火箭曾在1958年将美国第一颗卫星"探险者"1号送入轨道。

1960年,艾森豪威尔(Eisenhower)总统将火箭研制从军队管控转移到新成立的国家航空航天局(NASA),其任务是生产新一代巨型火箭,即众所周知的土星火箭。布劳恩成为马歇尔航天飞行中心[8]的主任和土星5号运载火箭的总设计师。

4.5 法国和英国的火箭

60年过去了,国家航空航天局这家研发巨擘在材料和制造创新方面进行了开创性的研究,这实际上推动了新的太空革命[9]。韦纳·冯·布劳恩于1977年6月16日在弗吉尼亚州亚历山大市去世。他与纳粹党的关系一直存在争议,但他对美国航天事业的贡献是无与伦比的。

这不仅仅是个超级大国竞争的故事。1958年,对于二战期间反纳粹抵抗运动的一些英雄来说,戴高乐在法国重新掌权,深信在洲际弹道导弹装载核弹头的时代,依靠美国的军事保护是幼稚的,在这一点上,他承诺法国在技术上完全独立于美国,包括复杂而昂贵的核技术和火箭研究项目。

对于戴高乐的决定是否出于深谋远虑众说不一,但是一个可能意想不到的结果是,60年后,法国的电网核能供电的比例比世界上任何其他国家都高[10]。潜藏其背后的秘密是,只有具备大规模高效铀处理能力,才能获得相当数量的武器级钚。

英国同样不愿承认自己是一个衰落的殖民国家并在主权竞争中被落下一大截,因而实施了一些大规模、但事后被证明是误判的火箭防御项目,其中始于1965年并于1970年废弃的"蓝色条纹"(Blue Streak)可能是最著名的例子[11]。

从积极的一面来看,在火箭开发上花费的资金虽然可能不成比例,但这在法国和英国都使得火箭技术能力有了长足的发展。法国是欧洲阿丽亚娜一次性发射系统的主要贡献者和经济合作伙伴,该系统用于从法属圭亚那库鲁发射GSO和LEO卫星,火箭由欧洲航天局授权制造,空中客车公司是主要承包商。英国拥有强大且相对具有竞争力的临近空间和深空系统行业,BAE(英国宇航公司)系统就是一个例子[12]。

4.6 世界其他地区的火箭

实际上,当今火箭发射技术的很大一部分是洲际弹道导弹开发工作的产物,这些工作最初起源于20世纪50年代的苏联和美国,中国是20世纪60年代初[13],印度是1969年[14],巴西是70年代以来[15],其后是以色列、伊朗,2012年以后是朝鲜。

超过70个国家宣称拥有太空计划,包括马来西亚[16]、印度尼西亚[17]、埃及[18]、巴基斯坦[19]。

4.7 以印度空间研究组织为代表的新兴国家的能力

2017年2月15日,印度空间研究组织[21]用一枚火箭将104颗卫星送入了轨道,创造了新的世界纪录。火箭主要运送的是一颗714kg重的地球观测卫星,附带运载了103颗总重量为664kg的纳米卫星,最小的重1.1kg。其中90颗纳米卫星来自旧金山一家行星公司,每颗重4.5kg,将从太空发回对地观测图像。

4.8 巴西的火箭及其自主卫星计划

巴西声称正在开发相关技术,2020年前用国产火箭将国产卫星送入太空。国有电信运营商西班牙电信(Telebras)和全球第三大商用飞机制造商巴西航空工业公司(Embraer SA)成立的私营合资企业Visiona,都是新兴火箭制造和供应链的一部分。2017年发射该国第一颗国防通信卫星是实现自给自足目标的一步,泰雷兹公司和阿丽亚娜航天公司已签订合同,在巴西的一个大型工程师团队支持下将卫星送入太空。这颗5.8t重的地球同步卫星将为巴西提供宽带互联网,并为军方和政府雇员提供安全通信[22]。

巴西是世界第五大国家,总面积为 $8 \times 10^6 km^2$,与澳大利亚相似,但包括 $55455 km^2$ 的水域。印度尼西亚有 $2 \times 10^6 km^2$。非洲有 $3 \times 10^7 km^2$。非洲大陆还是要比国家大一些的。虽然目前巴西卫星建造方案的国产技术比较有限,但其目的是制造一颗100kg的微型卫星,并将其发射到1000km处的低地球轨道,用于毁林监测、跟踪水库和监测17000km的巴西边境等任务,这取决于巴西的经济状况。

4.9 中国的长征火箭

中国最新的大型火箭是长征5号,这是第一个不使用固体燃料助推器的大型系列火箭。以液氧煤油驱动的长征5号运载火箭可将14000kg的有效载荷送入地球静止轨道转移轨道或者将25000kg的有效载荷送入近地轨道,接近美国德尔塔4重型火箭的能力。中国于2013年将着陆器和月球车送上月球,并于2016年将两名中国宇航员送入太空,在天宫2号空间站停留30天。长征5号下一个任务计划返回月球,计划后续(长征6号和长征7号)将在2020年之前向火星发射轨道飞行器、着陆器和探测车。

4.10 欧洲的火箭

阿丽亚娜6号是当代欧洲各国共同开展火箭研制的实例[23],从2020年起,奥地利、比利时、捷克共和国、法国、德国、爱尔兰、意大利、荷兰、挪威、罗马尼亚、西班牙、瑞典和瑞士都将参与其中。阿丽亚娜6号运载火箭设计用来将10.5t重的有效载荷发射到地球静止轨道、中地轨道,或近地轨道/极地轨道。该运载火箭依旧使用阿丽亚娜5号的发动机,预计发射服务费用可以减半。

阿丽亚娜6号的第一段使用基于固体推进的捆绑式推进器(P),第二和第三段使用低温液氧和氢来推进(H),其结构称为PHH。低温主级可容纳150t推进剂,上级可容纳30t。这种设计允许火箭根据有效载荷和轨道目的地不同,配置成两个助推器(Ariane 62)或四个助推器(Ariane 64)(到达中地球或地球静止轨道需要更多的动力)。四火箭助推器配置将用于双发射4.5~5t的商业有效载荷。

尽管阿丽亚娜是一个以欧洲为基础的发展项目,但欧洲航天局和其他国家之间有着实质性的合作,这主要归因于国际空间站[24]的合作。令人鼓舞的是,俄罗斯和美国在2017年同意合作建造一个"通往火星和宇宙的门户"月球轨道空间站[25]。该项目肯定需要相关主权国家进一步优化现有的火箭技术。如果欧洲有一个防御机构,阿丽亚娜的资金可能会更有保障。2017年7月成立的55亿欧元国防基金[26]可能是迈向这一目标的第一步。

4.11　固体燃料与液体燃料

为这些自主火箭提供动力的可以是液体燃料、固体燃料,或者是两者的混合。液体燃料正在成为主导燃料,可以使发射更简单、更安全、更可控、更环保。固体燃料火箭最初是由火药驱动的,是中国人在13世纪发明的。现代固体燃料火箭发动机广泛使用了化学成分。一般有两种固体推进剂,第一种是双基推进剂,通常以硝化纤维素和硝化甘油为基础。火箭发动机实际上是一种爆炸装置。双基推进剂系统往往用于小型火箭。第二种固体推进剂是一种复合材料,由燃料和氧化物质混合而成的颗粒状结构。氧化剂通常是硝酸铵、氯酸钾或高氯酸铵,燃料要么是碳氢化合物,要么来自塑料[27]。这些固体燃料组合可能有毒、不稳定、操作危险,而且对机械冲击和温度变化特别敏感。一旦点燃,固体燃料火箭将燃烧至耗尽,通常用作火箭助推器。例如,固体燃料助推器被用来将航天飞机发射到太空。

液体燃料火箭使用两种独立的推进剂,一种燃料和一种氧化剂。燃料可以是煤油、酒精、肼或液氢。氧化剂包括硝酸、四氧化二氮、液氧或液氟。液氧和液氢发动机常被称为低温发动机。一些最好的氧化剂,如氧和氟,只在非常低的温度下以液体的形式存在。但是在发射前和发射期间,低温条件很难控制和维持,固体燃料和液体燃料都有可能在不应该爆炸的时候爆炸。液体推进剂可以比固体燃料产生更多的能量,但需要更复杂的发动机,因此容易发生机械和系统故障。

4.12　火箭工作者及其火箭

4.12.1　新一代航天企业家

对火箭技术进行自主研发并不是唯一的选择。可以看到,新一代有抱负的

第4章 火箭发射技术的创新

航天企业家正在崛起,他们能够获得足够的资金、借来设备用于发展私营企业的火箭和发射技术。与传统火箭相比,这些技术可以大幅降低运载成本,在技术和商业上都具有竞争力。SpaceX 公司可以支持搭载军用和商用的有效载荷,并且是第一个为国际空间站服务的私营宇宙飞船,它赢得了美国航天局国际空间站货物再补给服务合同,并与 Orbital ATK 公司分享该合同,Orbital ATK 公司现在是诺斯罗普·格鲁曼公司的一个部门。

4.12.2 SpaceX 可重复使用的火箭和其他创新

SpaceX 公司宣称,事实也确实如此,它是第一家开发出真正可重复使用火箭的公司。2002 年,特斯拉汽车公司(Tesla Motors)、贝宝支付公司(PayPal)和 Zip2 公司的创始人埃隆·马斯克(Elon Musk)创立了 SpaceX 公司。该公司开发了猎鹰 1 号轻型运载火箭、猎鹰 9 号中型运载火箭、飞龙和猎鹰重型运载火箭,后者能够将超过 50mt① 的货物送入轨道。

不涉及军事敏感任务的部分客户清单包括 Viasat、美国空军、印尼电信公司、电信卫星公司、SSL、Sirius、SES、诺斯洛普·格鲁门公司、NASA、韩国通信卫星公司、Inmarsat、Hispasat、Eutelsat、Arabsat 和空客[28]。Iridium 也用猎鹰 9 号发射他们的下一代星座卫星,总共有 75 颗新卫星(66 颗工作卫星加上 9 颗轨道备份卫星),每次发射 10 颗。

这种火箭使用基于火箭级煤油(RP-1)的液体推进,火箭级煤油是类似于喷气燃料的精炼石油。这种发动机与液氧结合,通常被称为碳氢发动机。非爆炸式气动释放和分离系统减少了轨道碎片,并在水平生产线上安装,以节省成本并提高制造安全性和可测试性。分离系统使用推进系统中的煤油,而不是液压矢量控制系统中的液压流体,以减轻重量和降低系统复杂性。

这种火箭非常强大。猎鹰重型火箭有 27 台发动机,在海平面产生 22819kN(5130000lbf②)推力,在真空中产生 24681kN(5548500lbf)推力。第二级火箭产生的 934kN(210000lbf)推力,在主发动机关闭、第一级分离返回地球后,将火箭有效载荷送入轨道。发动机可以多次重新启动,以便有效载荷可以送入近地轨道、地球静止轨道或最终地球同步轨道上。总可用燃烧时间为 397s。

---

① 1公吨=1000 千克
② 1磅力=4.448222 牛

火箭上的无线电控制系统包括 2300~2300MHz 的 S 频段遥测和视频、5755~5775MHz 的 C 频段雷达应答器和使用 11 个无线电频道的 7 个独立无线电系统。Iridium 的收发器、跟踪系统和全球定位系统用于辅助可重复使用火箭的着陆和回收过程。

4.12.3 价格表和有效载荷

用户可以从公布的价格表[30]中选择火箭发射选项。以 2018 年为例,6200 万美元可以支撑猎鹰 9 号火箭携带 22800kg 载荷到低地球轨道,8300kg 载荷到地球静止轨道,4020kg 载荷到火星。9000 万美元可以支撑猎鹰重型火箭将 63800kg 载荷发射到低地球轨道,26700kg 载荷发射到地球静止轨道,16800kg 载荷发射到火星(或 3500kg 发射到冥王星)。

需要注意的是卫星运营商可以通过选择转移轨道,然后使用卫星推进系统(肼或离子推力器)将卫星提升到最终位置,从而降低发射成本。离子推进器的优势在于它们由卫星上的太阳能电池板提供动力,因此卫星可以有效地进入太空,但是它可能需要 4 个月才能到达最后的地球同步轨道位置,所以这可能不是最经济的选择。

插入轨道包括低轨极地太阳同步轨道,也称为太阳同步轨道。太阳从不在太阳同步星座上落下。这些卫星用于地球传感或太阳观测,包括对意外太阳黑子事件的早期探测。例如,如果卡灵顿事件(最后一次发生在 1859 年)再次发生,将对太空和地球上的计算机硬件[31]造成极大的破坏。

客户的有效载荷需要放在标准尺寸的容器中。标准重量为 3453kg,增加额外费用可以到 10886kg。人们预计,卫星被送到所需的太空位置,允许少量误差,但误差一般不超过预定目的地的 10 或 15km。

值得注意的是,电子卫星(前面提到的带有离子推进器的卫星,在第 6 章中有更详细的介绍)有能力从在太空中的大致位置移动到太空中的精确位置。转移轨道通常会足够近,足以使电子卫星自行推进到最终目的地,尽管如上所述,所需时间取决于距离、太阳能预算和星载离子推进系统。

还有一个额外的要求是卫星最后必须指向正确的方向,对通信卫星来说,最好是朝向地球或地球某一特定部分。这就是所谓的局部垂直局部水平(LVLH)方向。SpaceX 公司还将设定卫星旋转速度,以实现渐进俯仰,从而最大限度地减少对其他卫星系统的干扰。液体推进发动机的重启选项意味着可以在太空的不同位置发射多颗卫星。

4.13 运送火箭到发射场和有效载荷发射应力

火箭和有效载荷的环境条件在发射前至少 3 周内要具体确定。发射时有效载荷上的发射应力也应分级确定,包括热、振动、噪声和冲击载荷。如果卫星在途中解体,那么将它送入轨道是没有意义的。卫星有效载荷上的任何射频系统也必须能够承受发射过程中和发射后火箭辐射的射频通量密度。有效载荷必须在末级释放后才能发射。

4.13.1 马斯克 2024 年火星任务

马斯克认为到 2022 年或 2024 年火星任务是可以实现的[32]。SpaceX 公司已经暗示,这项任务可能优先于公司其他火箭和发射系统的开发工作[33]。

该飞船通过 BFR 助推器发射,助推器随后返回地球以便能重复使用 1000 次。在火星之旅中,飞船停靠一艘加油机,加油机返回地球然后再飞往火星。然后,使用现场生产的推进剂为飞船加油以使其返回地球。加油船和主船设计最多可重复使用 100 次。

洛克希德公司也有类似的任务提案[34]。在图 4.4 中,它位于"红色星球"火星上。

图 4.4　洛克希德·马丁公司的火星任务(感谢洛克希德·马丁公司)

4.13.2 贝佐斯先生(Bezos)和蓝色起源

亚马逊的创始人杰夫·贝佐斯(Jeff Bezos)也有自己的火箭公司和可重复使用的发射解决方案,名为蓝色起源(Blue Origin)[35]公司(图4.5)。他打算每年从亚马逊股票的销售中投资10亿美元[36]。

图4.5 蓝色起源可重复使用火箭(由蓝色起源图像库提供)

蓝色起源公司拥有两个正在研发和测试中的火箭发动机,一个液态氢燃料发动机作为第一级火箭产生110000lb①的推力(超过10^6HP②),一个液氧和液化天然气发动机为深空任务产生550000lb的推力。液化气也被用来给火箭推进剂罐加压。与煤油不同,液化气燃烧不产生煤烟,使发动机更容易重复使用。发动机能够多次重新启动。发射引擎可以被减速到20000lb的推力,为在指定发射区域的几米范围内着陆提供足够的控制。

与所有火箭发动机一样,对于材料的挑战是,要管理火箭发动机内的极端温度梯度,液氢需要保持在-423°F,燃烧温度接近6000°F,并需要使诸如涡轮泵的系统有高度的可靠性和可控性。

蓝色起源是联合发射联盟[37]的一部分,其发动机已被选为下一代火神运载火箭提供动力。联合发射联盟是波音公司与洛克希德·马丁公司在2006年成

---

① 1磅=453.59237克

② 1公制马力=0.735千瓦

第4章 火箭发射技术的创新

立的一个50∶50的合资企业,旨在为美国政府任务提供低成本的交付服务。该联盟由德尔塔和阿特拉斯这两个火箭开发团队组成,这两个团队共同支持了美国50年来的航天事业,总共完成了1300次任务。目前,该联盟在与亚空间、临近空间和深空火箭相关的开发领域雇佣了3000多名工程师,为美国国防部、美国航天局、国家侦察局和美国空军工作。

4.13.3 我的火箭比你的大

贝佐斯正在制造最大的火箭,称为"新格伦"(New Glenn)(以美国先驱宇航员约翰·格伦的名字命名)。这枚火箭高82m,可以将45t的载荷送入近地轨道,或将13t载荷送入地球同步转移轨道,计划于2019年首次飞行。这种火箭设计为可以重复使用100次,可以返回地球并在一艘海上驳船上着陆。

新格伦是新一代重型助推火箭中最大的一个,但不一定是最大的(图4.6)。SpaceX的猎鹰重型火箭将有能力向低地球轨道运载53t重的载荷,美国宇航局正在研制一种新的70t运载量的航空发射系统。

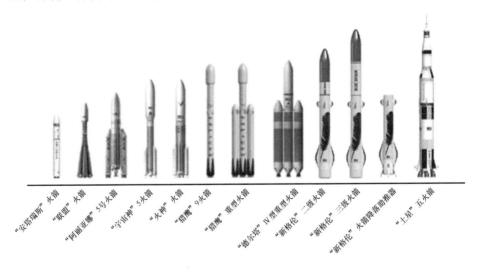

图4.6 蓝色起源的火箭新格伦与其他火箭的大小比较

4.13.4 布兰森先生和维珍银河

理查德·布兰森(Richard Branson)正在推进维珍银河号(Virgin Galactic)[38]用于太空旅游业的发展,世界上第一个商务太空航线,同时也用于清理太空碎片和用运载火箭1号发射系统(Launcher One system)[39]来发射低成本的近地轨道小卫星(图4.7)。该项目由理查德·布兰森和伯特·鲁坦(Bert Rutan),Scaled Composites公司[40]的创始人,于2005年创立,虽然遭遇了几次重大的失败,但似乎正朝着实现定期飞行的方向迈进。

图4.7　维珍银河:世界上第一家商业太空航空公司

维珍集团也是OneWeb公司和Boom Technology公司的投资者。Boom Technology公司[41]正在开发一种新的超音速客运飞机,作为协和式飞机的后继产品。

从公共关系的角度来看,将名人送入太空是高风险的,但如果太空旅行能够以与传统商业航空公司相似的安全水平进行,那么保险成本将会大大降低。

另外还要注意飞机设计与开发、航天器设计与开发以及潜在的空中旅行和太空旅行之间的紧密联系。对于维珍来说,这包括在一架非常大但传统的飞机(Strato发射架)上为航天器提供初始升力。

这种初始升力(一次升到50000ft,然后进行空中发射)加上飞行计划中相对较低的远地点(110km,超出卡门极限10km),意味着可以在航天器上使用较小的推力发动机。维珍的发动机使用液态氮氧化剂和热塑性聚酰胺(主要是尼龙)作为推进剂的固体燃料成分,以产生60000lb的推力(270kN)。

4.13.5　小火箭:Ki-Wi之路

这就引出了小火箭和美国火箭实验室的话题[42]。火箭实验室由彼得·

第4章 火箭发射技术的创新

贝克(Peter Beck)于2006年建立,投资者包括洛克希德·马丁公司和新西兰一个风险投资基金K1W1[43]。该火箭广泛使用碳复合材料,例如,与液氧兼容的碳复合混合物燃料箱以及碳复合整流罩。氧/煤油泵发动机采用电池驱动的电动推进剂泵,设备由3D打印生成,这一过程也被称为增材制造,打印用时24h。

第一级的9台发动机产生的升空推力为162kN(34500lbf),峰值推力为192kN(41500lbf),燃烧时间为303s。第二阶段使用同一发动机的改进版本,针对真空条件进行了优化,燃烧时间为333s。这枚17m的微型火箭的设计目标是将150kg的额定载荷发射到500km的太阳同步轨道。该公司在新西兰的马希亚有自己的发射基地。

火箭实验室的定位是服务于立方体卫星市场的低成本太空研究项目,建议价格为每4in×4in① 立方体卫星5~9万美元,每12in×12in立方体卫星18~20万美元。

4.13.6 微型航天器发射装置

火箭试验室是众多雄心勃勃致力于开发低成本太空运载系统的初创公司之一。矢量空间系统公司就是其中一个例子[44],它有一个类似于火箭实验室的火箭(碳纤维和类似的推进系统)和一个类似的小有效载荷市场目标,或者160kg或者66kg的载荷,但都通过移动发射器发射。火箭的第一级设计成是可重复使用的。他们声称只需要一个空的混凝土停车场就可以作为发射基地。该公司还研究了喷管控制系统,以在发射过程中最大化所有高度的推力。这些分别是技术和机械方面的小改进,但加在一起有可能显著提高发射效率,这是一个新兴的空间发射供应链的例子,将承接火箭开发订单。加维航天器公司(Garvey Spacecraft Corporation)[45]是另一个例子。

4.13.7 太空有多远?

太空的起点通常被认为是以匈牙利科学家西奥多·冯·卡门(1881—1963)的名字命名的卡门线。在这一边界之上,空气动力不再起作用,离心力成为维持特定高度的主要原因。边界最终于20世纪50年代达成一致。

在地球和太空之间是对流层,其厚度从两极的8km到赤道以上的16km不等,以对流层顶为上界,这是一个以稳定温度为标志的边界。对流层是世界上大

---

① 1英寸=2.54厘米

部分天气现象发生的地方,包括飓风和雷暴,这两种天气都可能对火箭发射和发射设施造成干扰破坏。

对流层上方 12~50km 之间是平流层。平流层是温度随海拔升高而升高的层。气温升高是由于臭氧层吸收了来自太阳的紫外线辐射。这创造了稳定的大气条件,最小的空气湍流和强而稳定的水平风(喷流),是飞机的理想环境。平流层顶部的稀薄空气接近 0℃。

中间层距离地球表面 50~80km。它通过平流层顶与平流层隔开,通过中间层顶与热层隔开。中间层的温度随海拔下降到 -100℃ 左右。

热层是大气的外层,通过中间层顶与中间层隔开。在热层内部,由于吸收太阳的热能,温度持续上升到 1000℃ 以上。然而,这里的空气很稀薄,以至于会感觉很冷。电离层延伸到 600km,并受到来自于紫外线辐射吸收以及来自于太阳和宇宙射线的高能粒子的严重电离。对流层的辐射水平会对电子设备造成损害,一些部件和系统必须经过防辐射处理。

范艾伦带[46]具有特别高的辐射和重大的空间天气事件,必须将其纳入任务风险缓解计划。地球两条主带从 500km 的高度延伸到 58000km。他们的发现要归功于詹姆斯·范艾伦(James Van Allen)[47](1914—2006)。

4.13.8　临近空间与外太空

一般来说,被定义为临近空间的东西都在地球/月球轨道系统内。任何比月球更远的地方都被定义为外太空。

4.13.9　到那里需要多长时间?

为了进入近地轨道,第一级动力飞行持续大约 3min,第二级燃烧另外 5~6min 然后到达初始轨道。如果一个人跑步到那里,大约需要 12h(一个超级跑者完成 100km 的超级跑的平均时间)(图 4.8)。

利用霍曼转移轨道[48]到达月球需要 3 天,到达火星需要 7 个月。霍曼转移轨道以德国的宇航科学家沃尔特·霍曼(Walter Hohmann)(1880—1945)[49]的名字命名。

旅行者 1 号和旅行者 2 号[50](均于 1977 年发射)花了 40 年的时间到达太阳系边缘,迄今为止行程 1.2×10^{10} mile,它们正穿过太阳顶朝奥尔特云前进。它们将在 300 年内到达奥尔特云,并在 30000 年内离开云的另一边[51]。宇宙是一个很大的空间,并且还在变得越来越大。

第 4 章　火箭发射技术的创新

图 4.8　12h 进入太空(我在 100 岁时跑完 100km,站在图中左边)

4.14　大型火箭创新对高计数 LEO 的功率预算、容量、吞吐量和空间星座经济性的影响

图 4.9 显示了诺基亚网络对 5G 网络中预期数据密度的估计,针对 6GHz 以下 Ku 频段和 28GHz(或 26GHz) Ka 频段网络以及毫米频段网络(40GHz 和 50GHz 的 V 频段和汽车雷达的 77GHz 两侧 E 频段)计算。

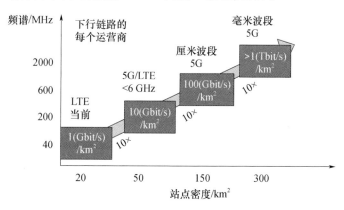

图 4.9　5G 网络中的数据密度和站点密度

我们在第10章中将再次讨论这一话题,但就目前的主题(发射技术)而言,考虑多少射频容量和射频功率可以以什么样的成本被送入太空是有用的。成本(卫星成本+发射成本+全寿命运营成本)以及其他指标(例如延迟)等将共同决定可从太空获得的地面带宽量。

以前典型的发射有效载荷约为10000kg。为火星任务制造的下一代火箭可以一次将60000kg卫星送入到LEO中。这意味着一枚火箭可以一次将120颗500kg重的卫星送入低地球轨道,也就是说,每月发射一次的话一年可发射1400颗卫星,每周发射一次的话一年可发射卫星数量是其4倍。

这表明SpaceX公司可以在1年的发射窗口内向太空中发射一个4000个卫星组成的星座。如果每颗卫星具有500W的射频功率和1Tbit/s的吞吐量,这样将会构建一个具有2MW的可用射频下行链路功率,吞吐量为每秒4petabit(1peta是10的15次方)。这种功率和吞吐量可以跨多个小基站(半径2km)扩展到大型基站(从水平到水平),并通过多个波束为这些基站内的单个用户或物联网设备提供服务。这些卫星的预期寿命为20年,可以使用免费能源,而且没有场地成本。这看起来很吸引人,但是还有一些其他的额外费用。

4.15 发射可靠性对保险成本的影响

卫星发射额外成本之一是保险,保险的成本至少有一部分是由发射可靠性决定的。航天相关的保险市场建立于20世纪60年代,但很少被使用,因为卫星归发射卫星国家的政府所有,而运营则由美国国家航空航天局和欧洲航天局(ESA)等政府机构负责。

20世纪80年代,随着卫星变得越来越复杂,发射损失或分离后损失(介于火箭分离和到达最终轨道目的地之间的部分)或在轨损失的后果在财政和政治上变得更加糟糕,保险的市场开始增长。1986年"挑战者"号航天飞机失事的惨剧更加提醒人们,发射业存在固有的风险[52]。

保险市场的普遍增长意味着发射可靠性统计数据可用于发射失败概率分析,在发射失败和中期及最终轨道失败后,基金可用于承保风险。火箭及其卫星在飞往太空途中或意外提前返回时造成损害的可能性,意味着传统的自我保险模式开始转向购买保险,其费用可能高达4亿美元。保险费将根据发射风险及保险经济其他部分的回报率而变化。

就在50多年前,油轮Torrey Canyon[53]大幅增加了该行业的成本。这不仅体现在海运部门的保费增加,也反映在所有保险的保费增加上。最近,卡特里娜飓风

第 4 章 火箭发射技术的创新

对整个行业产生了类似的影响,超过 400 亿美元用于支付飓风造成的损失[54]。

1998 年,太阳风暴使卫星保险业从 20 年来的盈利状态下滑到超过 10 亿美元的亏损,在其他灾难变得更加明显之前,该行业一直是个被遗弃的行业。太阳风暴前,卫星的保费约为卫星价值的 15%~16%,通常还包括发射保险和一年的在轨保险。太阳风暴过后,费率实际上降低了,原因是未来 11 年里风暴不会再次来袭或者至少在太阳周期内不会再发生,因此到 1999 年,商定的费率降为 10%,其中还包括 5 年的在轨保护。

保险业充满了这些违反直觉的定价效应。灾难促使精算团队更仔细地研究其他行业的风险/回报率,并重新分配资金。在一个由 15 家或 20 家保险公司组成并由其中的 2 家或 3 家大型保险公司主导的市场中,跟随效应确保了资金的相对戏剧性的再配置,激烈的竞争和对市场份额的需求推动了保费的下降。

这主要被一种"暂时不能再发生"的心态所抵消,尽管在周期性风险的情况下,如在太阳风暴周期中,再发生的可能性是可以量化和计算的。

从过去的粗略经验来看,在发射过程中丢失一颗卫星的风险约为 1/10,在运行的前 6~12 个月中卫星失败的风险约为 1/20。在轨危险包括太阳活动造成的静电放电或流星雨形成的等离子体云造成的损害、流星体的直接撞击,这可能是欧空局奥林巴斯卫星 1993 年失败的原因。太阳风暴会引起暖空气上升,从而对电力或低地球轨道卫星造成损害。这带来了额外的阻力,意味着卫星必须使用燃料来保持轨道高度。地球同步轨道卫星更容易受到流星破坏。流星在低地球轨道高度开始燃烧。最后但不是风险最低的一点是,存在着空间碎片造成损害的风险。

其中一些风险在过去 30 年中已经减少了,或者可以得到更有效的管理。例如,电子卫星(见第 5 章)或多或少地解决了位置保持所需燃料消耗的问题。

某些风险正在增加,或者可以假设未来会增加。例如,一般的假设是,空间碎片造成的破坏将随着时间而增加。

这可能会导致灾难性故障,或者只是降低性能。2009 年 2 月,一颗报废的俄罗斯军用卫星与一颗 Iridium 33 号卫星相撞,两者都被摧毁了,造成了一点混乱,有报道称之后也有碰撞发生[55]。

更常见的是磨损问题,例如,由于碎片磨损造成的太阳能电池板起雾(在第 5 章中讨论)。国际空间站的把手不得不更换,因为持续的小撞击使它变得锋利无比。

问题是火箭是否会变得越来越可靠,如果是的话,这种变化有多少有多快。从积极的方面来说,材料和制造方面的创新,包括更精确的基于计算机的飞行前和飞行后测试,再加上更大的生产量和更自动化的生产过程(在制造更多机器方面,人通常比机器更不可靠),都应该结合在一起,以减少发射失败。第一级火箭(SpaceX和蓝色起源)的回收也将产生有关材料性能的数据,这将带来额外的设计优化。

可靠性问题可能会成为新火箭制造商进入市场的障碍,与Ariane(欧洲)、Delta(美国)、长征(中国)和Proton(俄罗斯)等传统发射系统展开竞争。Delta火箭第一次发射失败了,在第二次失败之前成功发射了23次。由于最初的失败,火箭必须发射5次才能达到80%的成功率。SpaceX公司在2006～2009年间开发的第一代火箭始于三次发射失败,其可靠性等级为0%。但这已经成为历史,部分得益于与美国航天局签订的向国际空间站提供服务的合同(2008年起),现在,SpaceX已经可成功地与包括强大的波音公司和洛克希德马丁公司在内的传统承包商竞争。

可靠性的成本收益还部分取决于空间保险费率的高低。当费率较低时,可靠性和保险费之间大约存在1∶1的关系。当费率很高时,这比率增加到1∶4,安全投注成为首选。

关于政府是否为初创企业提供赔偿上限,目前正在进行政治辩论。历史证明,拥有主权国家发射能力具有重要的军事和战略意义。《美国空间复兴法案》的明确目标是将美国建成卓越的航天国家[56],该法案提供了航空部门继续保持政治重要性的例子。

最后而且依然重要的一点是,如果卫星的使用寿命持续增长(第5章说明了为什么会发生这种情况),那么保险费将成为拥有和运营卫星星座的全寿命成本中较低的部分。

4.16 小结

毫不奇怪,60年来卫星和火箭的发展密切相关,而前40年主要由大型火箭主导,其设计目的是将核弹头送往世界各地,或将太空飞船和军事系统送入太空。这些基本上都是主权国家的火箭发展项目,或者是阿丽亚娜,多国(欧盟)合作项目。

这些传统的一次性大型火箭如今仍用于卫星发射,但正逐步被私营部门开发的可重复使用的大型火箭所取代,SpaceX和蓝色起源的新格伦是卫星运载业务中新的重要参与者。还有私营公司开发的小型火箭和小型可重复使用的航天器,维珍银河就是一个典型的例子。表4.1总结了这些大大小小火箭的相对大小。

第4章 火箭发射技术的创新

表 4.1 大火箭和小火箭

大型可重复使用火箭		小型火箭	可重复使用的小型航天器
SpaceX 公司猎鹰重型火箭	蓝色起源公司"新格伦"火箭	火箭试验室	
高 70m	高 82m	高 17m	容纳 10 人
液体燃料	液体燃料	液体燃料	液态氧化亚氮与热塑性聚酰胺固体燃料推进剂
>200000kN	>200000kN	200kN	200kN
运载 50t 载荷到近地轨道	运载 50t 载荷到近地轨道	运载 250kg 载荷到 500km 的太阳同步轨道	运送 10 人到 110km 轨道上

主权国家开发和制造大型火箭的政治欲望依然存在。美国国家航空航天局正在开发的新型太空发射系统是基于一个 120m 高的火箭设计的,甚至比土星 5 号还要大,土星 5 号是为将宇航员送上月球而开发和建造的火箭。自其 2011 年退役以来,美国一直没有能力将自己的宇航员送入太空,并一直在购买俄罗斯联盟号宇宙飞船上的空间,该飞船设计于 20 世纪 60 年代,可通过"联盟"号或"质子"号火箭发射。这些巨大的火箭可以携带较小的有效载荷走很长一段路,例如到火星,或者使用所有的能量将很大的载荷送入低地球轨道、中地球轨道和地球同步轨道。

然而,美国国家航空航天局新运载火箭的首次飞行预算至少为 70 亿美元,而私营太空企业是否能以较低的成本提供相同或类似的能力还有待商榷。美国国家航空航天局反驳说,它可以利用私营部门的设施来降低成本。例如,发动机测试是在 Obital ATK 公司的设施中进行的,该公司现在是诺斯罗普·格鲁曼公司的子公司。

对于 5G 和通信卫星社区来说,可以从本章得出的主要结论是,在过去的 10 年中,无论是技术定位还是商业定位,火箭的业务都发生了巨大变化。

最大的技术变化是转向可重复使用的火箭,但是有许多更小的增量技术改进,使得空间运载更加可靠,因此成本更低,包括更低的保险成本。需要注意的是需要保险的不仅是火箭,还包括货舱内的货物、1 颗卫星或多颗卫星。卫星可能比火箭更昂贵。因此,减少发射失败对总体成本有重大的影响。

碳复合材料的使用、3D 打印、新的焊接技术(第 8 章)、优化的水平生产线和改进的测试程序都对空间交付经济产生了积极的影响。从商业角度来看,对军用有效载荷的需求仍然强劲,并有助于为火箭提供交叉摊销的机会,这种火箭可以将军用、商用和民用的混合有效载荷送入太空，其大小和重量从葡萄柚到大型双层巴士不等。这些技术和商业创新对卫星成本和性能产生了同样有益的影响。

参考文献

[1] http://www.ssgreatbritain.org/your-visit/collection-stories/brunel-aboard-great-easternhttp://www.ikbrunel.org.uk/ss-great-eastern.

[2] http://www.astronautix.com/n/newtonsorbitalcannon.html.

[3] https://www.wired.com/2011/05/0525arthur-c-clarke-proposes-geostationary-satellites/.

[4] https://www.space.com/20063-hermann-oberth.html.

[5] http://www.v2rocket.com/start/makeup/moror.html.

[6] https://www.space.com/19944-robert-goddard.html.

[7] http://www.russianspaceweb.com/rockets.html.

[8] https://www.nasa.gov/centers/marshall/home/index.html.

[9] https://www.nasa.gov/centers/marshall/news/news/releases/2017/nasa-tests-first-3-d-printed-rocket-engine-part-made-with-two-different-alloys.html.

[10] http://www.world-nuclear.org/information-library/country-profiles/countries-a-f/france.aspx.

[11] http://www.nationalarchives.gov.uk/films/1951to1964/filmpage_rocket.htm.

[12] http://www.baesystems.com/en-uk/capability/space-systems.

[13] https://www.space.com/22743-china-national-space-administration.html.

[14] http://www.isro.gov.in/.

[15] http://www.aiab.org.br/site-ingles/indutria-aeroespacial.asp.

[16] http://www.angkasa.gov.my/.

[17] http://www.iafastro.org/societes/indonesian-national-institute-of-aeronautics-and-space-lapan/.

[18] http://www.narss.sci.eg/.

[19] http://suparco.gov.pk/webroot/index.asp.

[20] http://www.narss.sci.eg/divisions/view/5/%20Space%20Sciences%20and%20Strategic%20Studies/16/Egypt%20Space%20Program.

[21] http://isro.gov.in/update/15-feb-2017/pslv-c37-successfully-launches-104-satellites-single-flight.

[22] http://www.reuters.com/article/us-brazil-satellite/brazil-ramps-up-domestic-space-satellite-rocket-programs-idUSKBN16T2BD.

[23] http://www.esa.int/Our_Activities/Space_Transportation/Launch_vehicles/Ariane_6.
[24] http://www.esa.int/Our_Activities/Human_Spaceflight/International__Space_Station/Where_is_the_International_Space_Station.
[25] http://www.dailygalaxy.com/my_weblog/2017/09/usa-russia-lunar-space-station-announced-a-gateway-to-the-cosmos.html.
[26] http://europa.eu/rapid/press-release_IP-17-1508_en.htm.
[27] https://history.nasa.gov/conghand/propelnt.htm.
[28] www.spacex.com/missions.
[29] https://www.nasaspaceflight.com/2017/06/spacex-falcon-9-iridium-next-2-launch/.
[30] http://www.spacex.com/about/capabilities.
[31] http://www.history.com/news/a-perfect-solar-superstorm-the-1859-carrington-event.
[32] https://www.newscientist.com/article/2149003-elon-musks-new-plans-for-a-moon-base-and-a-mars-mission-by-2022/.
[33] https://www.space.com/38313-elon-musk-spacex-fly-people-to-mars-2024.html.
[34] http://www.lockheedmartin.com/us/ssc/mars-orion.html.
[35] https://www.blueorigin.com/.
[36] https://www.theverge.com/2017/4/5/15200102/jeff-bezos-amazon-stock-blue-origin-space-travel-funding.
[37] http://www.ulalaunch.com/.
[38] http://www.virgingalactic.com/.
[39] http://aviationweek.com/space/new-virgin-orbit-formed-lead-smallsat-launch-vehicle.
[40] http://www.scaled.com/.
[41] https://boomsupersonic.com/.
[42] https://www.rocketlabusa.com/electron/.
[43] https://www.crunchbase.com/organization/klwl.
[44] https://vectorspacesystems.com/
[45] http://www.garvspace.com/.
[46] https://www.nasa.gov/mission_pages/sunearth/news/gallery/ScienceCover.html.
[47] https://www.nasa.gov/vision/universe/features/james_van_allen.html.
[48] https://www.mars-one.eom/faq/mission-to-mars/how-long-does-it-take-to-travel-to-mars.
[49] http://pioneersofflight.si.edu/content/walter-hohmann-0.

[50] https://voyager.jpl.nasa.gov/.

[51] https://www.nasa.gov/mission_pages/voyager/voyager20130912f.html.

[52] https://www.space.com/18084-space-shuttle-challenger.html.

[53] https://www.theguardian.com/environment/2017/mar/18/torrey-canyon-disaster-uk-worst-ever-oil-spill-50tha-anniversary.

[54] https://www.insurancehunter.ca/blog/impact-hurricane-katrina-insurance-industry.

[55] https://spaceflightnow.com/2015/01/22/did-two-more-iridium-satellites-collide-with-space-debris/.

[56] http://spacerenaissanceact.com/.

第 5 章　卫星技术创新

5.1　能源的力量

本章遵循与第 4 章相似的轨迹,能源是其共同的主题。我们讨论了规划中的火星任务对推进系统开发的积极影响。对于卫星,我们会发现计划中的火星任务对电力系统的发展也有着类似的积极影响。

我们在第 4 章结束时比较了小型火箭和大型火箭,并权衡了用相对较小的有效载荷去火星和更远的地方,或者用较短的距离较大的有效载荷去低地球轨道。我们强调,用于执行月球以外深空探测任务飞行器的研发支出,对新一代通信卫星的运载能力具有直接的有益影响。这些卫星可以是重达数千千克的巨型卫星,也可以是只有数千克的微型卫星。大型火箭系统可以一次发射 10 枚约 500kg 的中型卫星,如 Iridium 等;或者,可以将 100 个小型卫星打包于一个火箭的鼻椎体中并将它们散布至 LEO。整本书都提到的甚高频星座 Orbcomm 在 775km 的低地球轨道上拥有 31 颗卫星。SpaceX 于 2017 年发射了 7 颗替代卫星作为二级有效载荷。

共同点是可用推进力的大小和一次推进力(一次性火箭)或多次推进力(可重复使用的火箭)提供该推进力的经济成本。目标是重复使用火箭 100 次。这将极大地改变将消费者、商业和军事有效载荷送入太空的经济性。我们还提到了包括洲际弹道导弹开发在内的火箭军事开支与目前商用火箭系统之间的密切关系,特别是在液体燃料发动机开发和制导系统方面,以及材料创新的影响,特别是碳复合材料和新制造技术的影响。全球飞机制造行业有很多交叉机会,例如波音梦幻客机(Boeing Dreamliner)广泛使用碳复合材料以减轻飞机重量和提高性能。

然而,以卫星为特定背景时,我们不仅关注推进力,而且关注推进力和处理能力的结合。60 年前卫星行业诞生,完全是依赖于 20 世纪 50 年代初期包括晶体管在内的组件技术的进步。此后,20世纪70年代的微控制器、20世纪80年代的数字信号处理器以及20世纪90年代的低成本高性能存储器的发展推动了卫星能力的进步。这些创新的结合正在开辟一系列新的天基机遇,包括在云计算和新型dot.space商业模式之上的天基服务器,将在第9章进行讨论。

至关重要的是,这些新的卫星星座将与现有的MEO和GSO卫星共享频谱。他们通过角度功率分离(angular power separation)来实现这一点,这需要卫星在飞向赤道时进行滚动(渐进式俯仰控制)。

太阳能电池板有许多缺点。它们容易受到损坏,一旦发生碰撞会产生额外的空间碎片,并使多颗卫星对接更加困难。伙伴卫星通信系统,在同一轨道位置将多颗卫星对接在一起,是扩展带宽的一个潜在可用选择,尤其是对卫星间需要有2°轨道间隔的GSO星座而言。

太阳能电池板相对便宜,如与核能源相比,而且对环境更为有利,不过,要是考虑到发射时增加的额外重量和在卫星上所占体积等成本,两者的成本差异会减小。

如果可以减少放射性能源的成本,那么将会出现一个规模至少为10000颗的空间优化、重量优化、小型化、核能源卫星市场,这一市场规模比任何现有的海上或陆地核能源应用大许多数量级。太空中的核能也有助于实现5G地面网络的能源效率和碳排放目标,这个话题将在后面的章节中继续讨论。

最后但并非最不重要的一点是,替代能源可以提供低地球轨道卫星在轨停留更长时间所需的额外动力,并将克服太阳能电池板性能下降的问题。

5.2 太阳是能量的源泉

靠近地球,在LEO、MEO和GSO等轨道,有足够的太阳光为大多数通信卫星提供动力。太阳能以W/m^2为单位,即单位面积的能量。地球大气层外的太阳能大约是$1350W/m^2$。在地球表面,极端沙漠地区太阳能最大值约$1000W/m^2$。此外,太空中没有昼夜循环,因此相对地球有更丰富的太阳能。

5.2.1 太阳能电池板效率

家庭中使用的消费级太阳能电池板的效率通常为15%。太空中使用的太阳能电池板采用基于锗而不是硅的优化制造技术,其电池具有多个P-N结,可捕获能量谱的不同部分。这些电池板的效率接近30%[1]。太空太阳能电池板还依赖于合格覆盖玻璃的制造能力,以保护大型太阳能电池板阵列免受撞击损坏。从最初着陆起,机遇号火星探测器已对火星表面进行了长达11年的探索。最初的预期是太阳能电池阵列板的生存时间不超过90天。许多深空探测项目的太阳能电池板供应商是波音公司的子公司[2]。

5.2.2 国际空间站是使用LEO大型太阳能电池板的典型例子

国际空间站是使用大型太阳能电池板的典型例子,它在350km的低轨道上运行,有四组太阳能电池板,每组长33m,宽12m,产生200kW的电能。这些电池板共包含2750000个太阳能电池,其覆盖面积约2500m^2,超过了半个足球场。

5.2.3 卫星电源的要求

一颗大型地球同步轨道卫星通常需要15kW的星载功率,一颗中等大小的低轨卫星,如Iridium NEXT星座中的卫星,其星载功率预算约为500W,而Cubesat必须满足几毫瓦的功率要求(表5.1)。这些卫星上的太阳能电池板必须在太空中使用多年,并且必须进行全寿命周期效率损失最小化设计。

表5.1 典型卫星电源要求

皮卫星	纳卫星	微卫星	大卫星
<1kg	<10kg	<500kg	>500kg
毫瓦级	几十毫瓦	几百瓦	千瓦级

例如,Inmarsat的Ka频段地球同步轨道卫星拥有翼展为33.8m的太阳能电池板,带有超三结砷化镓太阳能电池,这些电池在开始使用时能够产生15kW的功率,在寿命结束时(15年)能够产生13.8kW的功率。这些太阳能电池板也为氙离子推进系统提供动力。这是一头巨大的野兽,其主体有双层巴士那么大,发射重量超过6000kg。两个发射和接收天线产生了89个Ka频段的用户波束以及另外6个按需可控点波束(图5.1)。

5.2.4 太阳能及其用途

近地轨道卫星使用太阳能来满足星载处理器的能源需求和环境温度要求,采用动量发动机为卫星轨道高度确定、俯仰和偏航控制的系统提供动力,并为遥测和往返地球通信所需的星载收发器提供射频功率,根据粗略的经验,射频功率需求和星载基带处理功率需求之间的比例为50∶50。

图 5.1　Inmarsat 地球同步轨道卫星（图片由 Inmarsat 提供）

5.3　卫星能效的重要性

本节解释为什么射频功率效率对卫星的发射器至关重要，以及为什么有效功率调制方案要与最小幅度调制变化控制的多路复用一起使用。卫星是作为转发器（Repeater）还是中继（Relay），将会在这之间进行权衡。一个中继，通常被称为弯管卫星，接收上行链路信号，将其放大，并将信号发回地球。这可以最大限度降低机载处理器的延迟和功耗，但信号中的任何噪声也会被放大。中继解调上行链路（在时域中分离的多个用户的多路复用），然后解码、编码和调制下行链路。这虽会使用更多功率，但剩余的误码率将更低，因此在实施得当情况下将会在用户比特吞吐量基础上实现更高的效率（或者像我们的互联网朋友坚持称之为 Goodput）。根据是否使用卫星间交换，功率预算分配也会有所不同。Ka 频段的 Iridium 星间交换器、SpaceX 和 Leosat 正提议使用光收发器进行星间交换。权衡而言，星间交换比较复杂，需要消耗更多的处理能力，并且由于微处理器或射频组件的辐射损坏等原因，可能会有更多的故障，但延迟增益可能会很好（见第 4 章）。星间交换还减少了用以支持星座的地球站数量，这会对地面资产成本产生重大影响。因此，一般来说，将更多的处理放在空间是值得的，尤其是在高功效处理的情况下。

5.4 使用离子推进系统的电动推进卫星

太阳能电池板也可以用来为卫星提供动力,使其从临时轨道飞到最终轨道目的地。这个过程通常被称为轨道上升,而卫星则被称为电动推进卫星。其目的是降低发射成本,同时优化卫星轨道保持,以延长卫星的寿命。因为依靠肼推进器的卫星必须在肼类推进剂耗尽前脱离轨道。

电动推进卫星(图 5.2)使用离子推进器作为推进系统。正如我们在第 4 章中记录的那样,化学火箭可以产生 200000kN 的推力,但要消耗大量的燃料。推力效率是排气速度的函数,液态氧和氢气产生的排气速度约为 5000m/s。

图 5.2　Airbus 公司电推进卫星(图片由 Airbus 公司提供)

离子推进器采用化学上不活泼的惰性气体,如氙气,通过剥离或添加电子产生等离子体,然后利用电场或磁场加速等离子体,使推力器后部的出口速度约为化学推进剂的 10 倍。氙气容易电离,原子质量和储存密度高。然而,与化学推进剂不同,氙气本身没有释放的能力,因此推力是可用电能的函数。

离子推进技术于 20 世纪 50 年代末期发展起来,并于 20 世纪 60 年代初首次在太空中进行测试,如今已被常规用于深空任务,并用于使地球同步轨道卫星处于正确位置。目前正在大量开展增加离子推进器的输出和效率[3]方面的研究工作。离子推进器的功率输出范围从几瓦到几千瓦[4],1kW 的输出功率等于

1000N/s 的推力[5]。

波音公司于 2015 年推出了据称是全球首颗的全电动卫星。这颗卫星使用三个霍尔效应等离子推进器[6],从过渡轨道到达最终轨道位置,或是在运行期间改变轨道。例如,在 Leo 星座中,可以将卫星保持于备用轨道上,然后在需要时飞至工作轨道。波音公司的离子推进器的额定功率为 5kW[7]。

欧洲有自己的电动推进卫星项目(Electra 项目[8]),由卫星旗舰运营商 SES、瑞典卫星制造商 OHB-SE[9] 和欧洲航天局支持,目标是发射重量不超过 3000kg 的卫星(类似于波音公司 702sp 卫星)。

小型静止轨道卫星 Hispasat 是电动推进卫星的另一个例子[10]。Hispasat 36W-1 在脱离火箭后使用化学推进器爬升到最终的地球静止轨道位置,然后在预计的 15 年寿命周期内,使用电动推进系统进行轨道位置保持。

离子推进器是深空技术的另一个例子,该技术最初是 50 年前发展起来的,并经过了 50 多年的改进,应用于近地轨道卫星,以降低发射有效载荷成本和寿命周期成本(通过延长卫星的寿命)。

5.5 无太阳照射时的对策

在更远的太空中,太阳作为能源的作用越来越小(奥尔特星云是太空中特别阴暗的地方),任何远离太阳或在其他行星阴影下的航行都会因缺乏太阳能而受到影响。令人高兴的是,防务部门必须为其他没有阳光照射的地方解决这个问题,比如为连续停留在海底数月的潜艇提供动力。

迄今为止,核电站,类似潜艇上使用的那种,为几乎每一次远距离太空任务提供了能源,其中包括经历 40 年的太阳系边缘之旅后前往奥尔特星云的旅行者号飞船。在火箭上增加一个放射性载荷作为能源并非没有风险,也并不罕见,而且风险是可控的,潜在的辐射可以被最小化,尽管意外情况下辐射美国和邻近大陆的风险所隐含的保险费用可能会令人望而却步。然而,把它想象成带着一点太阳进入太空,看起来似乎是一个相对恰当的选择。

实际上,核能可归结为利用放射性同位素从衰变热(热电发电)或裂变和聚变中产生能量。最佳选择取决于所需的功率、所需的时间范围、产生的伽马射线或 X 射线或 Y 射线电离辐射的数量和类型以及控制该辐射的成本和复杂性。

然而,包裹在葡萄柚大小的铁氧体磁心中的铀颗粒可以徒手拿着,而不会对人体健康产生短期或长期影响。但这些能源产生的能量足以产生足够高的温度,从水中分解氢和氧原子。这为在有水的星球上维持人类生命提供了前景,同样重要的是,为制造返回地球所需的液态氧和氢提供了基础。这一切都非常令人兴奋,但是我们需要了解的是,这对近地轨道上的通信卫星是否有潜在的用处。出发点是,这些电源中的任何一个都可以利用比太阳能电池板阵列小得多的尺寸产生更多的能量,因此有可能大幅减小重量和尺寸。

通过增加大体量空间应用来扩大核能发电的整体市场,也将有助于降低核地面能源的成本,为电网提供一种空间效率更高但同样环保的供电方式。

5.5.1 使用放射性同位素电源进行通信卫星的热电发电?

放射性同位素作为热源和能量源,在太空中已经使用了50多年,被称为放射性同位素热电发电机(RTG)。当它仅用于加热电子和机械部件时,则被称为放射性同位素加热装置(RHU)。

钚,特别是钚-238(Pu-238)[11]已被广泛使用,部分原因在于它是美国、俄罗斯和其他国家武器计划的副产品。钚的衰变热为0.56W/g,半衰期为88年。将仪器加热到有效工作温度的典型RHU,通常会使用3g以下的钚,在3cm×2.5cm的盒子中产生1W的功率。

钚也有许多副产品,如在反应堆或武器测试中用中子轰击钚时产生的镅。镅-241由老化的钚原料制成,是镅的常见核素,被用于烟雾探测器。镅-241的半衰期为432年,但每克只能产生0.15W的能量(钚的能量的1/4)。镅-241产生的伽玛辐射水平高于钚,因此需要更多的屏蔽(额外的重量和成本)。需要注意的是,通常考虑到宇航员不适宜处于显著升高的辐照水平下,因此载人飞行任务中的防护通常更为繁复。

5.5.2 镅和钚的生产成本

由于镅是副产品,因此制造成本大大降低。制造1kg钚的成本估计为800万美元。欧洲航天局将支付从英国的民用钚库存[12]中回收的镅-241,这笔费用在多年昂贵的核能生产中已基本摊销。因此,虽然费用很高,但已经由英国纳税人支付。

几十年来,民用和军用核计划中有足够的钚可供太空使用,例如在各种核导弹削减计划中的钚,这些钚可能是处于原始状态,也可能已经加工成镅-241。2011年,美国宇航局和美国能源部收到1000万美元的美国纳税人资金,用于重启钚生产,目标是实现最初年产1.5kg钚并显著降低生产成本[13]。在整个20世纪90年代,美国从俄罗斯购买了总重约16.5kg的钚-238,这是《削减战略武器条约》[14]的副产品。少数俄罗斯人通过这些交易变得非常富有。当普京总统上台后,俄罗斯决定不再作为供应源,因此美国开始关注钚的国内生产能力。钚是通过辐照镎-237产生的,镎-237是一种放射性同位素,半衰期大约200万年。

5.5.3 放射性同位素热电发电机能用多久?

刚刚离开太阳系的旅行者号宇宙飞船预计将一直向地球发回信号,直到2025年,这是其50年运行寿命中的最佳时间。

旅行者1号目前距离地球200多亿公里,是地球到太阳距离的139倍多。旅行者2号在110亿英里之外。2017年12月,旅行者1号37年来首次使用了轨道机动推进器[15]。这只有在装有长期电力的飞船上才有可能实现。

目前有几十个放射性同位素热电发电机为美国和俄罗斯的太空飞行器提供动力。例如,被派往探测土星环的卡西尼号,由三个放射性同位素热电发电机供电,由33kg氧化钚提供870W的能量。你可能还记得,2017年9月15日,有一个脱离土星大气层计划[16]。1996发射的探险家火星机器人着陆器有三个放射性同位素热电发电机,每个都有2.7g的钚-238氧化物,产生35W的功率和1W的热量。

目前最先进的放射性同位素热电发电机(RTGs)被称为通用热源(GPHS)模块[17]。最新的好奇号火星探测器(截止于撰稿时)在火星表面飞行了18km,由8个GPHS单元供电,共含4.8kg氧化钚,产生的2kW热能,发电110W。好奇号火星探测器的地球重量为890kg,比Caterham跑车重得多。

2015年7月飞越冥王星的新视野号(New Horizons)宇宙飞船是2006年发射的,250W、30V的放射性同位素热电发电机从10.9kg的钚-238氧化物中产生了200W的能量,当飞船到达冥王星附近时其能量减少至200W。新视野号宇宙飞船携带有65kg肼,可用来控制16个喷气推进器,每个推进器的推力大小为几牛顿。

显然,俄罗斯1965年发射的Cosmos导航卫星上的放射性同位素热电发电机仍在轨运行。中国的登月舱显然也使用了基于钚-238的放射性同位素热电发电机。

5.5.4 使用斯特林(Stirling)放射性同位素发生器进行热电转换

放射性同位素热电发电机通过使用简单的热电偶将热量转化为能量[18]。转化过程几乎是完全可靠的(没有已知或使用中的故障记录),但是效率不高(2kW的热量产生10W的电能;见上文,尽管额外的热量也可能有用)。另一种方法是使用斯特林发动机。

与简单的热电偶相比,斯特林发动机[19]从1g钚中能产生的电能至少要多4倍。斯特林发动机有一个加热端以650℃的高温加热氦气,然后驱动自由活塞在由活塞两侧的温差驱动的线性交流发电机中往复运动。两个斯特林放射性同位素发电机可利用1kg的钚-238产生的大约500W的热能,产生大约140W的电力。

斯特林发动机于1817年由罗伯特·斯特林发明[19],作为一种将家庭和工业过程中产生的废热转化为有用电能的神奇方法在当时推广。在太空环境中,斯特林发动机能够适应高温梯度。虽然不像热电偶那样可靠,但符合太空标准的SRG并不是本质上不可靠,几个小型发动机连接在一起会有很高的冗余度。

爱达荷国家实验室太空核研究中心[20]正与NASA合作,在NASA的支持下,开发一种利用放射性同位素热电发电机提供动力的火星探测跳跃车。放射性同位素热电发电机在静止时吸入来自火星大气的二氧化碳,通过斯特林发动机将其压缩并冻结。铍核储存热能,为下一跳的爆炸汽化提供热能。当准备下一次跳跃时,核热量蒸发二氧化碳,产生的喷气能够令飞船产生1000m的推进高度和15km的跳跃跨度,有效载荷可达200kg。火星的表面重力只有地球表面重力的38%,如果你在地球上的体重是100kg,那么你在火星上的体重就只有38kg,这是一种轻松的减肥方法。

5.6 裂变与聚变

不满足于放射性同位素热电发电机,俄罗斯在太空电力系统裂变反应堆方面的研发进行了重大投资。提醒一下,裂变和聚变都是产生能量的核反应,但裂变是通过把一个重的、不稳定的核分裂成两个轻的核来实现的,而聚变会使两个较轻的原子核结合起来,以极快的速度释放出大量的能量[21]。裂变是在一个小包裹里再造太阳;而核聚变则是捕获大爆炸的能量,这是一个更为剧烈的过程。俄罗斯已经在太空中使用了30多个裂变反应堆,而美国仅有一次,即1965年的核辅助动力系统。

1959~1973年,美国有一个核火箭计划,核能火箭发动机应用(NERVA)项目,致力于在发射的后期阶段使用核能而不再是化学能。NERVA项目使用石墨核反应堆加热氢气并将其通过喷嘴排出,在内华达州测试了大约20台该发动机,产生的推力是航天飞机发射器的一半以上。一般认为这对地球上的人类来说过于危险,因此将焦点转移到了太空推进上。NASA 与专业核能公司 BWXT 核能公司签订了一份价值 1900 万美元的合同,研究核热火箭的可行性[22]。

1958 年,美国猎户座(Orion)计划设想通过一系列核爆炸发射 1000t 级航天器。该项目于 1958 年被通用原子公司停止,当时《大气禁试条约》将其定为非法。然而,俄罗斯继续推进使用高温碳化铀燃料的太空裂变反应堆。

5.7　为什么铀比钚便宜

铀比钚便宜的原因在于可以从地下挖出铀,至少可以从地下挖出铀 235,然后提炼成更有用的可实现的能量物质(如铀 233)。

有三种主要的可裂变同位素,分别是铀 235,用于广岛原子弹和大多数核反应堆,铀 233,用于钍反应堆但不用于武器,以及钚 238。其关系有点像柴油、汽油和石蜡;在裂变同位素过程中,你取一个基本的成分,通过向它发射中子,就能把它转化成别的东西。

第一批核武器使用了铀,因为钚必须通过中子轰击来制造,要制造钚则需要大量的中子,而获得这些中子的唯一现实途径是通过铀的裂变反应[23]。钚的能量密度比铀大,而且钚比铀更容易达到临界质量。对于武器系统来说,这是一个优势,但对于通信卫星能源来说,则是一个劣势。钚对人类造成的损害也是一个问题。钚产生大量的 α 辐射,而不是 β 或 γ 辐射。

在三种电离辐射中,α 射线穿透力最小,γ 射线穿透力最大。然而,钚通过肺部的血流进入人体,然后继续进入我们的骨骼、肝脏和其他所有重要器官,在它杀死我们之前,它可以停留数十年,要是剂量足够大,它可以迅速杀死我们,就像切尔诺贝利和福岛悲剧中的消防员那样。当 α 射线进入我们的细胞时,它所造成的染色体损伤是 β 射线或 γ 射线的 10～1000 倍。钋,也是铀的副产品,对人体同样具有破坏性的效果,特别是将它加入茶叶中时[24]。

无论辐射来源如何,都需要保护电子设备,对于载人飞行任务,也需要保护人类免受多种辐射产生的危害。屏蔽方法取决于任务或应用,例如,不锈钢罐中的氢化锂通常用于中子屏蔽。

另一个需要考虑的因素是这些辐射源的作用时间范围。钚–239 的半衰期为 24100 年。放射性污染物的危险期是半衰期的 10～20 倍,这意味着今天释放到环境中的危险钚将伴随我们 50 万年,使其成为一个令人沮丧的长期问题。

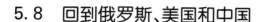

5.8　回到俄罗斯、美国和中国

2010年,俄罗斯经济现代化和技术发展总统委员会[25]拨款设计了一个兆瓦级的核动力推进装置(NPPU),用于长距离星际飞行。这间接促使美国和中国及其他核国家重新审视自己的研究计划。美国一直在研究转换系统,该系统可以利用热管从反应堆堆芯[26]中转换能量,或利用斯特林或布雷顿循环转换器[27]转换能量,有效地将裂变过程中的高温转化为电能。热管本质上是高科技水壶,利用的是状态变化释放的能量[28]。

通过URL链接,会发现布雷顿循环转换器本质上是基于材料的创新,但其基础类似一个水壶,即利用二氧化碳来制作一杯好茶(不添加钋)[29]。世界核协会[30]对过去30年来应用于太空的小型裂变反应堆的进展进行了全面总结。概括起来就是,热量从可裂变堆芯燃料棒传到充满钠蒸汽的热管中,钠蒸汽将热量传递到热交换器,加热通常是氦和氙混合物的气体。然后,热气被用来驱动斯特林或布雷顿发动机。这些装置能够在很长一段时间内连续产生数千瓦的功率。目前正在研究由功率约为100kW的等离子体驱动的核动力推进系统。这些核动力推进和核能源供电的太空飞行器将为到达火星和更远的太空提供一种更快、更舒适的方式,并为维持可能应用太空武器的核发展计划提供一个方便的借口。

小型核反应堆驱动的离子发动机理论上能够在7~10年的寿命内产生20kW或更大的推进功率,并且具有较高的燃料效率。也有生产兆瓦级能源的计划,但其反应堆的重量在30~40t之间。

法国ERATO的计划是基于三个20kW涡轮发电系统的结合,所有系统都使用布雷顿循环转换器、以氦-氙作为工作流体。第一个系统是钠冷却UO2-燃料的快速反应堆,工作温度670℃,第二个系统是高温气冷反应堆(热中子或超热中子谱),工作温度840℃,第三个是锂冷却UN-燃料快速反应堆,工作温度1150℃。热中子是与周围介质处于热平衡的中子。超热中子的动能大于热能。超热中子产生更高的堆芯效率。

5.9　向太空发射放射性物质的监管问题

与核动力卫星有关的管理问题由联合国管理的外太空事务办公室(UNOOSA)[31]处理。联合国外太空事务办公室执行和平利用外层空间委员会

(COPUOS)[32]做出的政策决定,该委员会成立于1959年,目前得到75个成员国的支持。

5.10 向太空发射放射性物质的相关风险

将少量或大量放射性物质发射到太空的前景时常让环保组织感到担忧。当卡西尼-惠更斯号(Cassini-Huygens)探测器于1997年发射时,美国能源部估计发生发射事故并将辐射释放到大气中的概率为350分之一。据估计,在最坏的情况下,如果航天器上钚全部扩散,辐射量将相当于北美地区半径105km范围内,年平均基底辐射量的80%,受影响区域半径为105km,尽管这些计算中使用的方法始终存在解释空间和法律风险。

如果铀和钚能源可以在月球上生产,然后运回近地轨道,情况就不同了。在30～50年的时间窗内,这并非不可能实现。

5.11 新闻中的铀

说到这里,铀最近上了新闻[33]。在本书撰稿时,LIGO[34]和VIRGO[35]引力波探测器已经探测到了两颗中子星合并产生的引力波能量。这是第一次探测到来自两个坍塌黑洞的引力波。现已计算出这类事件在宇宙某处发生的频率为15min一次。合并的中子星是地球上最重的化学元素的来源之一,这些化学元素包括铀、铂和金,并以名为千新星的放射性化学元素火球的形式喷射出来,伴随着γ射线和可见光的爆发,该现象是由地球和天基望远镜(美国宇航局费米望远镜和欧空局积分望远镜)组合探测到的。爆炸在引力波之后2s被探测到。这一切都发生在1.3亿光年之外的九头蛇(Hydra)星座。中子星是大型恒星的残骸,它们的核心已经坍缩,产生了一个非常致密的中子小球。顶针大小的中子星的质量相当于一座小山。两颗中子星相撞要么产生一颗更大的中子星,要么根据它们的温度、自旋速度和质量产生一个黑洞。伽马射线的爆发和闪光表明,此次最新测量到的是两颗中子星的合并(伽马射线和光线通常不会从黑洞逃逸)。这些事件也有不同的波形特征。合并成黑洞所产生的引力波仅在几分之一秒内可观测,而两颗中子星合并产生的引力波大约在1min可观测。

阿尔伯特·爱因斯坦于1916年首次预言了引力波的奥秘,它可能看起来与今天5G和卫星的现实相去甚远,但这些发现标志着我们对核能量及其起源和辐射特性的理解有了重大进展。

5.12 太空辐射：光子或中子，最终选择？

2011/2012 年的火星探测任务在到达火星的 36 周内测量了所有辐射源。宇宙飞船平均每天暴露在 1.8mSv 的辐射中，这意味着宇航员和他们的仪器在双向旅行中总共暴露 660mSv 中。国际空间站宇航员在 6 个月内的等效辐射剂量约为 100mSv。因此，制造出更快火箭的一个重要动机是减少辐射暴露。

辐射还会导致硬件故障。例如，第一代 Globalstar 卫星的机载射频功率放大器出现故障，波音公司的使用 702 平台的航天器在轨出现系统故障[36]。辐射造成硬件损坏是众所周知的现象，并有完善的缓解措施。

波音公司的系统故障问题与太阳能聚光器的雾气有关，太阳能聚光器的输出功率从 18kW 降低到 12kW，受到了包括 PanAmSat、Thuraya、XM Satellite Radio 和 Telesat 在内的客户的诉讼威胁。基于系统故障声明，保险公司也在寻求赔偿。

太阳能电池板在太空易受损伤，必须用昂贵的、满足太空使用要求的玻璃进行保护。相对来说，核能的可靠性要高得多，使用寿命也更长，且有潜力达到下一代移动和固定宽带卫星系统所需的数十千瓦的功率要求。

5.13 CubeSat 创新

波音公司的卫星是超大型对地静止卫星，但创新技术也正在应用于包括 Cubesat 在内的非常小的卫星。

带有光收发器的 Cubesat 也包括在内，激光器挂载于航天器上，Cubesat 的方向决定了光束的方向。

微型卫星的体积为 $10cm \times 10cm \times 10cm (4in^3①)$，其预期用途是高速星间通信和卫星对地通信，或是用于测试新型推进系统，包括使用水作为推进剂的系统。

这些微型卫星还将用于测试控制系统，包括使用低成本传感器与其他 Cubesat 的自动对接能力，或是与较大卫星的对接能力[37]。

准确定位的能力对于光收发器的吞吐量至关重要。据称，在自由空间中可以实现 200Mbit/s 的吞吐量。

---

① 1inch = 0.0254m

5.14 使用天基光学收发器的量子计算

日本国家研究开发署(NICT)[38]声称开发了世界上最小、最轻的量子通信发射机,安装在微卫星SOCRATES上。这颗卫星重6kg,长17.8cm,宽11.4cm,高26.8cm。这颗卫星以10^7bit/s的速度从600km的高度以7km/s的速度向地球发射激光信号。该项目旨在建立一个超安全的通信网络[39]。

5.15 太空中的智能手机:兆瓦级移动网络

对于Cubesat用于移动和固定宽带网络的具体细节我并不了解。一般假设是,它们的功率预算和/或天线孔径/天线增益不足以支持更高带宽的天对地和地对天通信,但更适合于来自物联网短暂、临时但周期性的突发传输。然而,地面网络中的智能手机可以接收和发送来自多个基站的数据[40],对于高计数Cubesat星座也可以采取类似的方法。将100万部加固型智能手机发送到卡门极限的位置,每台设备输出功率为1W,将产生1MW的分集发射下行链路,其设备密度足以提供显著的分集增益。

这并不像看上去那么异想天开。2013年,一个由NASA资助的团队,将基于消费者级智能手机的3颗Phonesat卫星送入太空[41]。这是因为人们认识到,普通智能手机配有4000万像素的摄像头、复杂的电池以及更复杂的电源管理,其处理能力与许多小型卫星相当,甚至更好,但成本要低几个数量级。团队中的大多数后来离开转而成立了一家卫星制造公司,专注于使用那些配合成像和地球观测数据库使用的低成本商用货架组件来制造卫星[42]。

5.16 其他太空能源

NASA一直致力研究其他太空能源,包括闭合循环质子交换膜燃料电池(PEMFC),其输出功率介于1~10kW,并可以扩展至100kW,每千克电池的能重比为250~350W,使用寿命为10000h[43]。PEMFC是一种机电发电装置,能将氢和氧反应物转化为电能、热和水。氢和氧可以与推进系统共享,水作为副产品可以被人类使用,也可以用于卫星俯仰和指向控制的喷气推进器。PEMFC为电池存储提供了有用的替代方案,包括由于轨道或俯仰和指向要求而导致的电池板长时间不能接收太阳能的应用。受膜性能的限制,这些电源目前的使用寿命预期相对有限,仅为 1~2 年(表 5.2)。

表 5.2 电源比较:光子、中子与燃料电池

GSO 太阳能电池板	放射性同位素热电发生器	斯特林或布雷顿循环发动机	质子交换膜燃料电池
30m 跨度的太阳能电池板可产生 15kW 的功率,寿命终止时(15 年)降至 12kW	毫瓦到瓦特到千瓦(通用热源模块),简单的热电偶,无活动部件,100% 可靠,50 年使用寿命	转换效率是放射性同位素热电发生器的 4 倍,热能 500W = 产生于 1kg Pu-238 氧化物的 140W 电能,15 年使用寿命	高效的非放射性选项,高能重比,可与推进系统共享液态氢和液态氧,水为副产品,10000h(1~2 年)使用寿命

5.17 卫星、能效和碳排放

本书后面部分,将讨论在密集地面 5G 网络中出现的一些能源成本问题。虽然 LEO、MEO 和 GSO 卫星星座并不是专用于提高地面网络的整体能源效率,但可以说它们在包括能效回传在内的几个领域都可以做出贡献,因为太空中阳光更充足,太阳能更多,能源成本应该更低。同时卫星还有助于改善 5G 地面网络的碳排放。

5.18 天线创新

最后,LEO、MEO 和 GSO 卫星星座的传输经济性正在通过卫星、地面用户终端和物联网设备上的天线技术创新而改变。这一点将在第 6 章中继续讨论,但基本上可以概括为各向同性增益,即结合能量抑制确保射频能量以正确方向发送的技术,以及消除无用信号能量的能力。

5.19 5G 和卫星:核选项

核能源与现代通信系统的相关性可能不会立即显现,但对于无法利用太阳能的深空通信来说,除了核能没有其他可用选择。

两艘旅行者号航天器,在飞行了 40 年后,刚刚离开太阳系,正在前往奥尔特云的途中,它们将在 300 年后到达奥尔特云。数千年后,才能到达下一个星系,再过 3 万年,它们才能到达星云的另一边。

旅行者号的通信系统至少将运行到 2025 年,这意味着到那个时候旅行者号

收发器已经运行了近 50 年。

马斯克的火星任务将需要一系列基于同位素的裂变动力系统,用于推进力、机载动力以及氢和氧的生产,以维持火星上的生存以及生产返回地球所需要的液体燃料。NASA、中国和俄罗斯都在研究新一代小型核反应堆和同位素能源。

马斯克的超大型火箭可以携带一个相对较小的有效载荷(数名宇航员及其行李限额)到达火星,也可以携带一个超大的有效载荷,有潜力每次把几十颗卫星发射到 LEO,可以假设这将是一个运载工具,能以低于现有卫星系统几个数量级的成本将 4000 颗 LEO 卫星送入太空。OneWeb 和 LeoSat 对高计数 LEO 星座具有类似的计划,所需资金由贝佐斯的新火箭公司(蓝色起源)与布兰森的(维珍银河)提供。

5.20　小结

本章与上一章的架构相似。本章着重讨论了深空探测所需的推进力和动力技术的创新,这些技术同样适用于火箭及其运载的有效载荷。

实际上,这意味着邻近地球轨道上的卫星,包括 LEO、MEO 和 GSO 星座,有了更广泛的推进力和能源系统选择。例如,新一代的电推进卫星既可以航行到深空,也可以在保持相对位置的情况下驶入近地轨道,然后使用太阳能继续运行,而不是使用空间和重量有限的肼燃料。

核能源的使用在深空任务中是常见的,并且对于火星以外、太阳照射逐渐变弱的飞行任务来说,是不可避免的。

火星任务由私营部门和主权国家的太空计划共同规划,正把重点放在新一代放射性同位素和裂变放射性能源上,这些能源的能重比和尺寸比任何其他非核能源都大几个数量级。

虽然近地通信的经济效益目前并不支持这些替代能源系统的广泛使用,但很可能会出现这样一种情况,即用于深空探测的系统被改造后用于为 LEO、MEO 和 GSO 通信卫星供电。避免使用太阳能电池板阵列可以提高卫星的指向精度和可操作性。当低轨卫星向赤道移向或离开赤道时,这可能是优化渐进俯仰的一个很好的选择。反过来,这将有助于优化低轨信号能量与中轨、地球同步轨道和地面接收机(以及潜在的 5G 地面接收机)的角功率分离。

采用核能源可能是满足 Ku 频段,K 频段和 Ka 频段在 LEO、MEO 和 GSO 共存所需保护率的唯一途径,这种可能性成为支持采用核方案的一种有力论据,尽管相关的成本和风险还需要精确评估。不排除会有低风险、低成本的方案出现,如使用燃料电池,可能成为一种可靠的替代品。

经济高效地产生充足的能量对于地面和天基网络至关重要,向错误的方向输送能量毫无意义。

参考文献

[1] http://www.azurspace.com/images/products/0004301-00-01_DB_3G30W-Advanced.pdf.

[2] http://www.spectrolab.com/history.htm.

[3] https://www.nasa.gov/centers/glenn/about/fs21grc.html.

[4] http://www.rocket.com/propulsion-systems/electric-propulsion.

[5] http://www.unitconversion.org/power/kilowatts-to-newton-meters-per-second-conversion.html.

[6] http://hyperphysics.phy-astr.gsu.edu/hbase/magnetic/Hall.html.

[7] https://www.safran-aircraft-engines.com/media/boeing-selects-safran-ppsr5000-electric-thruster-use-commercial-satellite-20170627.

[8] http://www.esa.int/Our_Activities/Telecommunications_Integrated_Applications/Partner_Programme_Electra.

[9] http://www.ohb-sweden.se/space-missions/.

[10] http://spacenews.com/europcan-soyuz-launches-smallgeo-satellite-for-hispasat/.

[11] https://solarsystem.nasa.gov/rps/docs/APP%20RPS%20Pu-238%20FS%202012-10-12.pdf.

[12] http://www.world-nuclear-news.org/F-Cosmic-recycling-2107141.html.

[13] http://ne.oregonstate.edu/rebuilding-supply-pu-238.

[14] http://www.nti.org/leam/treaties-and-regimes/treaties-between-united-states-america-and-union-soviet-socialist-republics-strategic-offensive-reductions-start-i-start-ii/.

[15] https://www.space.com/38967-voyager-1-fires-backup-thrusters-after-37-years.html.

[16] https://saturn.jpl.nasa.gov/mission/saturn-tour/where-is-cassini-now/.

[17] https://solarsystem.nasa.gov/rps/types.cfm.

[18] https://solarsystem.nasa.gov/rps/rtg.cfm.

[19] https://www.stirlingengine.com/faq/.

[20] hap://csnr.usra.edu/public/default.cfm?content=347.

[21] https://nuclear.duke-energy.com/2013/01/30/fission-vs-fusion-whats-the-difference.

[22] https://phys.org/news/2017-08-nasa-reignites-nuclear-thermal-rockets.html.

[23] https://www.reddit.com/r/explainlikeimfive/comments/lidbux/eli5_whats_the_difference_berween_uranium_and/.

[24] https://www.medicalnewstoday.com/articles/58088.php.

[25] http://en.kremlin.ru/events/president/news/10453.

[26] http://propagation.ece.gatech.edu/ECE6390/project/Fall2010/Projects/group5/sites.google.com/site/inasa6390/design-overview/Power/heatpipe-power-system.html.

[27] http://www.adl.gatech.edu/research/spg/papers/InCA_IECR2012paper.pdf.

[28] https://www.nasa.gov/mission_pages/station/research/news/heat_pipes.html.

[29] http://energy.sandia.gov/energy/renewable-energy/supercritical-co2/.

[30] http://www.world-nuclear.org/information-library/non-power-nuclear-applications/transport/nuclear-reactors-for-space.aspx.

[31] http://www.unoosa.org/

[32] http://www.unoosa.org/oosa/en/ourwork/copuos/2017/index.html

[33] https://www.livescience.com/60695-why-gravitational-wave-discovery-matters.html?utm_source=notification.

[34] https://www.ligo.caltech.edu/.

[35] http://www.virgo-gw.eu/.

[36] https://www.flightglobal.com/news/articles/insurers-may-pursue-boeing-over-satellite-power-fail-171593/.

[37] https://www.nasa.gov/press-release/cubesat-to-demonstrate-miniature-laser-communications-in-orbit.

[38] https://www.nict.go.jp/en/about/.

[39] https://phys.org/news/2017-07-world-space-quantum-microsatellite.html#jCp.

[40] http://www.networkcomputing.com/wireless/lte-broadcast-horizon/l433776652.

[41] https://www.nasa.gov/offices/oct/feature/how-a-nasa-team-turned-a-smartphone-into-a-satellite-business.

[42] https://www.planet.com/.

[43] https://www.nasa.gov/content/space-applications-of-hydrogen-and-fuel-cells.

第6章 天线创新

6.1 天线创新对地面和非地面网络能源成本的影响

6.1.1 天线在噪声受限网络中的作用

在第1章到第5章,我们都谈到了能源效率在地面和非地面网络中的重要性。在地面网络中,能源效率与能源成本直接相关,因此直接影响网络运营成本。这些成本因国家而异,在电网规模有限的国家中这尤其成问题,如在非洲部分地区唯一可用的能源,要么是太阳能,要么是柴油。太阳能电池板从偏远地区消失,供应柴油会产生额外的运营费用。另外,太阳能电池板也需要备用电池。铅酸电池和锂电池价格昂贵、占用空间大、容量有限且使用寿命有限。

地面网络中的能源成本是跨无线接口传输所需的 RF 功率、基带处理开销和回传开销的组合。人们可能会认为,随着网络密度的增加,服务本地用户和设备所需的射频功率将减少,从而降低能源成本。实际上,情况正好相反,一方面是因为射频干扰成为主要限制,另一方面是因为回传所需的功率。支持高密度网络所需的额外能量是一个有争议的话题,但根据与供应商的非正式讨论,一项可靠的估计表明,随着蜂窝网络从千米规模过渡到 100m 或更小的蜂窝半径,能量成本可能会增加 3 倍。好消息是,尽管调制和复用需要更多的线性放大,但 LTE 比 3G 更节能。这是因为 3G 需要以相等的功率电平传送符号,这很容易受到上行链路和下行链路功率控制环路中的不准确性的影响。4G LTE 和 5G 要求用户在基站被同时接收(通过使用定时提前和使用循环前缀作为时域保护频带来实现),但是它们可以处于不同的功率水平,从而避免了复杂的带宽消耗功率控制的开销。

在太空中,人们可能会说由于有了太阳能电站,能源是免费的,但实际上是有相关成本的。随便用太阳能在太空不是问题,但是卫星上太阳能电池板的尺寸、重量和结构质量，增加了卫星的成本，也增加了发射成本。天线阵列可能会受到碎片撞击而损坏，并且会在卫星的整个生命周期内退化。在第5章中，我们指出，大型太阳能电池板阵列降低了卫星的机动性。对于实施渐进式俯仰控制的卫星来说，这可能是一个问题，部分原因是额外的自旋质量，但理想情况下，太阳能电池板也需要有尽可能长的时间指向太阳。

根据经验，地面基站或接入点或Wi-Fi转发器中大约一半的功率需求与RF功率预算有关，而RF功率预算又与链路预算有关（见第2章）。但是，如果收发器工作在接近其接收灵敏度或最大功率极限的水平，则将引起额外的信道编码。这将会消耗无线电层的容量，也消耗了额外的时钟周期，从而增加了功耗。

因此，确保将射频能量发送到需要的地方非常重要。理想情况下，天线会产生集中能量的窄波束，有效地发挥像铜、电缆或光纤等介质那样的导向特性。

他们通过各向同性增益实现这一目标。窄波束天线包括分数波束宽度天线，即3dB半功率波束宽度在0.5~1.5°之间的天线。可以提供40~50dBi量级的各向同性增益。

然而，窄波束和分数波束天线的成本，用比较专业的词来说，取决于孔径的尺寸和成本以及天线的重量，特别是在较低频率/较长波长的情况下。如果天线指向有问题，如地面系统有大风或卫星偏航和俯仰控制不佳，则各向同性增益中的大部分将被指向损耗抵消掉。

无线电链路的两端都有天线。通常，地面基站、地面接入点和卫星具有足够的空间来支持高性能、高增益天线。这包括可以适应不断变化噪声状况的天线系统，如来自特定到达角度的高噪声。

这在小型用户和物联网设备中很难实现，尤其是在较低频率和较长波长的情况下，由于空间约束意味着天线在低于最佳接地层的情况下固有效率不高。在智能手机中，由于需要在狭小空间内支持多个天线而使情况变得更糟。用户和物联网设备在1GHz以下工作，其负增益约为-7~-10dB，这种情况并不少见。

天线在其中心频率的10%以内工作是最理想的。通过使用更长的天线或电延长天线，可以让它们在更宽的带宽上工作，但这会损害天线的噪声匹配和功率匹配。这一过程的物理原理不在本书的讨论范围之内，但是可以通过研究史密斯先生1939年开发的神秘的史密斯圆图来加深了解[1]。

工作在更大带宽的天线也容易受到手持电容效应的影响，在这种情况下，你如何握住电话会对设备的RF性能产生很大影响。有一些自适应匹配技术可以

第6章 天线创新

缓解这种情况,但是这些技术反过来又会增加功耗预算成本。

在小型用户和物联网设备中很难实现有用的方向性。在基站和 Wi-Fi 接入点中,窄波束天线应该减少将不需要的能量传输到频谱上和地理上相邻的无线电系统中,除非它们指错了方向。

卫星本质上是太空中的基站,通常使用碟形天线聚焦于特定的地理区域,目的是为地面接收器提供足够的通量密度,以检测高于无线电信道噪声的有用信号,如进行接收电视广播。

对于双向通信,卫星接收天线必须有足够的增益,以克服上行链路路径损耗。注意,此时地面设备的输出功率可能相对较低,约为1W 或2W。这些通常被称为点波束天线。

如果使用碟形天线来实现,则可以机械控制点波束的指向,以按需提供覆盖范围和容量。如果使用具有多个天线阵元的平板天线来实现,则通过改变天线阵元的相位可以实现波束赋形。

在更高频率和更短波长下,这些天线系统可提供高度集中的覆盖范围。一个例子就是波音公司提出的工作在 37.5~40GHz 和 51.4~52.4GHz 的 V 频段 LEO 星座,其1GHz 信道支持直径在 9~11km 之间的蜂窝小区(图6.1)。有人建议卫星增加 C 频段天线。

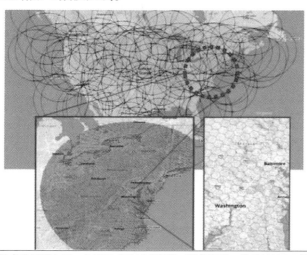

波音公司提出了一个1396~2956个V频段卫星的星座,位于1200 km高度的35~74轨道面中。每个卫星的轨迹将细分为成千上万个8~11公里直径的蜂窝小区,每个蜂窝小区使用高达5GHz的带宽。波音还希望监管机构为C频段的超级星座扫清障碍,尽管波音并未计划自己的C频段星座。资料来源:波音公司。

图 6.1 波音 LEO 星座显示覆盖地面小区图案

不言而喻，地面设备上的天线必须能够通过物理或电气的方式连接卫星，这导致一些独特的天线设计，如图 6.2 中 Iridium 用户终端的 L 频段天线。

图 6.2　配有 L 频段天线和本地 Wi – Fi 连接的 Iridium 用户终端

6.1.2　天线在干扰受限网络和卫星与地面共存中的作用

我们来探讨天线在受干扰限制的网络中的作用。如果两个或更多个简单的共线天线（包含 E 和 H 平面的长单极天线）彼此靠近移动（间隔小于一个波长），则它们将开始互相耦合，并且每个天线的相位都会受到影响，使组合天线的方向图增益和零值产生变化。这意味着可以消除来自特定方向的干扰。该技术已在甚高频（VHF）和特高频（UHF）网络中使用了 50 多年，如为保护应急服务无线电系统免受不需要的 TV 信号能量的影响。

现代天线阵列通过改变天线单元之间的相位关系来达到同样的效果。这具有显著的优势，即可以根据干扰条件的变化来改变波束方向图，如消除不想要的高电平噪声和更多情况下的高电平信号（干扰）。

可以改变方位角来改变波束方向图，以最大限度地减少来自天线左侧或右侧或仰角的干扰。如第 2 章所述，卫星可以处于低海拔。例如，北部和南部高纬度地区的卫星电视天线几乎都指向地平线，以便接收来自地球静止轨道或赤道上空轨道上卫星广播电视的信号。而位于赤道上的相同天线，如在新加坡，可能直接指向上方，前提是在头顶上方有一个 GSO 卫星。

LEO 和 MEO 星座可以在仰角 0 ~ 90°之间以任何方式部署。通常，最佳的链路预算将垂直向上，因为这将最大限度减少信号必须穿越的大气层量，但这需要高计数卫星星座。

然而，可以看出，有很大的机会可以在地面网络和非地面网络之间实现角度功率分离。言外之意,与地面网络共享卫星频谱是可行的,并且具有潜在的商业吸引力。正如我们将在后面的章节中看到的那样,这是一个有争议的问题,面临技术和法律挑战,但是从频率复用中获得的频谱效率收益可能是巨大的。

在第 7 章中将重新讨论角度功率分离,但是在此之前,有必要回顾一些将地面及卫星天线(或天线阵列)与特定信道条件进行匹配的途径。

6.1.3　天线应该做却不能同时做的四件事

图 6.3 总结了地面天线可以执行的四种功能:空间分集、相干增益、干扰抑制和空间复用。每种功能都需要特定的基带处理,因此在任意时间只有一种功能可以执行。

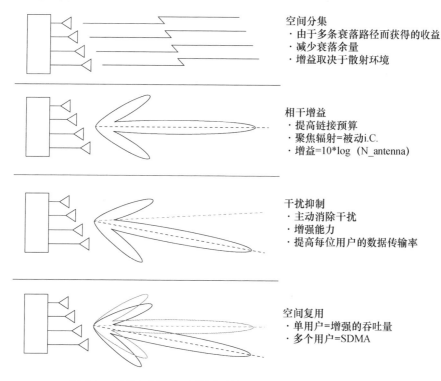

图 6.3　天线必须做却不能同时做的四件事(感谢 Arraycomm)

6.1.3.1　空间分集

在地面网络中,不管是建筑物内部还是城市和乡村环境中,可能会有大量信号能量在有用信号传播途中经坚硬的物体表面反射到达接收器,并且复合信号在其到达地面的过程中将沿着几种不同的路径达到接收器。这称为散射。空间分集是使用天线捕获这些路径中的每条信号,而后它们在接收器中将进行合并。信号通过信道均衡器实现时间对齐;通过锁相环实现相位对齐。这降低了所需的衰落裕度,尽管所获得的增益取决于信号路径的数目及其相对强度。

在更高频率和更短波长下,尤其是在 30GHz 以上的毫米波频段,对于任何墙壁或其他反射面,如果表面粗糙度与被反射的无线电信号的波长相似,都将导致显著的信号吸收。这就是为什么随着波长变短,多径的空间分集变得不那么有效。

6.1.3.2 相干增益

相干增益是指使用多个天线沿着从发射机到接收机相同路径收集同一信号。相干增益在视距条件下最有用,如从几乎总是位于头顶的高计数 LEO 星座。

6.1.3.3 干扰抑制

如前所述,可以通过改变多个天线或多个天线阵元之间的相位偏移,以消除不想要的信号能量。

6.1.3.4 空间复用

空间复用在 TDD Wi-Fi 中得到了广泛的使用,并且在 5G 标准中也被高度标准化,作为一种在很小的区域(通常是室内)中实现很高数据速率的机制。用户需传输的信息被映射到符号上,然后被编码到多个天线或天线阵元上,从而有效地创建确定性多径,该路径可以与接收器上数量相似的天线和天线阵元相关。它们在 TDD 系统中更有效,因为上行链路和下行链路的频率相同,因此信道可以互易。空间复用不能有效地扩展到更大的小区和更高的频率。在许多传播环境中,FDD 将提供更高的吞吐量增益。在用户或物联网设备中,将接收路径与发送路径在频域中分开(频率双工分离)可提高灵敏度。FDD 还提供了用户与物联网设备以及接入点之间的频率分离。例如,部署了多个 Wi-Fi 接入点以支持 Amazon Echo 网络或 Google Home 的家庭。这就是为什么最新的 802.11ax 标准支持 FDD 的原因。

6.2 来自多个接入点、多个基站和/或多个卫星的信号

另一个选择是从多个接入点和/或多个基站以及从多个卫星发送相同的信号。这是在 LTE 广播中完成的[2],通过对来自多个源的信号求和来提供链路预算增益,这也是 Cubesat 提出的将小功率发射机合并在一起以提供等效大孔径(地平线到地平线)天线的机制之一。

6.3 卫星信道模型和天线:以标准为起点

令人乐观的是,很明显天线系统的选择是由无线电信道的特性决定的,而无线电信道的特性又由从测量和经验观察得出的信道模型决定(见第2章)。

在地对天和天对地传播方面的深入研究,是近地和深空通信的副产品,但仅限于现有天基网络 GSO、MEO 和 LEO 拓扑结构。高计数星座的建模还不太先进,部分原因是这些星座尚不存在,因此没有经验数据可用于校准现有或未来的理论模型。

2017年10月,在 Thales Alenias、Dish Networks/Echostar、Hughes Net Works、Inmarsat、Ligado 的赞助下,3GPP 非地面网络小组解决了这一问题[3]。

开发集成移动宽带和卫星标准有过几次失败的尝试,如在 3G 中使用 S - UMTS 标准[4]。美国、加拿大、欧洲和亚洲以及中国的卫星和地面多业务基础设施,也曾尝试通过地面组件规范实现地面和卫星连接的标准化。

在2017年3月的3GPP技术规范组(TSG)会议上,与会者一致同意,要在3GPP第15版标准流程(New Radio NTN, NR. NTN)中开展5G和非地面网络(NTN)研究。赞助商包括摩托罗拉、Sepura(紧急服务电台)、印度技术研究院、Avanti、三菱、中国移动和空中客车集团。

这些标准工作涉及六个领域:

(1)3GPP TR23.799 支持5G卫星连接;
(2)3GPP TR22.862 支持更高的可用性要求;
(3)3GPP TR22.863 支持广域连接要求;
(4)3GPP TR22.864 支持卫星接入要求;
(5)3GPP TR22.891 增加5G卫星连接使用案例;
(6)3GPP TR38.913 支持卫星地面扩展。

但是,在本章中特别感兴趣的是与这些工作流相关的建模活动。

提议的部署方案有五种,包括对地静止轨道、非对地静止轨道和亚太空(高空平台系统),部署为弯管或星载处理,工作在经过慎重选择的 FDD 频段,包括 2GHz、6GHz、20GHz 和 30GHz,具有 20MHz、80MHz 和 800MHz 的信道带宽,在室外或室外/室内(亚太空)使用固定或移动波束。

请注意,必须考虑到双多普勒效应。LEO 卫星以大约 28000km/h(7.7km/s)的速度运行,具体值取决于它们的轨道高度。卫星多普勒参数是一个已知常数,与卫星通信的运动物体通常以不同且可变的速度运动。尽管多普勒可能被认为是有问题的,但它是一种容易理解的效应,表现为频率的增加或减少,这取决于对象是彼此靠近(频率增加)还是彼此远离(频率减少)。LEO 卫星的强多普勒效应可用于提供精确的定位服务,因此可以被视为一种资产而不是问题。

休斯网络系统公司在小组内部为自由空间损耗假设提供输入。这些假设强调链路两端的天线需要额外增益,尤其需要解决 Ka 频段用户和物联网终端天线设计问题。

例如,如果假定 L 频段频率的损耗为 4dB,则 S 频段的相对损耗将为 6dB,而 28GHz 的相对损耗将为 29dB。

对于 GSO,链路距离介于 35788 ~ 41679km,距离损耗将为 91.1 ~ 92.4dB。1.6GHz 时的总损耗将 >187.5dB,而 28GHz 时 <212dB。

对于轨道高度为 600 ~ 1500km 的 LEO,距离损耗将为 55.6 ~ 63.5dB。1.6GHz 时的总损耗将 >152dB,28GHz 时 <185dB。

高度在 20 ~ 40km 之间的高空平台将具有 26 ~ 29dB 的距离损耗,1.6GHz 时的总损耗 <122.4dB,28GHz 时 <150.5dB。

增益是波束宽度的函数,但是链路预算也会受到包括地面反射在内的其他因素的影响。在 GSO 网络中路径损耗明显更大,而在高空平台系统网络中由于路径长度较短路径损耗则最低。从地面基站到几米外用户的路径损耗在理论上将比任何非地面连接都好,但好的程度要比您预期的要少,尤其是在毫米波频率下,非视距通信和表面吸收会损耗大量的射频信号能量。

尺寸是最大的限制条件。假设天线单元间距与载波频率成反比,30GHz 天线比 3GHz 天线小 10 倍,28GHz 的天线将比 2.8GHz 的天线小 10 倍。

换句话说,如果将天线保持在相同的尺寸并且增加元件数量,则波束宽度将成比例地减小,从而增加了各向同性增益,并降低了对不想要的信号能量的可见性。半功率波束宽度 21.9°的天线增益为 18dB。波束宽度 1.23°的分数天线增益为 43dB。

注意,向上方直接指向天空的较窄波束宽度天线所需功率与散射功率之比更高,并且受到地面反射的影响较小。

目前,各研究小组正在研究较短波长的地面和卫星信道特性,包括 ITU – R P.681 和 682 以及欧洲航天局管理的 1853[6]。

6.4 回到地球:5G 天线发展趋势

在上一本书《5G 频谱和标准》中,我介绍了 5G 天线产品,包括 60GHz 的 Blu

Wireless、Huber and Suhner(毫米频段天线)、Quintel 的亚 1GHz 频段天线倾斜技术,以及用于精准测量的位于 Mullard 射电天文台的 Ryle 射电望远镜和汽车雷达天线。

在接下来的章节中,将回顾自上一本书撰写和出版以来的两年中出现的技术创新和新产品。

我们简短地讨论了回传天线,但随着网络密度的增加,以及对限制 5G 回传的运营和资本成本的认识日益增强,回传连接受到越来越多的关注,因此这似乎是一个不错的起点。

6.4.1　5G 回传

频段命名的规则非常混乱。我们大概已经知道了 IEEE 521—1984 雷达频段的名称,其中 Ku 频段为 12~18GHz,K 频段为 18~27GHz,Ka 频段为 27~40GHz,V 频段为 40~75GHz,W 频段为 75~110GHz。

在固定的点对点硬件规格表中,还会遇到使用 WR22 频段名称[7]命名的频段,如 40GHz 处的频段称为 Q 频段,以及用 WR12 波导名称命名的,如 71~76GHz 和 81~86GHz[8]称为 E 频段。这是因为这些产品通常被用于波导和喇叭天线,它们的制造公差非常接近。

典型产品如图 6.4 所示。这是一个双极化喇叭天线,覆盖 50~75GHz,标称增益为 15dBi,在 E 面和 H 面的半功率波束宽度分别为 28°和 33°[9]。

图 6.4　双极化喇叭天线(感谢 Sage Millimetre)

该天线被称为 V 频段天线或 WR-15 波导。有关波导命名约定,请参见[10]。

在令人眼花缭乱的频率和信道带宽范围内,有大量的固定点对点产品可供选择。本质上,这些都是手工制作的产品,以数百或数千件而不是数百万或数十亿的形式制造。RF.com(图 6.5)对现代固定点对点产品系列进行了很好的总结[11]。

图6.5 在4G或5G网络中点对点回传的集成转发器的碟形天线(感谢RF.com)

表6.1比较了2ft碟形天线在Q频段和E频段250MHz～2GHz信道带宽内的相对增益,以及每个通道的相关最大吞吐量。可以看出,由于在这些较短的波长下碟形天线可提供额外孔径增益,因此在E频段可实现显著的额外增益。由于E频段有额外的传播损耗,以及较高的本底噪声,接收机灵敏度可能比Q频段接收机小一些,但是可以在E频段链路上获得显著增大的吞吐量,而不会有显著的传输距离损失,在这个特定的RF硬件平台上,最高吞吐量号称可以达到10Gbps。通过使用高阶调制可以提高吞吐量,但是作用距离会减小。根据经验,调制状态每增加一倍,链路预算就会减少3dB。

表6.1 RF.com的Q频段和E频段碟形天线的增益和作用范围

频段	Q频段			E频段		
频率	40.5~43.5GHz			71~76/81~86GHz		
吞吐量	最高10Gbps全双工					
信道带宽	250/500/750/1000/1250/1500/2000MHz					
调制	QPSK至256 QAM					
2ft天线净空最大距离	长达20km(12mi)					
天线:增益和波束宽度	带有天线罩的卡塞格林天线					
	44dB,0.7°,Q频段40GHz			51dB,0.35°,E频段(70/80GHz)		
QPSK链接预算根据通道带宽	250MHz:183dB 500MHz:180dB 750MHz:178dB 1250MHz:177dB 1000MHz:176dB			250MHz:197dB 500MHz:194dB 750MHz:192dB 1000MHz:191dB 1250MHz:190dB 2000MHz:189dB 1500MHz:188dB		
最高吞吐量Q和E频段Mbps	250MHz	500MHz	750MHz	1000MHz	1250MHz	1500MHz	2000MHz
	1750	3450	5290	7045	7430	8940	10Gbps

资料来源:RF.com。

6.4.2 5G中的自回传/带内回传

人们已经认识到,5G将以一定的密度部署到城市环境中,这意味着单独的RF回传或光纤回传将不经济。经济成本由光纤的已支付成本和/或独立点对点天线和收发系统的硬件成本构成。

性能成本由在5G物理层和光纤回传之间过度点附加解调/调制或信道编码构成。射频光纤传输[12]是一种解决方案,但是日益看好的一种选择是实现自回传,其中用户和回传可以使用相同的无线电资源。有时称为带内回传[13]。

回传市场是OneWeb等新型大型LEO卫星运营商渴望进入的市场。自回传的优势在于地面运营商可以在用户平面、控制平面和回传平面上重复使用RF硬件基站资源,但这意味着需要走个弯路。这是否方便主要取决于基站的位置。卫星运营商目前在移动宽带地面回传市场中所占的比例很小,不到1%,其中大部分位于难以到达的偏远农村地区。

卫星到本地超密集城市回传与自回传的竞争将取决于卫星连接是否能够满足延迟约束,且其成本等于最好低于带内回传,同时要记住,带内选项在用户和基站到基站回传之间分摊硬件和带宽成本。卫星的一个优点,特别是几乎总是在头顶上的卫星,在受限区域内所有基站能够清晰直视的可能性更高,这将避免自回传中产生的网状协议开销。请注意,网状协议引入的等待时间将是可变的,其可变性取决于本地基站拓扑结构。卫星可能会引入额外的等待时间(请参阅第2章),但是,至少从几乎总是在头顶的LEO星座来看,等待时间基本上是恒定的,这意味着进入、穿越和离开回传平面的任何更高层协议开销都可以最小化。

6.5 地面5G网络和非地面网络天线的创新

6.5.1 机械扫描天线

碟形天线是在地面回传网络和卫星网络中实现定向增益的有效选择。可以通过机械控制让天线重新指向其他方向,以便发送和接收信号,尽管这是一个相对缓慢且烦琐的过程。自第二次世界大战以来,机械波束扫描一直用于雷达系统。如果机械指向失败,则载车可以转个圈以改变方位角,但不会改变仰角。

6.5.2 使用常规组件和材料的相控阵天线

20世纪90年代,诸如Arraycomm[14]和后来的Quintel[15]等公司开始引入相控阵天线,通过改变天线阵元之间的相移以产生零位以减轻干扰和改变增益,从而改善方向性和吞吐量。在较低的频率(尤其是2GHz以下),这些天线阵列可能很大,重量和风载会显著增加天线塔成本,但它们确实解决了特定位置的特定干扰问题。

相控阵天线在更高频率和更短波长时具有以下优点:元件可以更靠近在一起,能够制造出更加紧凑的平板天线,可以经受住狂风和偶发的飓风。它们的波束方向图切换(毫秒或微秒,甚至可能是皮秒)比机械扫描阵列(秒)更快。平板相控阵天线现已广泛应用于军事无线电、雷达系统以及汽车雷达中(参阅《5G频谱和标准》的第10章,第264~273页)。此类天线可以使用常规组件、各种长度的阵元来构建,具有容易操纵、宽带大的特点。

这些天线也可以使用一种称为超材料的材料来制造。

6.5.3　使用超材料的相控阵天线

超材料(Meta 来自希腊语,意思是"超越")是具有自然界不具备特性的材料,通常以重复的模式排列,其尺度小于与之相互作用介质的波长(图6.6)。因此,其结构及形状、方向和排列与基础材料一样影响器件的性能和行为。

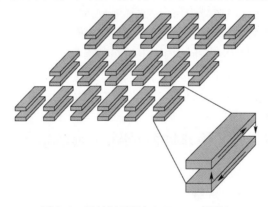

图6.6　超材料(图片由 Kymeta 提供)

可以说 PIFA 天线[16]是超材料的先驱,并且是传统天线与创新的基底层相结合的有效形状和结构的一个示例。但是,超材料更加复杂和精细。与相控阵传统天线一样,基于超材料的天线正被广泛用于军用无线电和雷达系统,包括从 UHF 到 K 频段的宽带无线电系统。它们可以增强、阻挡、吸收和弯曲电磁波。与传统结构的天线一样,它们无法同时完成所有这些操作,因此请谨慎地研究市场材料和规格表。

6.5.4 超材料天线与电磁带隙材料结合

第二种材料,被称为电磁带隙(EBG)材料[17],可以与超材料结合,以减轻天线在较低频率下的距离分离问题。

这些材料由密歇根大学的美国陆军研究实验室开发,据称可以实现 S 频段 2.72GHz 的天线,其物理间隔为 3cm 但天线之间的隔离度为 42dB,比传统天线材料的隔离度高出 24dB。换句话说,使用 EBG 材料实现 3cm 的间隔距离等同于使用传统材料 1m 的间隔距离。

Xerox PARC 公司已使用这些材料和制造技术来开发 RF 波束扫描平台,该平台是 Metawave 公司应用的一系列天线产品。图 6.7 是实现的 32 阵元天线阵设备的阵列结构。这些天线是为汽车行业开发的(图 6.8)[18]。

图 6.7 来自 Metawave 的 32 阵元扫描天线阵

图 6.8 Metawave 的自动驾驶扫描雷达

如图 6.9 所示,相同的硬件和软件可重新用于 5G。注意,这实际上是一个渐进的点对点网络,用户和支持的设备感觉不到波束到波束切换的过程。

图 6.9　Metawave 的 5G 渐进点对点天线

Kymeta 公司有一个类似的产品,但更广泛地用于 Ku 频段的连接,它强调设备的干扰归零功能(图 6.10)。Kymeta 公司天线在交通领域有许多应用案例,包括在美国与丰田的项目[19]。

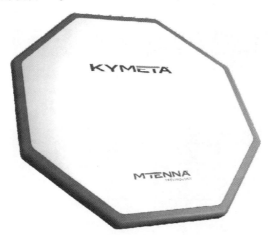

图 6.10　Kymeta Ku 频段金属天线

6.5.5　有源共形、扁平和准扁平天线

共形天线是可以制成任何形状,如汽车、卡车、军用坦克车顶、超级游艇顶面、火车车顶、飞机外壳等,它们通常弯曲程度很小,几乎是平坦的。当然,用于完全平坦表面的共形天线将变成平板。

第 6 章 天线创新

Phasor Solutions[20]公司目前生产这些天线,用于高端的豪华游艇或特定军事用途(图 6.11),可以想象,它们可以有效地用作车顶天线,指着卫星。有源波束扫描可以消除不必要角度方向的功率,但也可以保证在较大的仰角范围内传送和接收 RF 功率。例如,北纬或南纬高纬度地区车辆,由对地静止轨道卫星提供服务,天线将聚焦指向接近地平线的高度,并配置为对诸如头顶上的 LEO 卫星的干扰信号能量具有最小可见性。

图 6.11　Phasor Solutions 的有源共形天线

Phasor 的六模块天线指定在 Ku 频段接收（10.7～12.75GHz）和发射（14.0～14.5GHz），具有 125MHz 的瞬时带宽，可承受高达 500W 的功率，温度范围在 -55～+85℃，重 12kg。

表 6.2 比较了 Phasor 天线与等效碟形天线的性能。

表 6.2 Phasor 天线与等效碟形天线的性能比较

模块数	口径尺寸/cm	EIRP/dBW	等效碟形天线口径/cm	EIRP/dBW
6	54×72	53.6	70	42.8
12	72×108	59.6	100	46
27	126×144	66.6	150	49.6

图 6.12 是一个弯曲的共形天线的示例。

图 6.12　Phasor 共形（弯曲）天线

6.5.6　有源和无源共形天线

有源天线阵列目前十分昂贵，因为每个阵元具有自己的 RF 功放、低噪放大器以及相关的滤波器和匹配网络。它们还可能要在较宽的温度范围内工作，如在汽车顶装应用中为 +125℃（与上例中规定的 +85℃ 相比）。这在低成本上难以实现，并且由于设备吸收热能，温度和噪声升高，引起频率漂移，造成性能下降。

另一种方法是构造共形天线，其阵元被机械地和电气地安排成直接向上看，而不看别处。实际上，这是一种由多个天线阵元构成的无源天线，使用可远程加载的无源延迟线和射频功率低噪声放大器产生相位偏移。这些设备没有自适应功能，只能看到同一片天空，但它们的成本更低、更薄，且对温度的敏感性更低，与总是直接在头顶的高计数 LEO 星座一起使用非常合适。

6.5.7 适用于军用雷达、卫星通信以及 5G 地面和 5G 回传应用的有源电控阵列天线

有源共形平板天线阵的原理是,它可以根据仰角和方位检测并分析天线接收到的角功率,从而确定 RF 能量应集中在返回路径上的什么位置。

这在原理上类似于第二次世界大战以来使用的雷达,尽管在这些早期的传统雷达系统中,返回路径是防空火力。现代的反导导弹系统提供了当代前沿的例子,说明了数字处理如何计算出远近目标的到达角度、轨迹和速度。切换速度可以达纳秒量级(纳秒是 10^{-9} s)。这些雷达系统被称为有源电控阵列(AESA)雷达。在通信系统中使用时,它们简称为 AESA 系统。

AESA 雷达和通信系统由众多军工企业制造,包括雷声公司、波音公司、洛克希德·马丁公司、诺斯罗普·格鲁曼公司和 BAE 系统公司。IBM、Intel 和 SiBeam 也对该领域进行了投资。

汽车雷达(从《5G 标准和频谱》的第 264 页开始)本质上执行相同的计算,但是期望的结果不同(错开而不是撞到前方的物体)。

图 6.13 显示了 Anokiwave 的有源天线集成电路(IC)产品,可用于卫星通信、雷达和 5G 地面应用。Anokiwa 公司产品系列,如图 6.14 所示。

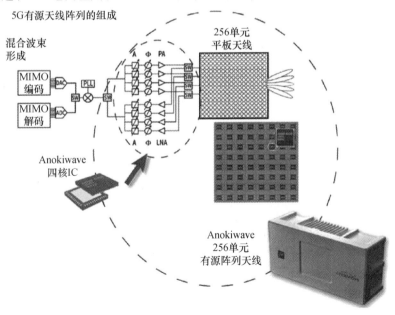

图 6.13 Anokiwave 的 AESA 有源天线集成电路及有源阵列天线[21]

市场	产品系列	型号	描述
5G 通讯天线阵	Ka 频段硅 IC 解决方案	AWMF-0135 AWMF-0108 AWMF-0123 AWMF-0125	26GHz 四核 IC 28GHz 四核 IC 39GHz 四核 IC 39GHz 四核 IC
	Ka 频段有源天线	AWMF-0129 AW-0134	28GHz 64 阵元创新套件 28GHz 256 阵元创新套件
毫米波通信和传感应用	Ku 和 Ka 频段硅芯 IC	AWMF-0117 AWMF-0116	Ku-Band 多功能核心 IC Ku-Band 多功能核心 IC
雷达和通讯有源天线	X 频段硅芯 IC 解决方案	AWS-0101 AWS-0103 AWS-0104 AWS-0105	双波束低噪声四核 IC 双波束高 IIP3 四核 IC 单波束低噪声四核 IC 单波束高 IIP3 四核 IC
	X 频段前端 ASIC 解决方案	AWMF-0106	中功率前端 ASIC
卫星通信有源天线	Ku 和 Ka 频段硅芯 IC 解决方案	AWS-0102 AWMF-109 AWMF-0112 AWMF-0113	4 阵元 Rx 四核 IC(K 频段) 4 元素 Tx 四核 IC(Ka 频段) 8 元素 Rx 八核 IC(K 频段) 8 元素 Tx 八核 IC(Ka 频段)
卫星通信 EASA 点对点通讯	Ka 频段前端 III/V 解决方案	AWP1102	3W 大功率放大器
点对点射频通讯	E 频段前端 III/V 解决方案	AWP-7176 AWP-8186 AWP-7186	高功放 MMIC/71~86GHz 高功放 MMIC/81~86GHz 低噪放 MMIC/71~86GHz

图 6.14 Anokiwave 的产品系列

在空间处理算法开发和优化硬件架构方面,在多个市场上分摊开发成本的能力是一个显著的优势。5G 市场提供了大量的机会,普通应用在价格上比专业应用低几个数量级。例如,超级游艇上的 3000 美元天线或战斗机、坦克上的 30000 美元天线不能直接转换用于 10000 美元以下的基站或 100 美元以下的 Wi-Fi 接入点,不同的应用场景有不同的设计要求。例如,雷达系统中的开关速度是关键的性能参数。

6.6 4G 和 5G 地面 AESA 系统：灵活的 MIMO

这一节我们讨论地面 MIMO 系统在未来几年内将如何发展。每个主要的一级供应商（华为、爱立信和诺基亚等）都投入了大量精力来开发 MIMO 系统，用于高吞吐量的 4G 和 5G 网络。挑战在于使这些平台足够灵活且快速地响应变化的信道条件，包括有用信号、无用信号到达角方向的变化，但价格要比上述军用雷达系统低几个数量级。这些产品被描述为灵活的 MIMO。

6.6.1 汽车 AESA

汽车雷达也存在类似的定价和成本问题，尽管汽车供应链在把创新的、低成本、高性能的雷达产品推向市场方面似乎很有效。

部分原因是汽车行业的规模价值。我们将在后面的章节中继续研究，但请考虑以下内容：

(1) 世界上飞机的数量：11000；
(2) 世界上火车的数量：>20000；
(3) 世界上船舶的数量：50000；
(4) 世界上汽车的数量：15 亿；
(5) 世界人口：75 亿；
(6) 全球联网设备的数量：100 亿。

飞机、火车和轮船比汽车价格更高，但汽车市场在数量上更大。一辆价值超过 50000 美元的高端汽车通常会配备 11 个面向前方、后方和侧向的雷达。人与设备的经济价值是一个哲学问题，在本章中不做讨论，但是天线供应商需要在其开发和市场计划中找到数量与价值之间的最佳结合点。雷达在汽车上的价值通过使汽车不会撞车来体现，但要充分发挥作用，必须让所有汽车都不相撞，这可能需要一段时间。

6.6.2 诺基亚 5G 柔性 MIMO 天线阵列的一些示例

5G 供应商可能有野心为上述所有市场提供服务，但通常在人员和设备连接方面占据主导地位。正如本书其他各部分所讨论的那样，人和设备具有不同的连接要求（以及不同的花费），这意味着天线必须执行许多不同的任务，并且可能难以针对一般任务进行优化。首先需要确定的是，诸如波束赋形之类的功能，是在模拟域还是数字域或者是在两者的组合中实现。

注意覆盖范围、容量、功耗和带宽限制之间的权衡。例如,全数字选项是最灵活的,但是由于当前数字信号处理技术的局限性,会在信道带宽方面受到限制。

6.7 波束频率分离

这些天线还将改变 5G 和卫星网络的频率规划。在第一代、第二代和第三代蜂窝网络中,基站对基站的干扰是在频域中管理的,相邻基站在每个通带内使用不同的信道。在 4G 和 5G 网络中,已经逐渐向单频网络过渡,在单频网络中,所有站点可以使用相同的信道,并且干扰在时域(小区间干扰协调)中管理。

在 5G 中,用户将获得自己专用的波束支持,并在空间上实现波束间的分离。

在卫星网络中,一个波束通常服务于一个地理区域的多个用户,类似于地面蜂窝网络中的传统小区模式。例如,用户下载 3.5GHz 通带内 250MHz 信道中的所有流量,然后仅提取具有正确 IP 报头地址的数据包。这是足够的,但不是特别有效率(由于处理了随后丢弃的数据包而消耗了额外的时钟周期)。

随着星座密度的增加,尤其是大型 LEO 星座(包括 CubeSats)的部署,以及大型卫星上波束数量和方向性的增加,支持这些地理区域内的个人用户变得越来越可行。

6.8 等离子体天线

我们已经描述了使用铜和类似的高导电性材料来构造可以将 RF 信号能量转换为感应电压的天线。

还有另一种替代方案,称为等离子天线。顾名思义,等离子体天线是一种射频结构,它利用等离子体作为导向介质,实现与调制无线电载波的谐振。于 1919 年首次获得专利,它们可能正在移动通信领域的千禧年时刻。

与等离子天线相关的优点和缺点可以概括为:

(1)电离灯丝的长度可以快速改变,从而将天线重新调整到新的频率。

(2)可以关闭天线使其不可见,以减少其散射信号,并消除其与附近其他天线的耦合和干扰。

(3)等离子体的使用增加了天线设计的复杂性。

(4)必须提供建立和维持电离的设备。

第 6 章 天线创新

（5）等离子体发出的光会增加其可视特征，并且等离子体衰减会产生噪声。

（6）通过使用激光、大功率微波束或紫外线，可以在大气中建立等离子体天线。等离子体也可以在含有惰性气体（除非在极端条件下，这种气体是不活泼的）的管道内产生，如氖气和氩气。使用管道的方法需要较少的能量来激发和维持等离子体状态，因为气体是纯净的，并且管道的存在可以防止耗散，但是使用管道会增加天线的重量和体积，并使天线的耐用性降低。

针对 5G 频段的演示产品，包括 Plasma Antennas 有限公司的产品，可以将这些设备堆叠起来以在方位和俯仰方向上形成并控制多个波束。

6.9 平面 VSAT 及其在 LEO、MEO 和 GSO 干扰抑制中的作用

到目前为止，本章一直在讨论，天线可以促进卫星行业和 5G 之间的带内共享，并促进 LEO、MEO 和 GSO 卫星的频带共享和混合星座传输。

迄今为止，地球静止轨道卫星运营商和 MEO 运营商一直在挑战 NEWLEO 实体提出的干扰模型。

频率缩放可用于增加天线阵元的数量，天线数量每增加一倍，即可获得额外的 6dB 增益。或者，可以使用较少的天线数量来实现尺寸随频率减小的小型天线，如带有 LTE 收发器的 Apple 系列 3 代手表将天线集成到屏幕中。如果将其缩放到全尺寸智能手机屏幕，则可能是一个 32 阵元的天线。

现在，假设我们拿起该设备并将其放置在桌子上，使其指向天空。天线阵可以是无源或有源的。在无源阵中，可以设置阵元之间的相位偏移，以提供直接向上看的固定可视锥角。可视锥角越窄，上行链路和下行链路增益越高。狭窄的可视锥角范围也将意味着来自非直接位于头顶卫星的多余信号能量将被消除。对于较大尺寸的天线，如放置在平坦屋顶上的大型无源平板阵列，增益将更高，并且对不想要的信号能量的抑制也会更高。

在赤道上或赤道附近，直接向上看的无源相控阵平面天线将能看到地球静止轨道卫星以及碰巧从头顶上方经过的任何 MEO 和 LEO 卫星，因此必须对可用的最强信号和/或具有最低延迟的信号进行选择，这些信号通常来自 LEO。

向北或南移至较高的纬度将意味着 LEO 和 MEO 卫星越来越占主导地位。

因此，无源平板和无源共形天线（形状赋形于主机结构的天线）是一种潜在的低成本机制，可通过在卫星的发射和接收路径上提供视锥面将所需信号与较高纬度的有害信号能量分离开来。根据定义，这些卫星将是通过大气路径最短

的卫星,因此它们的延迟和路径损耗也最低。

有源电控平板天线阵执行相似的功能但方式不同。有源电控平板天线可以从地平线一边扫描到另一边,并从任何可见卫星(可能是 GSO、MEO 或 LEO)中选择最佳路径。例如,在雷暴中,直接向上的路径可能会遭受高雨衰,并且可能会在较低高度的 GSO 处获得更好的链接。也可以根据所需的延迟、吞吐量或成本进行选择。如果从最佳卫星获取了波束,AESA 天线可以消除所有其他来源的信号能量。这些有源天线可以是平板或共形天线。但是,有源天线更昂贵,因为每个天线阵元都必须具有自己的 RF 放大器、低噪声放大器和开关路径。相比之下,无源天线只有一个 RF 功率放大器、一个 LNA 和一个开关路径,并且 RF 功率放大器和 LNA 可以远程加载。在有源天线中,组件成本与天线阵元数量成比例,但组件也对温度敏感,通常规定为 $-55 \sim +85℃$,这对于通常需要适应 $+125℃$ 的诸如汽车行业的应用是不够的。

这些有源和无源平面天线可以认为是一种平面的 VSAT 终端。VSAT 碟形天线将指向特定的一小片天空,并将提供足够的上行链路和下行链路增益,以提供高数据速率,如企业对企业数据网络。我们所做的一切就是重建 VSAT 碟形天线的功能,但是能够直接指向正上方(无源平面/无源共形)或根据卫星的可用性指向天空的任何地方(有源平面和有源共形)。

天线可以是高阵元数(256、512、1024 个阵元)的平板或共形天线阵列,用于安装在汽车、卡车以及任何大型物体上,无论其移动速度快还是慢。我们称这些应用为快速移动物联网(IoFMO),而在交通拥堵的地方缓慢行驶的牛奶车、坦克和汽车等应用称为慢速移动物联网(IoSMO),但它们在文献和标准文档中通常被描述为运动中的地面站(ESIM)。注意,快速移动的对象在地面网络中消耗大量的信号带宽,通常可以使用直接在头顶的卫星更有效地为其服务。

另一个应用是固定对象互联网(IoSO),也称为固定地面站:新加坡的一个具有 Wi-Fi 功能的垃圾桶就是一个例子。与直觉相反,静止物体可能很难从地面网络得到服务,尤其是当物体在较高频段、非直视范围时。移动物体至少在某些时候可以被 4G 或 5G 基站看到。

6.10　按波长和尺寸缩放平面 VSAT

表 6.3 显示了如何通过波长、尺寸和天线阵元的数量缩放平面和共形的 VSAT,以及如何将其映射到一系列潜在应用中。

表 6.3 按波长和大小缩放平板和共形的 VSAT

平板和共形的 VSAT 按波长缩放		
按大小缩放		
米频段 300MHz～3GHz	厘米频段 3～30GHz	毫米频段 30～95GHz
相控阵元数量 4 8 16	32 64 128	256 512 1024
按大小缩放		
小 4 8 16	中 32 64 128	大 256 512 1024
吞吐量增益 范围增益 干扰抑制 示例应用 小型可穿戴设备	智能手机	汽车、卡车、轮船和飞机

如前所述，随着频率的增加/波长的减小，天线的尺寸在元件数量增加的情况下保持不变。这将具有更好的干扰抑制效果，并可以提供直接向上、更窄圆锥可见区域。

或者，可以增加任何中心频率的天线尺寸，以支持额外的天线阵元。无论哪种情况，阵元数量每增加一倍会产生额外的 6dB 增益，这可以通过吞吐量增益、范围增益、干扰抑制或它们的某种组合来实现。

就应用而言，通常将 4、6 或 8 单元阵列用于小型可穿戴设备、小型物联网，32、64 和 128 单元阵列可能是智能手机的最佳选择，更高单元数的阵列可能最适合用作汽车、卡车、船只和飞机的共形天线。

6.11 能以低成本生产 VSAT 吗？

目前可用的有源共形天线，在本章的前面已经提到了，它们相对昂贵，Phasor 等公司主要专注于高价值的应用领域，如超级游艇、军事应用以及飞机和火车。

但是，有源和无源平板阵列都可以使用 LCD 显示屏或太阳能电池板生产线来制造，并且天线阵元可以嵌入 LCD 屏幕中（在水平面上提供地面连接，如到客厅中的设备）。如果嵌入到太阳能电池板中，这些设备将在两个应用领域（光子捕获和电子捕获）交叉部署，并且可能指向上方，提供与 LEO、MEO 或 GSO 卫星相连的室外连接。同时也将有本地化电源可用。

6.12　28GHz VSAT 智能手机

对于智能手机,可以在智能手机显示器中嵌入 32 个阵元的天线阵列,例如工作频率 28GHz。当作为手持设备使用时,智能手机将可以访问地面 4G LTE 或 5G 网络。在室外和偏远地区,用户只需将智能手机放在指向天空的平面上,就可以看到 LEO、MEO 和 GSO 星座。

6.13　多频段平面和共形 VSAT

如上所述,基于超材料的有源、无源平面和共形天线可以提供宽带连接,其阵元可以链接在一起以在较低频率(如低至 VHF)形成共振。请注意,我们已经指出,在目前卫星通信领域,感兴趣的频段包括了从 138MHz(Orbcomm OG2)到高通量卫星的 K 频段,再到超高通量卫星的 V 和 W 频段(E 频段)。

阵元数量将随着阵元间距变长而减少,因此在 E 频段(72~77GHz,81~86GHz 双工)的 1024 个阵元的天线阵将换为 UHF 的 4、8 或 16 阵元的天线阵列。注意,无源宽带天线必须具有有源开关矩阵。

感兴趣的 5G 频段以类似的方式扩展,从 450MHz(频段 31)开始,到 E 频段的顶部(92~95GHz)结束。

6.14　卫星应使用什么物理层?

在第 10 章中,我们讨论卫星和 5G 标准。4G/5G 与卫星之间的重要区别在于,卫星下行链路针对功率效率进行了优化,因此大多数卫星星座使用相移键控(PASK),而不是 4G(可能还有 5G)中使用的 QPSK。例如,多路复用的 4G/5G 复合波形具有大量的幅度调制。它具有合理的频谱效率,但功率效率不高。但是,如果两个系统的信道带宽和通带相同,那么智能手机、智能手表或 IoT 设备中的 LTE 或 5G 前端就完全可以适应 APSK 调制的复合多路复用波形。举例来说,12GHz 的 Ku 频段中的 250MHz 信道栅格、Ka 频段的 250MHz 或 500MHz 信道栅格、V 频段(37.5~40GHz,51.4~52.4MHz)的 500MHz 信道栅格,以及 E 频段 FDD(71~76,81~86GHz)和 E 频段 TDD(92~95GHz)5GHz 通带中的 1GHz 信道带宽将完全兼容。

6.15 12GHz 和 28GHz 高吞吐量吉比特卫星,40/50GHz 的超高吞吐量太比特卫星和 E 频段的极高吞吐量皮比特卫星等与 5G 的频段共享

频段共享是拥有平面 VSAT 的自然结果,它可以区分水平 5G 地面网络可用性与直接过顶 LEO、MEO 和 GSO 卫星垂直面覆盖范围。5G 带内回传也可以包括在内。这就是"五次幂"传输模型,其中五个传输系统包括 5G 地面、5G 带内回传、LEO、MEO 和 GSO,都共享相同的通带。

频段共享避免了卫星行业和 5G 行业之间长达 10 年的激烈争论。也允许在用者留用其正在使用的频段,以避免与其他利益相关者的 10 多年来争论,包括军事无线电、雷达、深空通信和射电天文学等领域。频段共享为卫星行业带来了规模效益,使其有机会抓住智能手机和新兴可穿戴设备市场等消费者市场。频段共享解决了 5G 社区的许多网络密度和远郊农村的成本问题,以及城乡环境中的"非现场"4G 和 5G 覆盖问题。

注意,频段共享还允许卫星行业继续使用高端、高性能、高天线数量的有源共形天线为他们的传统高附加值用户提供服务。表 6.4 总结了这个无线天堂,注意 IoFMO、IoSMO 和 IoSO 服务之间的区别。

表 6.4 天线:新的移动地面站(ESIM)和固定地面站(SES)模型

无源平板	无源共形:定制	有源平板	有源共形:定制
256 512 1026	256 512 1026	256 512 1026	256 512 1026
最低成本低成本 对热不敏感	最低成本低成本 对热不敏感	高成本最高成本 -50 ~ +125℃	高成本最高成本 -50 ~ +125℃
解决 LEO 到 MEO 到 GSO 的干扰 从 VHF 到 E 频段的潜在扩展:138MHz ~ 95GHz, 包括 5G 频段的从 450MHz ~ 3.8GHz 仅垂直向下连接		解决 LEO 到 MEO 到 GSO 的干扰 从 VHF 到 E 频段的潜在扩展:138MHz ~ 95GHz, 包括 5G 频段的从 450MHz ~ 3.8GHz 地平线到地平线的多卫星 LEO、MEO、GSO 混合星座	
低成本消费者	低成本 IOFMO、IOSMO、IOSO	高成本 IOFMO、IOSMO、IOSO	
支持 5G 带内共享?		解决速降问题 支持 5G 带内共享?	

6.16 平面 VSAT 和无线可穿戴设备?

将 16 或 32 阵元的天线阵列装入智能手机显示屏上的想法很好,但是手机是用来打电话的,这意味着 5G 天线阵将直接指向用户的头部。

对此有多种解决方案,包括将天线阵列放置在手机的其他地方,但也有可能出现除智能手机以外的其他外形。Apple 3 无线手表可能是基于 LTE 的可穿戴设备大众市场的开始,这将使新的外形迎来机遇。记住,本章前面提到平面 VSAT 是基于超材料(具有导电特性的材料制成的形状,可提供常规天线结构无法实现的波长谐振性能)和电子带隙材料的组合,这些材料可缓解密集天线阵元之间的不必要耦合。

这些材料和制造技术有可能被整合到新的增值服装系列中,即在胸部印有从 VHF 到 V 频段天线阵列的运动背心,超人徽标就很不错。

这样做的缺点是,超人只能躺下来看着天空,才能与头顶上的卫星直接对话。另一种选择是蝙蝠侠宽带连接套装,带有额外的头戴式双极化天线,不过,需要仔细计算特定吸收率(SAR)阈值[23]。

VSAT 终端还能解决什么其他问题?

6.17 平面 VSAT 的作用:解决地面网关干扰和成本问题

GSO、MEO 和 LEO 运营商之间的另一个关注点是地球网关干扰问题。例如,GSO、MEO 和 LEO 星座共用 18GHz 的馈线链路,并且其中任何一个星座都可能在支持其他系统的时候将有害的信号能量注入地球网关。

就网关所占用的房间、电力要求以及必须部署的硬件(机械扫描碟形天线)而言,网关的成本很高。使用卫星间交换可以减少网关的数量。Globalstar 和 OneWeb 不进行卫星间交换,而 Iridium、LEOSAT 和 SpaceX 卫星星座通过 RF 链路(Iridium 的 K 频段链路)或光收发器(LeoSat 和 SpaceX)进行星间交换。

OneWeb 提交 FCC 的材料显示,它至少需要 50 个网关。网关的建设或迁移成本为 5000 万美元。澳大利亚政府已要求 Inmarsat 在未来 5 年内将其珀斯地球站迁移到一个专门建造的太空公园,该站现在被高附加值住房包围,Inmarsat 不愿意搬迁,这是可以理解。

图 6.15 显示了如今的地面基站,其天线指向不同的轨道。

第 6 章 天线创新

图 6.15　现在的地面站网关(感谢 Inmarsat)

未来的地球网关可以通过大数量天线阵元的平板天线阵来实现,从而显著提高增益和缓解干扰。天线阵可以集成到大型太阳能电池板阵列中。这些平板还可以用作能够支持 GSO、MEO 和 LEO 卫星的具有多个自适应波束的超大孔径有源电控相控阵。这将允许更多数量的运营商共享这些昂贵但重要的地面资产。

6.18　星座间交换:GSO 卫星作为母星和 GSO 卫星作为空基服务器

减少地球站数量的另一种方法是让 LEO 和 MEO 卫星将其馈线链路向上发送到 GSO,然后再将其向下发送地球上的 GSO 地面站。例如,哈勃望远镜和国际空间站已经使用了此方法(见第 7 章)。因此,对 LEO 和 MEO 运营商直接连接到消费者和商业用户并且流量将通过 GSO 网络这件事,GSO 运营商不必太担忧。但是,通过 GSO 进行路由确实会引入额外的端到端延迟。

注意,将来,单个运营商可能会拥有或访问所有五个传输平台:GSO、MEO、LEO、5G 回传以及 5G 基站到用户的链接,这将使实现路由的优化成为可能。

GSO 卫星通常是放置服务器带宽的好地方。他们的能源是免费的,位置优势使他们可以存储和处理从智能手机、物联网设备、汽车、卡车和飞机上获取的信息,这些信息通过 LEO 或 MEO 卫星直接路由向上传送。

6.19　向上移动星座间交换减少地球站数量和成本

许多情况下,通过使用卫星间和星座间交换的组合,可以减少网关用于遥测上行链路和下行链路的控制信令。不管是在射频(K频段)还是在光频率上实现,卫星间交换和星座间交换都允许卫星计算出它们与自身所在轨道上和相邻轨道上的所有其他卫星的相对位置。已经有人提议为CubeSats提供自动位置保持,这一观点本应被更广泛地采用。这将减少来自地面站网关的信令带宽流量,并可能降低这些网关的复杂性和数量。

6.20　卫星上的VSAT

我们在新加坡的一个研讨会上,一位代表不经意但深刻地评论说,卫星行业需要把注意力集中在地面创新上,而不是空间创新上。前面关于有源和无源平板天线阵的部分有望能够证明这一简单陈述的真实性。

然而,在空间系统上用自适应平板天线阵代替固定点波束天线有可能增强波束形成的灵活性,包括有能力支持蜂窝直径降到2km或以下。具有窄波束宽度天线的高波束数卫星允许在这些蜂窝小区内支持个人用户和物联网设备。这种波束范围从小蜂窝直径扩展到全国范围和整个大陆范围的能力是卫星星座所独有的。请注意,覆盖范围可以按照国家或部分国家、大陆或部分大陆、海洋和部分海洋、内陆湖泊的边界进行设置,如在巴西,这一点很重要,这意味着波束可以根据特定地理位置的需求进行赋形。从链接预算的角度来看,它还可以最大化目标覆盖区域的可用流量密度。

6.21　小结

在前三章中,我们介绍了发射技术创新、卫星技术创新和天线创新。天线创新对所有地面和非地面无线电网络都是有益的。在卫星传输经济学的背景下,具体的好处是,蜂窝小区大小(半径)可以从2km扩展到2000km以上,以便根据地理需要和人口数量需要提供带宽,确保有足够的下行流量密度和上行灵敏度来支持移动和固定宽带连接。

至关重要的是,最初为军事用途和最近的汽车雷达开发的有源天线和信号处理算法已被重新用于地面和卫星通信。以消费者满意的价格提供这些产品仍然是一个挑战,但是将 16 或 32 阵元的天线嵌入智能手机屏幕或无线可穿戴设备将释放 40 亿单元的市场机会。

这些天线系统的一项有趣功能是,可以计算出想要和不想要的 RF 信号能量的到达角和信号强度。这意味着还可以计算返回路径所需的角度和功率。

这部分内容很关键,我们希望本书中能把这一点说得更明确。现在出现了许多机会把众多的无线电系统分开,用专业的术语讲,就是区分想要和不想要的信号能量的到达角。这包括在三维空间中分离用户之间重用频谱的潜在能力。例如,使高计数 LEO 星座与 MEO、GSO 星座以及包括回传在内的 5G 地面网络共享频谱。

无源和有源平板天线和共形天线,我们称之为平面 VSAT,也有助于解决馈线链路的干扰问题,尤其是在 K 频段,并有可能降低地面网关的成本。

因此,平面 VSAT 可以解决 GSO、MEO 和高计数 LEO 星座之间的许多潜在矛盾焦点,并可在地面和太空资产以及运营方面节省大量成本。平面 VSAT 为卫星提供了机会,捕获到智能手机和新兴的无线可穿戴设备领域的某些连接价值,其基础是在智能手机显示屏中内置的低阵元数天线。更大尺寸的应用可以扩展阵元数量,以提供更精确的角度分辨率,以支持与优化 LEO、MEO 和 GSO 空间平台之间的极高数据速率(多 TB)互连。

卫星网络在帮助地面网络实现其 5G 能效和碳排放目标方面的作用在不断发展,包括回传功耗、基站和用户设备物联网功耗。

天线是这个故事的关键部分,它面临的挑战是如何生产出自适应相控阵天线阵(AESA)或无源阵列,使其在消费者满意的价格上实现高效和有效的角功率分离特性。

20 年前,开发第一部商用蜂窝电话的人马里·库珀(Marry Cooper)提出[24],空间分离将被证明是地面蜂窝系统设计的一个重要方面,也是提高频谱效率的方法之一。

同名的库珀频谱效率定律指出,在给定区域内的所有有用的无线电频谱中,可以进行的语音通话或等效数据交易的最大数量每 30 个月翻一番(图 6.16)。

他的公司 Arraycomm 研发了许多初始处理算法,这些算法已被纳入当今的 MIMO 和 AESA 系统中。

但是,这个故事不仅涉及新的天线材料和制造技术,也不仅仅涉及地面空间处理和角功率分离,还涉及将这一创新与星座创新和三维(3D)模型进行集成,这些创新将可使地面 5G 能够与 LEO、MEO 和 GSO 卫星系统共享频谱。

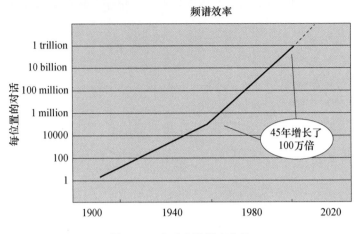

图 6.16 库珀光谱效率定律

参考文献

[1] http://ethw.org/Smith_Chart.

[2] https://5g.co.uk/guides/what-is-lte-broadcast/.

[3] 3GPP TSG RAN meeting#75,RP-170132.

[4] http://www.etsi.org/technologies-clusters/technologies/satellite/satellite-umts-imt-2000.

[5] http://www.ic.gc.ca/eic/site/smt-gst.nsf/eng/h_sf09857.html.

[6] https://www.itu.int/rec/R-REC-P.681/en.

[7] http://www.radio-electronics.com/info/antennas/waveguide/rf-waveguide-dimensions-sizes-php.

[8] https://www.everythingrf.com/tech-resources/waveguides-sizes.

[9] http://www.pennengineering.com/e-and-h.php

[10] http://miwv.com/images/Waveguide-Chart.pdf.

[11] http://www.rfcom.co.uk/index.php.

[12] http://www.photonicsinc.com/index.html.

[13] Dr. Amitabha Ghosh,IEEE webinar,September 20,2017.

[14] http://www.arraycomm.com/.

[15] http://www.quintelsolutions.com/.

[16] http://www.antenna-theory.com/antennas/patches/pifa.php.

[17] http://www.mrs.org/58th-emc-topics/wide-bandgap-materials.

[18] https://www.metawave.co/.

[19] https://www.kymetacorp.com/markets/connected-car/connected-car/.

[20] http://www.phasorsolutions.com/.

[21] http://www.anokiwave.com/company/company-news/releases/awmf_0108.html.

[22] http://plasmaantennas.com/technology/psian-plasma-antennas/.

[23] https://www.fcc.gov/general/specific-absorption-rate-sar-cellular-telephones.

[24] http://www.destination-innovation.com/how-startrek-inspired-an-innovation-your-cell-phone/.

第 7 章 星座创新

7.1 决定和推动星座创新的技术和商业因素

我们在第 6 章的结尾指出,技术和商业因素的结合正在降低卫星行业的每比特传输成本。技术因素包括发射创新、卫星创新和天线创新。商业因素包括保险成本的降低,改善发射可靠性和延长卫星在轨使用寿命所产生的技术副产品,多种有效载荷协议,以及最重要的是来自 Google、苹果、Facebook 和亚马逊等公司注入的现金和股本。20 年前,Facebook 还不存在,Google 还在起步阶段,亚马逊成立还不到 4 年,苹果才刚刚走出亏损期。

在本章中,我们将介绍那些新成立或者成立最多 4~5 年的公司,他们雄心勃勃地想要建造卫星星座,其规模以前曾经尝试过(Teledesic 和 Skybridge)但尚未实现。

这些星座的规模非常重要,因为规模决定了它们的经济可行性。但是,正如前几章所述,高计数卫星星座即意味着地球上任意地点都随时有卫星过顶。这将最大限度减少延迟,提高链路预算,并使得卫星能以无遮挡直视的方式与地面用户和设备连接,从而最大限度减少散射损耗和表面吸收。这对于高频的厘米频段和毫米频段尤为重要。高计数星座还可以利用装载在汽车和卡车等地面平台上的有源电控(AES)阵列的能力。先进 AES 阵列能够实现对星座中卫星全景扫描捕获,从而提供最有利的链路预算。例如,如果来自直接过顶卫星的首选信号被阻塞,高度较低的卫星则可以提供替代的连接。

如果需要对建筑物内部进行覆盖,则更有可能由高度较低的卫星借助窗户实现,此时链路预算和延迟将不是最佳水平。更好的选择是在屋顶上安装一个平板 AES 阵列,指向上方卫星,Wi-Fi 则可以进入建筑物内。

7.2 星座创新的关键点

星座创新的关键点是:让卫星成本更低、做得更多、寿命更长。这包括延寿技术,如改进硬件(处理器、内存和太阳能电池板阵列)、在轨服务、硬件升级和维修以及优化位置保持。LEO 卫星,特别是轨道较低的 LEO 卫星,因有少量大气阻力,会被近地重力场的变化拉离轨道。因此,轨道保持是一项需要不断消耗能量的任务,并且在过去是决定卫星寿命的一个重要因素,如肼的耗尽。

太阳能电池板离子推进器优化了地面控制系统对卫星运行高度和姿态(俯仰和偏航)的控制,从而延长了卫星的使用寿命。例如,20 世纪 90 年代发射的第一代 Iridium 卫星的预期寿命为 7 年,但该星座在 20 年内一直保持功能完整,直到最近才被替代。还有一种传统的做法是,为核心业务卫星配属备用卫星,这些备用卫星要么保留在临时轨道上,要么在地面随时准备快速发射。请记住,进入太空只需要 20min,比在高峰时间开着卡车去基站都要快,不过进入太空将消耗更多的燃料。

近来,星座设计采用了自主自驱动卫星的概念,这种卫星独立于任何地面站网的控制进行自主的轨道保持。这至少在理论上减少了地球到太空的信号开销,而且可能更节能。Cubesat 在其 15 年的实施历史中(第一个 Cubesat 于 2003年发射)已经朝着这种自主或半自主控制的模式发展,尽管还有相关的监管问题需要解决,如碎片限制和规避[1]。带有光学(或射频)星间链路的 Cubesat 可以连续计算卫星间相对距离,并利用这些信息来进行轨道保持,而无须依靠地面站对其控制。

7.3 星座选项参考提示

首先,我们有星座选项的参考提示,包括频谱选项(不包括甚高频(VHF))(表 7.1),轨道选项(不包括准天顶和高椭圆轨道)(表 7.2),以及大小选项(包括 Cubesat)(表 7.3)。

表 7.1 卫星频谱选项

L 频段	S 频段	C 频段	X 频段	Ku 频段	K 频段	Ka 频段	V 频段	W 频段
GHz	GHz	GHz	GHz	GHz	GHz	GHz	GHz	GHz
1~2	2~4	4~8	8~12	12~18	18~27	27~40	40~75	75~110

表 7.2 轨道选项

低轨道 LEO	中轨道 MEO	地球静止轨道 GSO
160~1200km	8000km(O3b)~20000km(GPS)	36000km

表 7.3 卫星大小

皮卫星	纳卫星	微小卫星	大卫星
1kg	19kg	<500kg	>500kg

就商业星座而言,除去后面会讨论的 Cubesat 之外,有四个不同的部分需要考虑,如 7.4~7.7 节所列。

7.4 新兴传统低轨卫星系统(NEWLEGACYLEO)

NEWLEGACYLEO 运营商是诸如 Orbcomm(VHF 频段)、Iridium(L 频段)和 Globalstar(L 频段和 S 频段)的公司,它们要么已经升级了星座(Orbcomm OG2 和 Globalstar),要么正在升级(在撰写本书时,Iridium 已经用三枚 SpaceX 火箭成功发射了 30 颗 Iridium NEXT)。其服务包括物联网、语音连接、定位和防撞。这些星座位于极地轨道,覆盖所有维度,显然也包括 GSO 轨道所难以覆盖的极地地区。

7.5 新兴传统静止轨道卫星(NEWLEGACYGSO)

NEWLEGACYGSO 是诸如 Inmarsat 和 Intelsat 以及其他拥有地球静止轨道卫星并提供一系列广播、双向数据传输及语音服务的公司。我们知道地球静止轨道和地球同步轨道不同,地球同步轨道卫星是与地球自转速度相同但不位于赤道上空的卫星。它们有时被称为准天顶(QZ)星座,通常在一个确定的地理区域内具有确定的抛物线轨迹。日本新近的全球导航卫星星座(Mitchibiki GNSS)就是一个例子。

这些星座在频谱和可用带宽上有很大不同。Orbcomm VHF 星座在 VHF 有 1MHz+1MHz 的通带,Iridium 和 Globalstar 有 10MHz+10MHz 的通带,同时 Globalstar 还有一个 7MHz 的 S 频段通带。NEWLEGACYGSO 的高通量卫星在 Ku 频段、K 频段和 Ka 频段有 3.5GHz 的通带,并配有 L 频段、S 频段和 C 频段转发器。这些卫星的重量从 Orbcomm LEO 的 170kg 增加到 Inmarsat 或 Intelsat

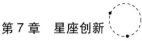

GSO 的 6000kg 不等,这也意味着它们的可用功率从几十瓦、几百瓦到几千瓦不等。

我们有机会利用这些差异来组合发挥每个选项的性能优势。例如,具有鲁棒链接预算的 Orbcomm 星座虽然带宽有限,但是在高纬度地区具有良好的定位及覆盖性能。Iridium 和 Globalstar 也可以提供类似的功能,虽然需要额外的带宽。新一代传统 GSO 具有的高达 15kW 的太阳能功率和 3.5GHz + 3.5GHz 的 Ka 频段频谱使,占据了绝对优势,但同时延迟最长,在高纬度地区穿越大气层的路径更长,也更容易受到建筑和树叶的阻挡。

发射失败或部分失败导致卫星未能进入最终轨道或失去射频功率推动了互通协议。以 Orbcomm 为例,在其 OG2 星座升级计划过程中卫星多次出现故障,几乎 1/3(31 颗卫星中的 10 颗)的卫星由于入轨失败或软硬件故障而受损失效。从账面看,每颗卫星价值达 1000 万美元,这是个很大的挫折,但是这在卫星行业中并不起眼也不罕见[2]。保险对发射阶段和在轨 1 年内的故障进行赔付,因此有硬件和软件故障的卫星必须注销。技术和商业解决方案是:将服务方案与 Inmarsat 的 I–4 GSO 卫星 L–band 服务方案相结合,重新定位幸存并正常运行的 OG2 卫星,以优化高纬度区域的覆盖。同时还决定开发一款调制解调器,可以把 OG2 的 Inmarsat I–4(L 频段)服务能力与地面蜂窝网络相结合,最初的包括 AT&T、Verizon、T–Mobile、Orange、Telefonica、Vodafone 以及 Rogers。

剩余的 OG2 卫星在不同通道之间产生的间隙要比最初计划的长,这会导致几分钟的连接延迟(这对物联网连接来说通常不是问题)。在高纬度地区,用户与 Inmarsat I–4 的连接延迟约为 15s,主要是受可用带宽而非可见性的限制。我们注意到,如果用户位于高海拔地区,GSO 星座就可以在更高纬度的地区具有可见性。从用户的角度来看,最终的结果将与原星座计划相似。

如第 2 章所述,Orbcomm 的客户,诸如高价值的大型移动机械、巨型拖拉机和采矿机械、挖掘机以及用于在地面上挖掘深坑的设备等的供应商、部分船只以及一些石油和天然气钻井平台,受益于低轨星座、静止轨道星座和蜂窝网络合并所提供的足够容量,主动提出进军车载信息服务的大规模销售市场[3]。发射失败和太空软硬件故障的潜在灾难性组合对 Orbcomm 客户的影响微乎其微,对 Orbcomm 的增长和盈利能力的影响也不大,这表明与地面蜂窝网络相结合的混合星座方法可能是许多空间和地面服务供应商的发展方向。在 2016/2017 财年,Orbcomm 公司创造了 5700 万美元的收入,同比增长 13.8%,净增用户 62000 个。公司的付费用户总数达到 183 万,比前一年的 165 万增长了 10.8%。

不可避免地,研发和制造用于特定网络组合的调制解调器受到了一定的规模限制，这意味着额外的成本，特别是因为卫星网络在不同频段具有不同的物理层，需要定制射频硬件(PA、滤波器和开关路径、天线和匹配网络)。这对于花费大量成本的巨型机器来说微不足道，但是对于低成本的物联网连接至关重要。

Orbcomm 星座也为大型船舶提供自动识别服务(AIS)，目的是阻止大型船只相撞。据称系统延迟约为 1min。

7.6 NEWLEO

新兴 LEO 是由 OneWeb、SpaceX 和 LeoSat 等公司创建或推广的，在 Cubesat 领域则是 Sky 和 Space Global 等公司。最后但同样重要的是，以 SES/O3b 为代表的 MEO/GSO 星座，也是这一领域的主要参与者。

表 7.4 列出了这四个星座类别和每个类别的主要参与者、计划或在轨卫星的数目、频谱分配、通带、卫星大小/重量、典型数据传输速率和功能。这是一个瞬息万变的行业，因此该表只是此时的快照，而不是星座可用性的长期记录，所给出例子并不是完整的公司名单。

表 7.4 四种卫星系统类别及活跃在这些类别中的典型公司

	NEWLEGACYLEO			NEWLEGACYGSO		NEWLEO		MEO/GSO
	Orbcomm	Iridium	Globalstar	Inmarsat	Intelsat	OneWeb	SpaceX	SES/O3b
轨道(km)	775	780	1410	36000	36000	1200	625	8062
卫星数量	31	66	24	12	20	2650	4000	20
频谱	甚高频 VHF	L 频段	L 频段 S 频段	L 频段 S 频段 K 频段 Ka 频段	C 频段 Ku 频段 K 频段 Ka 频段	Ku + Ka 频段	Ka 频段	K 频段/Ka 频段
频谱分配	137~138MHz 148~149MHz	1616~1626MHz	1610~1618 2483~2500MHz	17.7~21.2 27.5~31GHz	17.7~21.2 27.5~31GHz	Ku 频段 12.2~12.7GHz	17.7~21.2 27.5~31GHz	17.7~21.2 27.5~31GHz
通频带	1+1MHz	10MHz	10+17MHz	3.5GHz	3.5GHz	500MHz + Ka 频段	3.5GHz	3.5GHz
重量	170kg	860kg	700kg	6000kg	6000kg	125kg	125kg?	700kg
射频功率	250W	200W	200W	15kW	15kW	200W?	200W	2.4~1.7kW

(续)

	NEWLEGACYLEO			NEWLEGACYGSO		NEWLEO		MEO/GSO
	Orbcomm	Iridium	Globalstar	Inmarsat	Intelsat	OneWeb	SpaceX	SES/O3b
升级	OG2	第二代	升级中	升级中	升级中	2018年发射	2018年发射	升级中
数据速率	Bps/kbps	kbps	kbps	Mbps	Mbps	Mbps	Mbps	Mbps

表7.5应以同样谨慎的方式来理解,但是提供了2016年和2017年FCC备案文件中对NEWLEO星座的总结,包括频谱要求、卫星数量、轨道高度和重量。

目前太空卫星总数约为4000颗,表7.5提出了将这一数字增加两倍的建议。这意味着要严格的太空碎片管理制度,这是在本章最后讨论的主题。

表7.5 2016/2017年FCC备案文件中的新兴LEO星座提议

Iridium	Globalstar	Sky Space Global	OneWeb	SpaceX	LeoSat	Boeing
L频段	L频段 S频段	特高频UHF L频段 S频段	Ku频段 Ka频段	Ku频段 Ka频段	Ka频段	V频段 C频段
78LEOs	24LEOs	200LEOs	650LEOs	4000LEOs	78LEOs	2956LEOs
780km	1414km	500~800km	1200km	1200km	700km	1200km
860kg	700kg	10kg立方星	200kg	100~500kg	860kg	?

7.7 NEWLEGACYLEO

7.7.1 Iridium

请注意,这些新兴LEO与现有的LEO竞争,后者拥有20年的空间领域经验,并已经在垂直市场和客户领域建立起利润丰厚且信誉良好的业务。

我们已经提到Iridium星座正在进行下一代升级(2017年前10个月通过3枚SpaceX火箭发射了30颗卫星),并强调了新一代星座不仅仅提供语音和数据服务,目前还包括利用星座(通量密度高于等效GNSS MEO星座)的强多普勒特征进行定位和定位开发。

20年的太空探索也造就了成熟和稳定的供应链。参与下一代升级的公司包括Harris、Hughes、Honeywell、Boeing、SpaceX、Thales Alenia和剑桥咨询公司。

注意,这凸显了卫星行业和移动宽带地面移动运营商社区之间的实质性区别。移动运营商基本上有三个供应商(华为、爱立信和诺基亚)为他们提供 4G 和 5G 服务所需的大部分射频管道,一些(但不是所有)运营商也拥有广泛的内部研发、工程和实施支持团队,尽管这种情况越来越不常见。卫星运营商的供应链则更加多样化,并且更依赖于外包。例如,SES 总共有 69 名员工,每个员工的营业额为 3300 万美元。

这种情况可能会改变,实际上可能已经在改变了,随着时间的推移,这两条供应链可能会变得更加相似。特别是那些雄心勃勃、希望以消费者可以接受的价格提供面向大众市场服务的卫星运营商,将需要一条适合所需规模经济的供应链。我们将在第 8 章回到这个话题,这需要用户营销团队与政府部门、企业对企业市场和销售团队并行工作。

下一代 Iridium 星座重复使用与第一代 Iridium 星座相同的轨道,并具有相同的 L 频段上行和下行频谱(见第 2 章)。

7.7.2　Globalstar

Globalstar 最初成立于 1991 年,是 Loral Systems 和 Qualcomm 合资的企业,曾面临技术和商业上的挑战,包括卫星的射频硬件问题和第 11 章中所述的艰难时期,但是现在已经完成了原星座的升级,在三个轨道平面上共有 24 颗新卫星。Globalstar 星座与 Iridium 星座拥有相同的 L 频段频谱,但卫星数量较少(24 颗,而不是 66 颗在轨卫星),这意味着容量较低,以及较少的全天时可见的卫星(在温带地区任何时候有两颗卫星可见)。

该卫星是弯管结构,没有卫星间交换,这意味着需要更多的地面站。这增加了运营成本和支出成本,也带来了管理上行链路、下行链路以及其他频谱和地理上接近地球和天基无线电系统之间潜在干扰的额外挑战(有关这方面的更多细节,见第 2 章)。Globalstar 声称,弯曲的管道相比可再生的架构(上行链路被解调,然后为下行链路再次调制和编码)具有较低的延迟,尽管在实践中这取决于链接预算。

Globalstar 所属较低的 C 频段(5091~5250MHz)的顶部紧邻部署在 5250~5925MHz 的 5GHz Wi-Fi 频段,包括在频段顶端(5825~5925MHz)的 8.2.11p(用于汽车连接)。

新一代卫星的预期寿命为 15 年(是上一代的两倍),数据传输速度为 256kbps(比第一代星座的 9.6kbps 有所提高)。第一代星座的建造成本为 50 亿美元,20 年后的第二代星座建造成本为 10 亿美元。

第 7 章　星座创新

除了 L 频段的用户链路外,Globalstar 还根据 FCC 第 25 章的规则分配了 11.5MHz 的 S 频段频谱,为相邻服务提供全面的干扰保护。该频段紧邻密集占用的 2.4GHz Wi－Fi 频段。

Globalstar 的 S 频段紧接 FDD 频段 7 和 TDD 频段 41(表 7.6)。提议使用的地面物理层是 TD－LTE。

表 7.6　第 7 频带和第 41 频带

全球星			
S 频段	第 7 频带		
2483.5～2500MHz	Mob TX FDD	Mob TX/RX FDD	Mob RX FDD
	2500～2570MHz（70MHz）	2570～2620MHz（50MHz）	2620～2690MHz（70MHz）
	第 41 频带		
	2496	190MHz 包括防护频带	2690

该频段建议作为全球频段,但实际上,许多国家已在上下通带之间的双工间隔中部署了具有 TDD 频谱的 FDD 频带 7。

虽然这似乎是一个推出全球混合 LTE 和卫星电话网络的黄金机会,但实际上可能会因为 Globalstar 的 TDD－LTE 地面组件与所在地区和国家的 LTE 不兼容而受挫。

还要注意,到目前为止,这是美国 FCC 频谱分配而不是全球频谱分配,因此 Globalstar 必须在世界其他市场获得监管批准,或获得 ITU 对该子频段为全球 LTE 频段的认可。

同样,这似乎是集成 2.4GHz 和 5GHz Wi－Fi 网络的绝佳机会,2.4GHz Wi－Fi 可能存在潜在的带外干扰问题,而 5GHz Wi－Fi 可能存在带内干扰问题,这可能会阻碍商业利用。

7.7.3　混合蜂窝/卫星星座的设备可用性

凭借 QUALCOMM 与 Globalstar 的长期合作关系,可以预期他们将提供大量具有市场竞争力的设备。

在撰写本书时,可列举的设备包括具有卫星功能的移动电话,提供与卫星和 TDD LTE 物理层耦合的 Wi－Fi 热点的 SAT－Fi 模式,以及一系列徒步旅行、休闲和物联网设备。

当前真正需要的是将卫星连接作为标准添加到智能手机中。由于缺乏全球化市场规模(频带 7/频带 41 问题),这种情况不太可能发生。从理论上讲,有可能增加通带以包括 Globalstar 的 11.5MHz 频谱,但更宽的通带会降低频带 7 和或频带 41 的 LTE 射频开关路径的灵敏度和选择性,并增加电话的成本。这不太可能被主流的手机供应商或他们的运营商客户接受。

Inmarsat 在欧洲航空网络(EAN)上很可能会有类似的问题,尽管他们的频谱接近频带 1。作为提醒,表 7.7 列出了欧洲航空网络频谱规划(第 2 章中曾出现)。

表 7.7 另一个 S 频段邻接挑战和机会

第 1 频带	国际海事卫星 S 频段	第 1 频带	国际海事卫星 S 频段
Mob TX	地球到太空	Mob RX	太空到地球
1920~1980	1980~2010	2110~2170	2170~2200

7.8 NEWLEO 角功率分离

如前所述,NEWLEO 不仅在卫星数量、可用带宽和轨道射频功率方面,还在与 MEO 和 GSO 共享频谱的方式上,与传统 LEO 有显著的不同。

这又把我们带回到渐进俯仰和角功率分离这个棘手的话题上。在第 2 章中,我们引用了 Skybridge 公司和 Teledesic 公司作为两个实体,它们首先引入了渐进俯仰和角功率分离的概念作为与 MEO 和 GSO 星座共享频谱的原理。这是 20 年前的事了,但基本原则仍然不变,尽管现在可以进行大量的微调。简单地说,高纬度的 LEO 卫星可以直接向下看到地球上指向上方的 LEO 卫星碟形天线或平板阵列天线。在同一位置观测 GSO 卫星的天线将聚焦指向接近地平线的低仰角,意味着它从头顶上的 LEO 卫星收不到信号或者接收到的信号能量很低。

在赤道上,GSO 和 LEO(以及 MEO)卫星都将直接向下看,而卫星天线将直接指向上方。如果同一频谱中的同一运营商管理所有三个星座,那么有可能会有这样一个场景:赤道上的用户可以同时使用三个星座进行上行和下行传输,这将产生一些有趣而有用的 Ku 频段、K 频段和 Ka 频段带宽,以及下行链路功率和上行链路灵敏度。

然而,如果不同的运营商管理不同的星座,就会存在固有的干扰问题。例如,现有的 GSO 运营商目前正在投资高通量的 Ku 频段、K 频段和 Ka 频段的 GSO 卫星,他们并不希望 NEWLEO 运营商向他们的 GSO 地面接收通带注入不

第 7 章 星座创新

必要的信号能量。

NEWLEO 的解决方案是在卫星经过赤道上方时切断传输。当卫星离开赤道时，重新进行传输，但需要确保仰角足够尖锐，以避免干扰 GSO 地面接收器。这是通过逐步改变卫星的俯仰来实现的，这描述的就是渐进俯仰，但结合了功率控制和切换到以较低仰角运行的其他卫星。

如何做到这一点的细节涉及轨道高度、轨道速度或者持续时间（取决于轨道高度）、轨道路径、射频功率和灵敏度，以及管制限制（约定的保护率）。

对于 NEWLEO 来说，最好的链接总是在卫星直接过顶的时候，所以任何较低的角度需要面临穿越大气层中的更长路径以及较高的被建筑物和树叶阻挡的可能性。延迟也会增加，链接预算也会更低、更易变化。由于信号需要穿越更多的大气层，所以更容易受到雨衰的影响。因此，商定共存条件并通过法律和监管渠道批准这些协议，对于这些新星座的经济可行性至关重要。

图 7.1 显示了角功率分离的原理，适用于 O3b 的 MEO 网络和 SES GSO 共存。鉴于 SES 公司现在拥 O3b 的全部股份，这可能会被认为是相对没有争议的，但是，任何其他共享该频谱的 GSO 运营商也需要确保保护比率能够被控制，并将任何带内或带外干扰被限制在不影响其他运营商的经济成本水平上，如果产生经济成本，也可以被全部补偿。军事用户也同样需要解决这样的邻接问题（见第 2 章）。

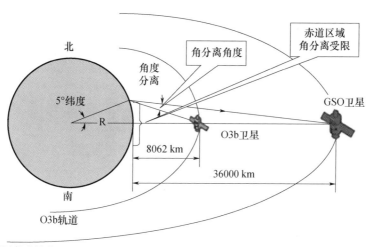

图 7.1　O3b MEO 星座与 SES GSO 星座的焦距

图7.2 根据两个星座的卫星数显示了这种计算的潜在复杂性。图7.3 显示地面站和网关的数量和覆盖图。

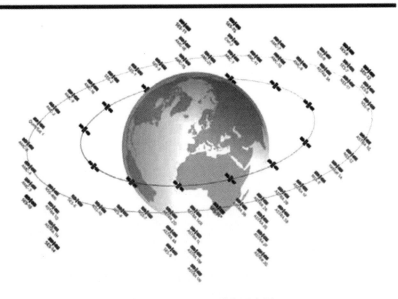

图7.2 SES 和 O3b 联合星座图

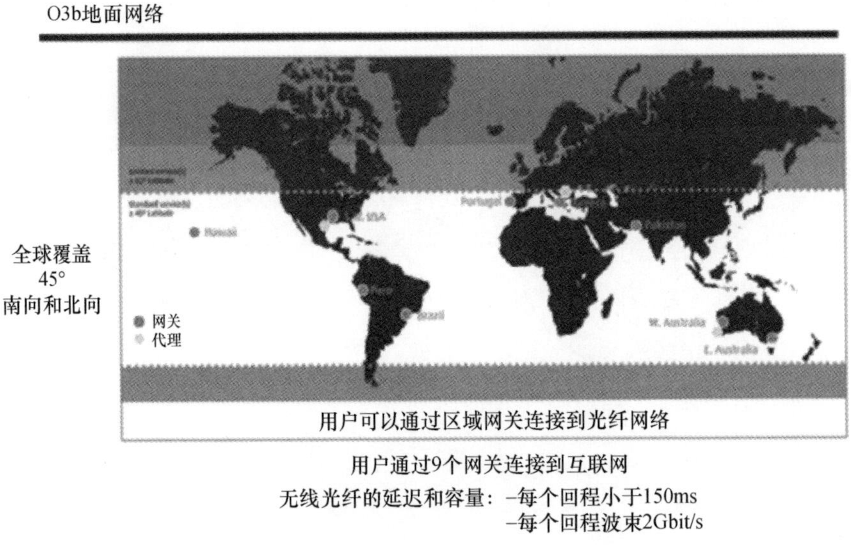

图7.3 O3b 地面站、网关和覆盖图

7.9 OneWeb 共存

MEO 与 GSO 共存问题的讨论只是目前围绕 NEWLEO 星座干扰计算所开展讨论的预热，OneWeb 是该问题的典型代表。首先，将讨论 Oneweb 的网络拓扑结构。更多细节可从 FCC 网站[4]获得。

7.9.1 OneWeb 地面站

OneWeb 计划建设 50 个网关地面站，其中至少有 4 个部署在美国，包括夏威夷和阿拉斯加。网关地面站还将发送和接收用于卫星有效载荷控制和网关链路功率控制的控制信号。全球高纬度地区的部分网关站点将提供遥测跟踪和控制。至少有两个独立的卫星控制中心，可能会部署于美国的弗吉尼亚州或者英国，网络运营由英国、佛罗里达州的墨尔本管理。往返于美国网关地面站之间的有效载荷控制信息，将在略低于 19.3GHz（下行链路）和略高于 27.5GHz（上行链路）的频带边缘进行传输。

7.9.2 OneWeb 渐进俯仰

每一颗 OneWeb 卫星将有 16 个名义上相同的用户波束，工作在 Ku 频段，每个波束由一个不可转动的高椭圆点波束组成。也有两个相同的可驱动网关波束天线，工作在 Ka 频段。每一个天线都能产生独立可控的圆形点波束。第二个波束跟踪下一个网关地面站从而完成交接。

虽然 Ku 频段的用户波束不可转动，Ku 频段的覆盖区可以在纬度方向上进行上下移动。每个卫星的姿态控制系统调整卫星的指向，使得波束方向图可以向俯仰方向移动（从北到南），所以有了渐进俯仰这个术语。每个波束的输出功率也可以控制和调整，以满足 EIRP 和通量密度的特定监管要求。

卫星在其轨道上的移动意味着用户将在 Oneweb 卫星上逐渐从一个波束切换到另一个波束，然后，被移交到同一轨道平面或相邻轨道面上的下一颗卫星的波束上。

每个用户波束支持到多个用户终端的服务。正向传输（从网关到用户）时，在单个 250MHz 信道中有一个 TDM 传输方案。波束中的每个用户终端接收和解调整个载波，并且仅提取由数据报头（以及潜在 TDM 传输中的位置）确定的数据。在返回方向上（用户到网关），可采用调制到相对窄带载波（1.25～20MHz 宽）的单载波 TDMA/FDMA 传输方案。

基于720颗卫星,地球表面的每一点都将看到一颗OneWeb卫星,其高度不低于55°,且最小高度随纬度增加。

7.9.3 OneWeb干扰模型

FCC和ITU文件详细记录了FCC的功率通量密度PFD要求和关联计算允许的等效辐射功率ERIP。适用于NGSO系统10.7~11.7GHz频段的ITU PFD限制值可在ITU无线电规则的表21.5找到,它与FCC的PFD限制值实际上是相同的。OneWeb记录了他们计算Ku频段、K频段和Ka频段所有到达和离开角度的最大EIRP密度的方法,其中考虑了从卫星到地球表面的传播损耗(照射的椭圆区域上信号强度的变化)。OneWeb回顾了他们证明符合FCC、ITU的EIRP和PFD限制的方法(这些限制是为最大限度减少对GSO系统干扰而建立的)以及计算GSO卫星对OneWeb网络干扰的方法,包括功率控制等其他机制,这些机制用于在不同的仰角下提供恒定的通量密度。请注意,较低的仰角会吸收更多的射频功率,因此会降低星座的容量,进而降低星座的技术和商业效率。这些技术细节以及这些技术细节背后的干扰和共存假设决定了业务模型的经济可行性。

渐进俯仰,也被OneWeb称为俯仰偏差,随着卫星穿过中纬度地区到低纬度地区逐渐发生。当卫星经过赤道时,它们会暂时关闭射频电源,然后将俯仰调整到相反的方向。俯仰调整由反作用轮控制。

OneWeb记录了证明其符合Ka频段GSO网络所需的保护率的方法。注意,OneWeb卫星上的网关天线是分数波束宽度(小于半功率带宽的一半),以尽量减少所需网关站点的数量。其产生的增益通常在传输路径上为55dBi,在接收路径上为51.5dBi。

OneWeb需要证明,其网关站点的选址以及对可能范围内能够与每个站点进行通信的卫星数量进行限制,可以把OneWeb网关对GSO Ka频段的干扰降低到可接受的水平。OneWeb提议在无干扰、无保护的基础上运行其用户终端地面站,这意味着接收地面站将不会从频带内的固定业务中寻求干扰保护。

在旧的FCC频段划分中,12.2~12.7GHz频段内也有固定的服务连接。这些服务现在不受保护,这意味着不会进行新的分配,但OneWeb仍然需要证明这些服务的保护比率得到了满足。

7.9.4 OneWeb与GSO系统共存

当前提出的文件解决了与多通道视频和数据分发服务(MVDDS)共存的问

题,并提出了基于12.2~12.7GHz频段(低于1000MHz的空白阴影)的各系统发射机和接收机的数据库共享机制。Dish Networks通过这些频段传输电视信号,并在美国对 MVDDS 频谱访问权进行严格的保护。

文件还提到了17.8~18.3GHz频段地面网络的抗干扰问题。该频段被OneWeb用于太空到地球方向上的数量相对较少的地面站。类似的程序适用于27.5~28.35GHz频段的地面网络。本地多点分发系统(LMDS)可以在最初的基础上接入该频谱,并由FCC按地理区域授权。因此,OneWeb网关的位置需要与所有 LMDS 本地运营商进行协调。OneWeb 作为该频段的二级用户不得不接受来自主要用户的干扰。

OneWeb还需要与NASA协调,以确保可以保护工作在14.0~14.2GHz频段的"跟踪和数据中继卫星系统"(TDRSS)、在10.6~10.7GHz频段提供无线电天文服务的太空天文台以及在 Ka 频段的美国政府卫星网络(GSO 和 NGSO)。

注意,所有这些共存计算都需要考虑被干扰接收机从所有可见的OneWeb卫星和地面站接收到的带有 EIRP 掩蔽的附加功率,这是调制和流量模式最恶劣情况的特征。这里的最恶劣情况定义为在每平方公里的给定单元内,以重叠频率从相关地面站同时发送和接收来自 NGSO 卫星的最大数量。计算需要包括所需的最小 GSO 避碰角。

OneWeb 卫星到 GSO 的干扰也需要考虑路径长度。

在 Oneweb 的 Ku 频段、K 频段和 Ka 频段中证明现有用户符合共存条件(保护率)是复杂的,并且会受到法律质疑。这还只是一个市场(美国),一个文件(FCC),一个星座,真正实现起来需要在世界其他地方的每一个市场重复操作。

具体而言,通过角功率保护实现的缓解特征有待于技术解释,而且很可能会被现有运营商用来捍卫他们的频谱接入权和市场地位。注意,NEWLEO 卫星星座(成百上千颗卫星)比 O3b MEO 网络[5]拥有更多的卫星数量,比任何 GSO 运营商(Intelsat 有 40 个轨道位置)都拥有更多的卫星。

Dish Networks 也有一项正在申请的渐进俯仰专利,就像其他有建立 NEW-LEO 星座野心的公司一样。

7.10 角功率分离和有源电控天线阵列

在第6章中,我们介绍了 AES 阵列及其无源等效电路。由于几个原因,当AES 阵列作为具有渐进俯仰的 NEWLEO 星座的一个组成部分时,就特别引人注目。

AES 阵列可以进行水平扫描,以评估所需和不需要的信号能量的到达角,并使用该信息来消除不需要的能量,并为从特定仰角和空间区域接收的有用能量提供增益。如果这些数据可以被捕获和合并,它将提供一张描绘了正在服务中的网络和正在共享该频段或者处于临近频段的其他网络的近实时的图像。

在发射端,根据到达角可以计算出最佳的偏离角,从而最大限度地减少上行链路功耗和对天基系统的干扰。AES 天线可以在 VHF 到 Q 频段的任何频段上执行这些功能,但是在实践中由于尺寸的限制使得更高频段和更短波长仍为首选。

由于成本的原因,AES 天线不会普及。几乎没有电视用户会想用十倍价格的平面阵列来取代他们的低成本 Ku 频段卫星天线。有源阵列对大的温度梯度也很敏感,如在汽车或卡车的车顶上,因此对于某些应用来说可能不是最佳选择。

这意味着 NEWLEO 星座需要证明它们不会对碟形天线或无源平面天线造成干扰。

7.11 干扰计算和其他争论

干扰计算的问题在于如何对干扰的计算模型达成一致,尤其是在高计数 NEWLEO 星座情况下,没有广泛的经验测量值可以用来验证和微调传播模型、信道模型和基于统计的干扰建模时。

对于通信行业来说,这并不是一个新问题。电视行业花了 10 年时间来质疑用于计算 800MHz(第一个数字红利)、700MHz(第二个数字红利)和 600MHz(第三个数字红利)频段的地面 LTE 对电视干扰的假设和建模方法。

默认情况下,移动宽带运营商群体应该接受一组最坏情况下的干扰条件,但其结果将体现在保护率上,导致正在被拍卖中的大部分频谱要么无法使用、要么要做出重大妥协。讨论还必须涵盖二阶效应,如 LTE 信号对电视接收机自动增益控制的影响。最终,常识占了上风,一大笔钱易手了,从此每个人或多或少都过上了幸福的生活。

可以预期,在 GSO 运营商和 NEWLEO 运营商之间也会有同样的调整,但在实践中,在缺少经验数据的情况下,对干扰进行建模的时候,隐含其中的已知变量和未知变量,会带来令人不安的不确定性并给辩论和诉讼留下了空间。

7.12 亚洲广播卫星案例研究

亚洲广播卫星公司(ABS)[7]基于2015年一个有线和卫星广播活动[8]所做的案例研究[6]就说明了这一点。该案例研究特别关注了 Ku 频段的 OneWeb 卫星对电视干扰的问题。

ITU《无线电条例》第22条参考了 NGSO(NEWLEO)星座允许的等效功率通量密度的定义,考虑到通量密度(不需要的信号能量)可能是从地平线一边到另一边可见的所有或部分 NEWLEO 卫星的组合。该研究称,遵守这一限制并不能保证卫星电视接收不受影响,并计算了在第22条 EPFD 限制的条件下 OneWeb 星座的等效各向同性辐射功率。然后,该研究根据受损天线的可视锥和卫星的通过率来计算中断时间。使事情复杂化的是,计算必须针对多个卫星。基于上述假设,该研究提出了一种干扰模型。模型的输出结果表明,渐进俯仰在低海拔和低仰角时,没有提供足够的保护。

不言而喻,OneWeb 和任何其他 NEWLEO 实体将使用不同的假设,并最终得到完全不同的结果,但我们试图说明的一点是,实际上这是一个要比 NEWLEO 对电视干扰这种简单案例研究复杂得多的多维建模,因为这需要了解多个 LEO 星座,它们都有不同的轨道、卫星数量、射频功率,其抗干扰技术同频段或频谱相邻的 GSO 和 MEO 相互作用,后者在无限多的倾角范围内提供角功率,并在各种传播条件下映射出无限多的视距和非视距路径,其中地面反射、散射以及表面吸收组件等都需要考虑到模型中。然后必须对 K 频段和 Ka 频段馈线链路进行重复计算,以评估带内和相邻频段地面 5G 的干扰水平。

7.13 答案:包含 5G 的混合星座

对于这个建模问题,唯一合理的答案是消除引发争论的根源,这只有在同一实体拥有并管理 GSO 星座、MEO 星座和 LEO 星座,最好还有 5G 地面资源的情况下才能做到。(卫星电视广播也可以加入其中。)

这将要求对现有的竞争政策和监管政策进行重大改革,也将为全球物联网连接提供独一无二的强大的用户体验和平台。

然而,有必要权衡一下这种方法将带来的用户体验收益和经济收益。让我们把一个混合星座想象成一个高计数 LEO 星座、中等数量卫星的 MEO 星座和至少4颗卫星的 GSO 星座的组合。四颗 GSO 卫星提供了东西向的全面覆盖,但理论上可以扩展到180颗卫星,假设在每个可用的GSO轨道位置都有一颗卫星。轨道位置越多越好,更宜于直接指向赤道上方(而不是西方或东方地平线上的GSO)。LEO和MEO提供由北至南的直接过顶覆盖。混合星座在星座内部以及星座之间进行切换,这可以减少馈线链路所需的地面站的数量。请注意,地面站可以作为非常大的有源平面天线,它可以服务于从地平线一边到另一边的任何卫星,尽管最有效的路径总是直接向上。

这也适用于所有支持用户和物联网设备的直接到地面和直接到太空的连接,这些连接总是优先选择直接向上和向下的连接。

这意味着运动中的地面站(ESIMS)和固定地面站可以装备低成本的无源平面VSAT,通过狭窄的视锥向上看,在较低的仰角上排除所有不需要的能量。

在赤道上,无源平板VSAT向上看,会看到一个一直位于其上空的GSO和一系列的LEO和MEO卫星飞过头顶。需要制定一项协议来管理如何在这么多颗卫星之间进行多路传输,但这与从多个地面基站传输数据没有什么本质不同。高纬度地区的用户和设备可以直接看到头顶上的高计数LEO和MEO。

如第6章所述,超材料和电子带隙衬底的结合意味着可以构造从VHF到E频段具有潜在有效谐振的天线。这意味着星座可以从1MHz开始,由VHF频段1MHz通带和带宽,到UHF(5G第31频段)频段5MHz通带和5MHz带宽,再到10MHz和20MHz的带宽,直到3.8GHz(包括3.4~3.8GHz的5G通带)的更宽的带宽,然后通过扩展C频段上升到Ku频段、K频段和Ka频段(12GHz、18GHz和28GHz的3.5GHz通带、250MHz带宽),然后到V频段(40Hz和50GHz),再到E频段(77GHz的汽车雷达两侧的5GHz通带中的1GHz通道)。

请注意,这里假设LEO、MEO和GSO星座共享从450MHz~3.8GHz的5G重构频带,而5G和5G带内回传共享卫星核心频带,包括扩展C频段、K频段、V频段和E频段。

卫星的大小可以从几千克(CubeSat)到60000kg(下一代SpaceX火箭到LEO可携带的最大单载荷)。每颗卫星的射频功率可以从几毫瓦(LEO CubeSat)到GSO的50kW。星座的数量可以从180个GSO轨道槽扩展到数十万个CubeSat。

我们在第9章中提到了为澳大利亚内陆地区提供服务的Myriota CubeSat[9],它们使用低于1GHz的许可频谱,上行链路功率预算为33mW,每90min飞越一次,但也可能使用亚吉赫的工业、科学和医疗(ISM)频段。

卫星和地面频谱资源的这种结合将产生若干理想的结果,将有足够的源自太空的流量密度和容量来支持智能手机和可穿戴设备。我们认为腕带上的GPS是理所当然的,所以这是一个适度的额外步骤(尽管需要上行链路),但它有助

第 7 章 星座创新

于地面移动运营商提供真正的全球覆盖。同样,它使卫星运营商有能力成为消费者大众市场价值链的一部分。对移动运营商和卫星运营商的"税息折旧及摊销前利润"(EBITDA)和企业价值的积极影响将是巨大的。

7.14 早期的先上后下星座示例:哈勃望远镜和国际空间站

如上所述,在一个先上后下的星座中,LEO 或者 MEO 上行连接到 MSO,MSO 随后将业务下行连接到 MSO 基站,反向链路沿着相同的路线。这种方式增加了链路延迟,但减少了支持 MEO 和 LEO 星座所需的地面站数量。这实际上是卫星间交换的一种扩展,在处理流量的方式上提供了更大的灵活性。

这一原则并不新鲜。与哈勃望远镜(1993 年发射到距地 600km 的 LEO 上)和国际空间站(1998 年发射到距地 400km 的 LEO 上)之间的通信,在返回地球之前,将先上行到 GSO 网络。近地网络是 NASA 的跟踪和数据中继服务的一部分,该服务始于 20 世纪 70 年代初。

7.15 TDRS 保护率

顺便说一句,像 OneWeb 这样的新兴 LEO 将需要与 NASA 开展协调,以确保在 14.0~14.2GHz 频段的 TDRSS(跟踪和数据中继卫星系统)、运行在 10.6~10.7GHz 频段进行射电天文服务的空间观测站、以及美国政府 Ka 频段的 GSO 和 NGSO 卫星网络,都得到保护。这些机构通常不会对必须管理新的干扰来源感兴趣,也不会因为同意而获益。

7.16 地面天线创新(无源和有源平面 VSAT)成为推动因素

在这一点上,值得重申地面天线创新作为 5G 和 LEO、MEO 和 GSO 频谱共享推动者的重要性。无源和有源平面 VSAT 消除了对渐进俯仰、切换和功率控制的需要。在太空中的活动变得更简单,所有那些关于干扰的烦人的争论都消失了。另一种直上直下的选择是使用具有狭窄、固定的可视锥的天线,可以直接向上直达 LEO、MEO 或 GSO 卫星,或有源波束可控阵列,可以从地平线一边扫描到另一个边,以提供最佳的 LEO、MEO 和 GSO 连接,从而提供所有需要的机制来实现高效节能的全球频谱覆盖。这些天线可以集成到液晶电视显示屏或太阳能电池板,以降低成本和允许交叉功能。例如,客厅的电视屏幕也可以作为 LTE

和 5G 阵列天线,屋顶和车顶上的太阳能板可以收集光子和电子,支持射频上行链路直接连接 LEO、MEO 和 GSO 卫星。

如果一个实体拥有或能够访问所有三种传输方式(也可以是 5 种传输方式,如果把 5G 和 5G 带内回传包括在内),这在商业上更容易实现。这种方法依赖于有争议的概念,即卫星行业与 5G 地面端共享 12 GHz、18 GHz、28 GHz 的 V 频段和 E 频段的带内回传频谱,而移动宽带行业与卫星行业共享的频谱在 450 MHz～3.8 GHz 之间,两个行业达成了共享扩展 C 频段的友好协议。双方的共同收获是,在智能手机显示器和可穿戴设备中嵌入 16 和 32 阵元的有源阵列,以及在更大尺寸设备中嵌入更多元阵列(256、512、1024),以用于非常高吞吐量的固定和移动应用,以及一种完全不同但最终可持续的 5G 商业模式。

7.17　GSO HTS 和 VHTS 星座创新

与此同时,GSO 星座创新也在不断前进。GSO 星座创新是由多种因素驱动的。随着发射技术的改进,更大、更重的卫星可以被发射到 GSO,这意味着可用射频功率增加了。例如,典型的 BIGSAT(指非常大的卫星)现在大约有 6000 kg 重,而火箭通常能够运载 10000 kg 的有效载荷。如上所述,新一代火箭能够将 60000 多公斤的重量送入太空。这些卫星拥有越来越复杂的点波束天线,可以将射频功率集中在离散的地理区域以及这些区域内的单个用户和物联网设备上,并动态响应需求的变化。点波束与地面站进行通信,地面站可以是固定的,也可以是移动的,其天线可以主动地将需要的能量与不需要的能量区分开来。这增加了吞吐量,提高了整个系统的功率效率、频谱效率和成本效率。从长远来看,碟形天线将被平板有源阵列取代,提供更高分辨率的地面覆盖区,特别是在更高的 V 频段和 E 频段。

在过去的 10 年里,技术的进步使得新一代高通量卫星(>1 Gbps 的吞吐量)的出现成为可能,在未来 10 年里,有望使得下一代甚高吞吐量卫星的引入成为可能(吞吐量 >10 Gbps)。光纤、电缆、铜和地面蜂窝网络的吞吐量也在同步增长。在下一节中,将看到这些进展将如何改变 GSO 星座在技术和商业上与电信行业其他部分的互动方式。

首先,我们需要区分参与 GSO 市场的不同商业实体,明确区分全球卫星提供商、区域提供商和国家级卫星。

7.18 全球 GSO 组织

全球 GSO 组织是指拥有并管理着 4～40 颗 GSO 卫星的实体(图7.4)。最少有 4 颗卫星就可以提供全球覆盖,但更多的星座将对从西向东更高的海拔提供更好的覆盖。

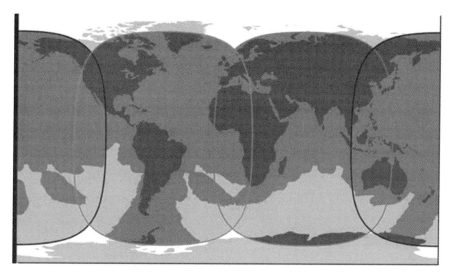

图 7.4　四颗 GSO 卫星覆盖全球(图片由 Inmarsat 提供)

请注意,虽然 Inmarsat 最初专注于海上覆盖(因此得名),但它现在大力发展地面市场,并提供了 30 多年的地面服务。像 Intelsat 等传统上专注于地面市场的公司现在也开始涉足海上市场。

1969 年的登月照片是通过 Intelsat 的 GSO 卫星发送到世界各地的。Intelsat 于 2001 年私有化,比 Inmarsat 晚了两年。与此同时,互联网泡沫破裂,电信产业崩溃(北电面临破产),全球光纤供过于求。2006 年,Inmarsat 收购了美国泛美卫星公司(Pan Am SAT),成为世界上最大的固定卫星通信服务供应商,它拥有 C 频段、Ku 频段和 Ka 频段星座资产。

Intelsat 为 Inmarsat 提供了一个 Ku 频段星座的替代方案,并于 2016 年 1 月通过欧洲阿丽亚娜 5 号重型运载火箭发射了新一代 6 颗卫星星座中的第一颗。新卫星重量超过 6500kg,定位于覆盖加勒比海和北大西洋的航线(以及陆地)。这些卫星由波音公司制造。

7.19 其他全球 GSO 组织

其他全球 GSO 组织包括欧洲通信卫星公司(Eutelsat)和美国卫讯公司(Viasat)。Eutelsat,现在也被称为欧洲 Ka 频段通信卫星公司(Eutelsat Ka SAT),成立于 1977 年,主要为管理第一批欧洲卫星(发射于 1983 年)而成立。柏林墙倒塌后,Eutelsat 扩大到东欧。它在 2001 年 7 月被私有化,并在 2005 年进行了首次公开募股。电视仍然是 Eutelsat 收入的重要组成部分,通过 Hot Bird 卫星向中东、土耳其和非洲广播。2014 年 1 月,Eutelsat 收购了墨西哥卫星(SATMEX),这实际上意味着该公司覆盖了欧洲、非洲、中东、亚洲和美洲。EUTELSAT 7C 电推进卫星计划于 2018 年第三季度发射。该卫星将有 44 个 Ku 频段转发器,定位在东经 7°线位置,为土耳其和撒哈拉以南非洲地区服务,使收发器数量增加一倍,从 22 个增加到 42 个。这意味着 Eutelsat 将提供 40 多颗卫星的通信能力。这代表了大部分可用的 GSO 轨道位置(甚至包括共位)[10]。Viasat 扩大了其覆盖范围,实现了全球覆盖。

7.20 区域卫星

IP Star 是第一个区域高通量卫星(2005 年发射)。其他区域卫星系统包括 Arabsat、Hispasat 和 Hylas(Avanti)。

7.21 国家级卫星

主要包括加拿大 Telesat,澳大利亚(澳大利亚国家宽带网络的一部分)、新加坡、巴西、印度、印度尼西亚、中国、伊朗和以色列的国家级网络星座。

7.22 甚高吞吐量星座

在 2019 年世界无线电大会上,32GHz 频段(31.8~33.4GHz)、Q 频段和 V 频段(37~52GHz)的高吞吐量星座被提议作为新频谱分配的基础。2019 年世界无线电大会议程项目 9.1.9 对此作了说明。

SpaceX、OneWeb、Telesat、O3b Networks 和 Theia Holdings 都向 FCC 提交了非

第 7 章　星座创新

地球同步轨道 V 频段卫星的申请,以便在美国和其他地方提供通信服务。

波音公司提交的方案是利用 1396~2956 颗 LEO 卫星组网,卫星到地面终端的下行链路使用 37.5~42.5GHz 的 V 频段,上行链路使用 47.2~50.2GHz 和 50.4~52.4GHz 频段。

SpaceX 提议建立一个由 7518 颗卫星组成的 V 频段 LEO 星座,以取代最初提出的 4425 颗 Ka 频段和 Ku 频段卫星。总部位于加拿大的 Telesat 称其 V 频段 LEO 星座将紧跟 Ka 频段 LEO 星座的设计,使用 117 颗卫星(不包括备份星)作为第二代覆盖星座。

Theia 请求 FCC 允许它的地面网关使用 V 频段的频率,而这些网关原本只能使用 Ka 频段。

OneWeb 希望在轨道高度 1200km 处部署一个由 720 颗 V 频段低轨卫星组成的子星座,以及一个由 1280 颗卫星组成的中轨星座,从而将 OneWeb 星座扩大到 2000 颗卫星。流量将根据服务需求和覆盖区域内的数据流量在低轨与中轨 V 频段星座之间动态分配。

继 Viasat 公司在 11 月为 24 颗 MEO 卫星星座增加 3 颗 Viasat 卫星之后,OneWeb 推出了 MEO 的应用,该公司的三颗每秒可达百万兆比特吞吐量的卫星目前正在运行中。Viasat 将其使用 V 频段与 MEO Ka 频段的两项请求捆绑在一起。O3b 公司想要获得 V 频段的市场准入以再增加 24 颗卫星,这些卫星将作为一个名为 O3bN 的星座在赤道圆形轨道上运行。

7.23　自主 CubeSat 卫星

我们之前提到过 CubeSat 卫星,但有必要简要回顾一下该领域中一些活跃的参与者。GSO 卫星倾向于通过经度来扩大覆盖范围,而 CubeSat 卫星则通过纬度来扩大覆盖范围。图 7.5 显示了拟议的 SAS 公司(Sky and Space)CubeSat 星座(200 颗卫星,每颗重 10kg)最初的赤道覆盖范围。

所提出的 SAS 星座具有星载轨道控制和自主网络管理的能力,使空间段独立于地面控制。星座计划使用四路星间链路(上行、下行、边对边),链路提供实时三维星间距离估计,为自动、自主位置保持提供依据。图 7.6 说明了卫星的大小和形状,以及它们可以相互叠加的方式。

173

SAS全赤道星座

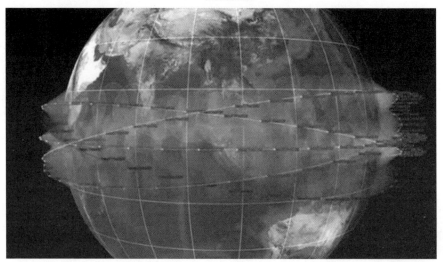

图 7.5　SAS 公司的自主卫星星座（来自 SAS）

图 7.6　SAS 公司的全球立方体卫星

7.24 空间遥感星座:四处张望的方形卫星

本书的重点是介绍通信卫星,但在成像和遥感卫星[11]的使用方面也有类似的增长。行星实验室的 Rapid Eye 星座[12]就是一个例子。在630km 高的太阳同步轨道上,5颗 $1m^3$、各重150kg 的卫星每天收集跨越 $6×10^6 m^2$ 区域的从440nm(蓝色)到近红外(760~850nm)的频谱信息。该系统用于非法砍伐森林以及农业、能源和基础设施的监控。

7.25 全球导航卫星系统(GNSS)

与空间遥感一样,我们不打算详细地讨论定位和导航卫星,只是陈述一些显而易见的事实。GPS 卫星运行于高度20200km 的 MEO 轨道,每颗卫星每天绕地球两圈[13]。

还有欧洲的伽利略(Galileo)和中国的北斗(Beidou),以及印度区域导航卫星系统(IRNSS)。

定位和导航也可以利用其他 MEO 星座(O3b)和 LEO 星座完成,这得益于它们强大的多普勒特征(相对于 GPS)和高通量密度。Iridium 下一代星座提供的服务包括定位、授时和认证,以增强 GPS 技术的关键应用。

7.26 准天顶星座

增强 GPS 也可以通过日本的"准天顶"星座("准天顶"是用来描述与地球静止轨道完全不同的地球同步轨道的术语)获得,最初是由三颗地球同步轨道卫星和一颗地球静止轨道卫星 Mitchibiki 获得,它们也像 GPS 和其他 GNSS 系统[14]一样广播 L1 至 L6 信号。

请注意,与地球静止轨道不同,地球同步轨道意味着这颗卫星在日本上空以8字形运行。

7.27 轨道碎片

雷达跟踪到有超过50万的碎片或太空垃圾在绕地球运行。这些碎片的速度可达 17500mile/h,速度之快以至于一个很小的碎片就能损坏卫星或宇宙飞船。轨道碎片数量的增多增加了所有空间飞行器的潜在危险。这些碎片包括停止工作的宇宙飞船(Sputnik 号仍在轨道上)、废弃的运载火箭、与任务相关的碎片和破碎的残骸。如果肼推进剂在卫星寿命结束时没有排出,则旧卫星可能会产生大量碎片场;最终(经过与碎片的碰撞或反复的热循环),燃料箱发生爆炸。

另外还有数以百万计的碎片小到无法被追踪,即使是很小的油漆微粒也会在如此高的速度下损坏航天器(例如因为油漆微粒的撞击造成了损坏,导致航天飞机的窗户被更换掉)。

在 GSO 和 MEO 轨道上碎片相对较少,但在 LEO 轨道上碎片较多。两个大事件大大增加了 LEO 轨道碎片的数量。

2009 年 2 月 10 日,一颗报废的俄罗斯卫星撞毁一颗美国商业 Iridium 卫星,这次碰撞给太空垃圾增加了 2000 多块可追踪的碎片。

中国 2007 年使用导弹打掉了一颗老旧的气象卫星,增加了 3000 多枚碎片。

国际空间站要定期调整轨道以避免与更大的物体发生碰撞。

地球静止轨道卫星之间的距离仅为 75km,但与碎片相关的故障很少见(每十年一次)。旧的航天器停在更高的轨道上,以避免潜在的碰撞(并允许它们的轨道位置被重复利用)。

随着 LEO 卫星部署的增加,在 LEO 轨道上发生碰撞的风险将明显增加,碎片管理将成为 NEWLEO 运营商的一项重大潜在成本开销。

目前已经提出了一些指导方针,以确保卫星在寿命末期可以进行燃料排放(钝化),或者以受控的方式脱离轨道(理想情况下,LEO 卫星可以在大气层中燃烧,但对于较大的卫星来说,这未必可行),或者将其放置在安全的轨道上。大多数发射卫星的国家(包括英国)现在都签署了这些协议,中国尚未签署。

一些组织提出了积极减少太空碎片数量的倡议,欧洲航天局在这方面也很积极。这与几十年来在海上倾倒塑料的问题很相似。这是一个积累性的问题,需要所有相关方帮助清理才能解决,而这是不太可能发生的。

7.28 亚太空高空平台

高空平台运行于地面网络和太空网络之间,并且可以共享相同的频谱,它们肯定是我们描述过的系统干扰的一部分。

这一区域中有一部分是重于空气平台(HTA),包括由 Facebook[15] 开发的天鹰座无人机,其飞行高度在 60000~90000feet 之间。

这架飞机的翼展比波音 737 要宽得多,目的是在直径 60mile/半径 30mile 的单元内提供 Wi-Fi 连接。它依靠太阳能和电池运行,需要大约 5kW 的功率来维持它在天空中向下提供射频功率。由于着陆和起飞是一项艰巨的工作,而且对一个本质上脆弱的机器来说很危险,所以计划一次保持在空飞行 90 天,如果可能的话会更长。它以每小时 80mile/h 的稳定速度环绕飞行。

7.29 浮空平台

浮空平台包括 R101[16]和齐柏林(Zeppelin)飞艇[17]的升级版,也包括由铁娘子乐队主唱布鲁斯·迪金森[18]资助的 Airlander 等。

洛克希德公司也有一个类似的项目[19],尽管没有重金资助。

这些是用来缓慢地将人和物资运送到偏远地区的多用途平台。它们属于大型慢速移动物体(IoLSMO)互联网的范畴,因此很有可能成为整体集成通信平台的一部分,尽管天气可能是个大问题。

可以说,最引人注目的实验是谷歌 Loon 项目下的气球实验。与天鹰座无人机一样,它们的设计飞行高度在 60000ft 左右。

高空平台系统可能是一种提供临时覆盖或额外通信容量的有效方法。高度在 8~50km 之间的高空平台系统准静态稳定平台可以为直径 200km 的区域提供服务,但区域边缘的仰角将达到 10°,地面建筑和树叶可能造成的阻挡是不能接受的。

7.30 小结

将所有的 FCC 文件中申请的卫星加在一起,总共产生了超过 10000 颗的 NEWLEO 卫星,计划发射到一系列令人眼花缭乱的卫星轨道,卫星重量从几千克到 1000kg 不等。总体目标是复制现有的 GSO 运营商在 Ku 频段、K 频段和 Ka 频段提供的高通量服务,并在 V 频段和 W 频段提供高通量服务。高纬度地区的覆盖也将比 GSO 更好。

这一性能的提升是通过使用与 GSO 运营商相同的频谱,通常为 3.5GHz + 3.5GHz 的 Ka 频段通带,也可能为 5GHz + 5GHz 的 V 频段和 W 频段(E 频段)通带,并结合高计数星座来实现,每个星座支持数百或数千颗卫星。

这似乎是一个惊人的前景,成千上万的卫星,在数目上与数以百万计的 LTE 基站相比依然还是很小的(华为声称每年发送超过 100 万个 LTE 基站)。

有趣的是,这在技术上是可行的,至少有一些星座在经济上可行。部署的主要障碍不是技术上的,而是监管上的,并且主要是围绕减少干扰和保护率这一棘手问题。

干扰管理有技术解决方案,但它们都需要相应的成本。高 GSO 保护率意味着 NEWLEO 卫星将需要降低输出功率,以非最佳的仰角提供下行链路,并需要穿越较长的大气层路径。这将降低吞吐量和容量,并引入额外的延迟,所有这些都将降低 NEWLEO 星座的可行性。

最终,这可能只能通过创建拥有或能够访问所有星座选项(包括 LEO、MEO、GSO 和集成 2.4GHz 和 5GHz Wi-Fi 的 5G 地面网络)的集团实体来解决,但这需要在所有可访问的地理和垂直市场上对竞争政策进行实质性的改变。

更彻底的是,基于超材料和电子带隙衬底的新一代天线技术产生了一类新的天线,我们称之为平面 VSAT(尽管它们也可以是共形的)。平面 VSAT 可以分为有源阵列和无源阵列。无源阵列通过一个狭窄视锥直接向上看。有源阵列可以通过全向扫描以提供最佳的连接访问。该天线具有从 VHF 到 E 频段的波长共振特性。

平面 VSAT 消除了渐进俯仰和功率控制的需要(赤道上可能仍需要切换或选择卫星),但是本质上平面 VSAT 通过解决空间和地面站的干扰问题,消除了 NEWLEO 星座与传统 MEO 和 GSO 运营商之间的矛盾焦点。

平面 VSAT 还为 5G 社区提供了与卫星运营商共享 5G 亚 3.8GHz 频谱的机会,并使卫星运营商能够与 5G 共享 K 频段、V 频段和 E 频段(12、18、28、40、50GHz 及 77GHz 的汽车雷达频段)的频谱。

这将提高频谱和能量效率,但也会改变这两个行业的交付经济。亚空间选项的出现,如 Facebook 无人驾驶飞机项目和谷歌 Loon 项目,表明 GAFA 巨头(谷歌、苹果、Facebook 和亚马逊)对投资非传统连接平台感兴趣。与此同时,它们对启动技术投资的兴趣也在不断增强(见第 6 章)。

GAFA 巨头和其他网络公司还有另外两个重要的优势:现金和客户。这为星座投资引入了额外的规模,这是接下来两章的重点。

参考文献

[1] http://www.unoosa.org/pdf/limited/c2/AC105_C2_2014_CRP15E.pdf.
[2] http://spacenews.com/three-orbcomm-og2-satellites-malfunctioning-fate-to-be-determined/.
[3] https://www.orbcomm.com/en/company-investors/news/2017/orbcomm-acquires-inthinc.

[4] https://www.fcc.gov/document/fcc-grants-oneweb-us-access-broadband-satellite-constellation.

[5] https://www.o3bnetworks.com/wp-content/uploads/2015/02/O3b-Technology-Overview-A4_10SEP14.pdf.

[6] http://spacenews.com/oneweb-gets-slide-decked-by-competitor-at-casbaa/.

[7] http://www.absatellite.com/company/corporate-overview/.

[8] http://www.casbaa.com/.

[9] http://myriota.com/.

[10] http://www.eutelsat.com/en/services/data/consumer-broadband/tooway.html.

[11] https://ineke.co.uk/2013/01/20/charlie-and-the-chocolate-factory-by-roald-dahl/.

[12] https://www.planet.com/products/satellite-imagery/rapid-eye-basic-product/.

[13] www.gps.gov/systems/gps/space/.

[14] http://qzss.go.jp/en/.

[15] https://www.facebook.com/notes/mark-zuckerberg/the-technology-behind-aquila/10153916136506634/.

[16] http://www.airshipsonline.com/airships/r101/Crash/R101_Crash.htm.

[17] http://www.airships.net/zeppelins/.

[18] https://www.hybridairvehicles.com/news-and-media/news/business-insider.

[19] https://www.lockheedmartin.com/us/products/HybridAirship.html.

第 8 章 生产和制造创新

8.1 航空制造：一个童话

上辈子,我卖点焊设备。位于金斯敦的 Hawker Siddeley 公司是我的一个客户。该公司雇用了 5000 名熟练的工匠为鹞式喷气飞机组装零件,其中有一小批工人穿着皮革围裙、拿着小锤子手工修补钛整流罩。

1963 年,英国首相 Harold Wilson 发表了著名的演讲,主题是"技术的白热化",他谈到英国将如何在技术和制造业创新中保持最前沿。Hawker Siddeley 工厂(图 8.1)被描述为白热化的科技热是最恰当不过的。

图 8.1　金斯敦的 Hawker Siddeley 总部,现在是一个豪华住宅区

40 年过去了,战斗机的设计和制造仍然基于材料和制造创新。图 8.2 是 BAE 公司位于澳大利亚的钛制造厂。

制造战斗机的公司通常也制造卫星。例如,Hawker Siddeley 公司于 1977 年被国有化成了英国航空航天公司,后在 1999 年变为 BAE 公司[1]。BAE 公司和洛克希德·马丁两家公司是造价 1.3 万亿美元的 F35 战斗机的联合承包商。

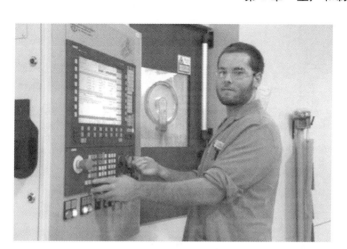

图 8.2　BAE 钛合金生产设备

8.2　卫星制造：相似的故事？

卫星制造业仍属于航天器工业吗？在某种程度上，是的。在过去的 60 年里，卫星行业一直在为那些无法通过其他方式通信或者难以通过地面网络通信的客户提供服务。该行业目前仍是小规模（包括卫星和终端）/高成本商业模式，与地面网络相比，设备和接入价格保持在一个相对较高的水平。

卫星行业一直是由高附加值的国防工业支撑的，目前，仍然是其利润的主要来源。这也意味着供应链不能提供低成本设备或低成本网络硬件、软件和系统支持。像洛克希德·马丁、波音、空中客车、Thales、休斯、诺斯罗普·格鲁曼这样的公司，其结构并不适合以消费者价格提供设备。

然而，这种情况在 20 年前开始改变，摩托罗拉开始通过水平集成移动生产线作为基础生产第一代 Iridium 卫星，这在当时算是很大规模的卫星（Iridium 星座包括 66 颗卫星和 6 个轨道备用卫星），到 1997 年这条生产线平均每 4.3 天就能生产出一颗卫星。摩托罗拉在手机和基站制造方面拥有丰富的经验，其中包括严格的 6σ 质量管理方法，该方法在生产线上非常有效。请注意，6σ 是一个明确的质量标准，旨在降低卫星和供应链的制造成本[2]。事实表明，Iridium 卫星的寿命是预期的 3 倍（21 年而不是预期的 7 年），这标志着卫星制造业的重大进步。这是在不增加洁净室环境成本或使用传统的太空用部件的情况下实现的。波音公司正在使用类似的生产线技术来生产替换现役 GPS 卫星的新一代 GPS 卫星，尽管数量较小。

5G与卫星通信融合之道——标准化与创新
5G and Satellite Spectrum, Standards, and Scale

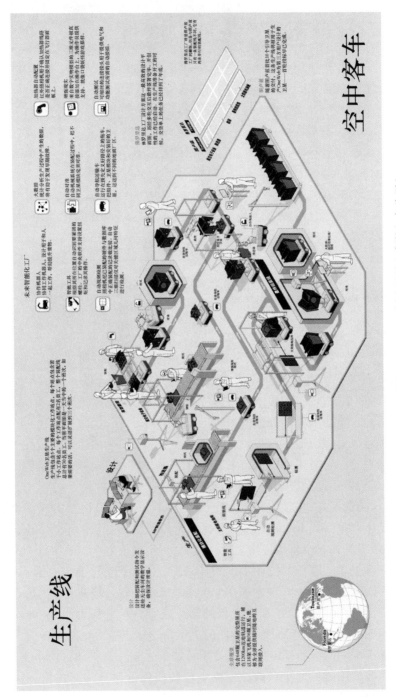

图8.3　OneWeb公司图卢兹和佛罗里达制造设施（感谢空客公司）

20年后,Iridium 在主要承包商 Thales 的管理下,在亚利桑那州吉尔伯特的 Orbital ATK 卫星制造工厂生产了他们的下一代 Iridium,总共生产了 81 颗卫星 (66+9 颗轨道备用+5 颗地面备用)。Orbital ATK 公司于 2017 年 10 月被 Northrop Grumman 公司收购。

Thales 还是 Globalstar 星座卫星替换计划的主要承包商。Globalstar 声称重新安置的扩建成本为 10 亿美元,仅仅是原始星座扩建成本(200 亿美元)的 20%。节省的成本部分可归因于较低的生产和制造成本。

OneWeb 公司表示,它需要每周在图卢兹和佛罗里达的工厂生产 15 颗卫星[3],这是 OneWeb 公司与空客公司的合资制造企业。

图 8.3 贯穿了这两个设施的组装阶段。每个工厂有 30 个工作站,每个工作站有两名员工。协作机器人(Collaborative robots,cobots)帮助完成本地起重任务。使用智能工具来识别所放置的螺栓和所需的拧紧扭矩,并自动进行光学检测以检查是否有任何组件未对准。

这些设备将每天轮班工作一次,以满足 648 颗卫星的初始制造需求,不过每天一班可以增加到三班,这将为 OneWeb 和空客公司提供足够的生产能力,也可以向第三方提供生产设施。

一般来说,卫星工业有一个传统的供应链,利润主要来自军事用途。这不是一个以商业价格点出发去生产设备和网络的供应链。OneWeb/空客公司就是想从这一点出发来改变这一现状。图 8.4 是生产好的卫星。

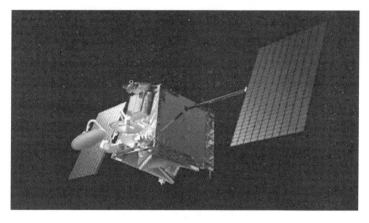

图 8.4　OneWeb 卫星

8.3 汽车工业是卫星制造创新的源泉

8.3.1 福特和马斯克

在先前所著书中,我提到福特先生低成本、高质量批量生产福特 T 型车的例子,通过严格管理生产误差并结合使用钒钢(更轻、更强)和从当地屠宰场复制的肉钩生产线来提高生产性能。

110 年后,马斯克几乎可以肯定地将在制造特斯拉汽车和电池方面学到的经验教训转移到他的 SpaceX 星座建设中。

8.3.2 5G 智能手机的生产创新:为什么规模对性能至关重要

在 4G 和 5G 用户设备和基站工厂中,类似的自动化生产线将布置这种最先进的取放机器。图 8.5 显示了一台松下机器,每小时可以放置 10 万个组件。从这个角度来看,上一次我参观一个(3G)生产工厂(圣地亚哥,2002 年)时,最快的取放机器每小时还仅仅可以管理 7000 个组件。而这台机器可以放置任何东西,从非常窄小的 0402(1005)mm 和 1005(0402)mm 的芯片,到 90×100mm 的芯片,到 18inch×20inch 的板子[4]。它通过高分辨率快速成像来实现这一功能。

图 8.5 松下取放机器

所以说,与汽车行业一样,卫星行业需要规模支持来保证制造技术的投入,提高组件性能,提升产品性能。

这对于高频有源和无源器件以及高性能静态敏感存储器产品尤其重要。胶带系统(Taping system)用于将器件以正确的方向、位置、顺序和状态(防潮和防静电)放置在传送带上,然后将其送入取放机器。

请注意,规模有效地提高了性能。15 年前诺基亚公司就有能力在几分钟内生产 GSM 手机,同样的诺基亚也利用其生产规模迫使其供应链提供更严格的射频组件。结果是射频组件性能逐年稳步提高。在 1992 年,所有供应商的 GSM 手机几乎都达不到 -102dBm 的灵敏度。到了 2002 年,诺基亚手机的接收灵敏度却可以达到 -109dBm。

现在,许多制造业的专业技术已经转移到中国,但仍然至关重要。

8.3.3　5G 供应链中的材料和制造创新

同样的原理也适用于供应链,尤其是射频组件供应链,特别是厘米波和毫米波的智能手机和物联网设备。

1982 年,工业界的一项重大挑战是生产 800MHz(美国)或 900MHz(欧洲)的符合消费者价位的移动电话。例如,标准的 FR4 印刷电路板材料很难满足要求[5]。在接下来的 35 年中,该行业不得不适应更高的频率,最初是 1800/1900MHz,然后是 2GHz、2.6GHz、3.4GHz。随着频率的增加,射频增益变得更加昂贵,噪声也变得更加棘手。切换和过滤射频信号也变得更加困难。一如既往,技术挑战变成了商业机遇。高频无线电和雷达系统已广泛用于军事无线电和雷达系统,并且使用了更多特别的材料,如砷化镓用于 RF 功率放大器和低损耗线性开关路径。这些材料需要制造技术的创新。例如,与硅相比,材料的额外成本意味着与良品率最大化(达到商定性能规格的良品与投入材料理论产出的百分比)息息相关。

Rockwell 半导体[6]等公司将这些材料创新和制造技术转化为专门为 3G 和 4G 智能手机提供射频组件的新公司。用圣经的话来说,Rockwell 半导体公司孕育了 Conexant 公司[7],而 Conexant 公司又缔造了 Skyworks 公司,后者如今是 4G 射频功率放大器的主要供应商。惠普半导体公司(成立于 1961 年)创立了安捷伦科技公司(1999 年),安捷伦科技又创办了安华高公司[8],该公司是声学滤波器和工业开关的主要供应商(最近收购了 Broadcom 的射频资产)。RF Micro Devices 和 TriQuint 变成了 Qorvo[9] 公司,Peregrine 半导体公司变成了 Murata 公司(4G 智能手机的 RF 开关产品和过滤器)。

值得注意的是,所有这些公司都是美国公司。它们还供应军用无线电和雷达市场,并且在汽车工业供应链中越来越重要。这些公司将5G,尤其是在厘米和毫米频段实现的5G产品,视为一个关键的目标市场。

8.3.4 火箭行业的材料和制造创新

在第4章中,我举了美国火箭实验室关于材料和制造创新的例子。他们在火箭外壳上使用了碳纤维复合材料,在火箭发动机中使用了3D打印(增材制造)技术。

火箭的特点是需要生产大型的密闭容器,可以在高压下充满易爆液体,而没有泄漏或结构破坏的风险。

过去很难使用传统的焊接技术做到这一点。以SpaceX公司的火箭为例,第一级推进剂罐壁由铝锂制成,并采用搅拌摩擦焊[10]进行焊接,这是TWI有限公司在1991年发明的一种技术,顾名思义,是通过摩擦和旋转过程进行焊接,旋转工具头位于两个夹板之间。摩擦热导致工具周围形成塑化区。旋转工具沿着接合线移动,形成坚固的固相接缝,避免了传统熔焊技术会产生的收缩、凝固、开裂和气孔(图8.6)。

图8.6 搅拌摩擦焊(感谢TWI有限公司Limited(前焊接研究所))

8.3.5 电池制造领域的投资

与此同时,马斯克也将注意力转向了电池制造(巧合的是,松下也是如此)。

此外,马斯克在纽约布法罗还有一家令人印象深刻的太阳能电池板工厂。

马斯克在汽车制造、太阳能电池板制造和电池制造领域的投资,为他提供了制造卫星所需的许多制造技能。这可能是对 SpaceX 公司在火箭发射技术和星座技术上投资的潜在补充。

8.3.6　汽车企业价值:马斯克是现代版的马可尼

据记录,福特每年生产 660 万辆汽车,每辆汽车均获利。福特的企业价值为 460 亿美元。特斯拉每年生产 12 万辆汽车,每辆汽车都亏损。特斯拉的企业价值为 480 亿美元。这种企业价值被用作筹集资本的机制,筹集到的资本被用于投资制造技术和制造工厂。通常,这些工厂建在具有重要政治意义的地区,如佛罗里达。

在许多方面,马斯克就是现代版的马可尼,是那个"联网全世界"的人,是擅于把灾难(1912 年泰坦尼克号的沉没)转化为商业优势的极有影响力的自我宣传者。

8.4　汽车雷达供应链成为卫星和 5G 天线制造创新的源泉

透过汽车工业也能了解汽车雷达供应链。Delphi 科技等公司生产汽车雷达已有 20 年的历史[11]。

当前的产品包括短程、中程和远程雷达产品,其角功率检测要求与 5G AES (自适应相控阵)天线阵列非常相似,并且对到达角、速度和附近慢速或快速移动物体(以及静止物体)也有类似的算法处理要求。

与其他汽车安全产品供应商一样,Delphi 公司提供了一系列基于雷达的产品。许多基于激光雷达和基于图像的产品都有潜在的应用,特别是在太空中,如对接系统和自主卫星。

8.5　供应链比较

我们已经说过,传统卫星制造公司的收入主要来自军用市场。这些公司的研发预算几乎全部由国防部门支付。相比之下,移动运营商华为、爱立信和诺基亚的研发预算为 12% ~ 14%,与主要汽车公司的实际和比例相当(表 8.1)。

表 8.1 供应链对比

5G 和卫星行业供应链规模比较的一些例子									
5G 移动运营商			5G 网络供应商		5G 设备供应商		5G 组件供应商		
AT&T	Verizon	Vodafone	Ericsson	Nokia	Samsung	Qualcomm	Broadcom	Skyworks	Qorvo
营业额 $1500 亿	$1310 亿	$600 亿	$230 亿	$160 亿	$1600 亿	$200 亿	$150 亿	$30 亿	$24 亿
员工 250000	183000	111000	116000	140000	275000	27000	18000	6000	7000
卫星行业——SAT					卫星系统供应商				
Inmarsat	Intelsat	Eutelsat	Arabsat	EchoStar	Boeing	Lockheed	Northrop	Raytheon	Harris
营业额 $13 亿	$23.5 亿	$14 亿	$15 亿	$30 亿	$960 亿	$468 亿	$240 亿	$230 亿	$75 亿
员工 1600	1150	1000	2000	3000	160000	98000	65000	61000	21000
其他利益相关者——GAFA Quartet(又名 Over The Top/OTT 公司和/或 Webscale 互联网公司)和微软									
Google	Apple	Facebook	Amazon		Microsoft				
营业额 $750 亿	$2400 亿	$180 亿	$1070 亿		$1000 亿				
员工 57000	115000	13000	230000		118000				
其他利益相关者——汽车工业									
Toyota	VW	GM	Ford	Tesla					
营业额 $2600 亿	$2450 亿	$1600 亿	$1400 亿	$70 亿					
员工 330000	610000	200000	199000	14000					
测试设备供应商——服务于上述所有部门									
Keysight	R and S	Anritsu							
营业额 $29 亿	$18.3 亿	$8 亿							
员工 9500	9900	4000							

可以看出,卫星行业的营业额要小两个数量级。就用户范围而言,手机用户超过 40 亿。卫星产品的用户数量取决于你统计的对象和内容。如果算上卫星电视,这是一个很大的数字,但还远不及 40 亿。如果不包括卫星电视,则卫星部门中服务用户和设备的数量大约为数百万,或者最多为数千万。

正如第 7 章所述,GAFA 四巨头有两大资产:现金和客户。谷歌拥有超过 10 亿用户,Facebook 拥有 20 亿用户,亚马逊拥有 6500 万主要用户,苹果拥有 5.88 亿用户和 10 亿台设备(平均每个用户 1.7 台设备),PayPal(由马斯克创建)拥有超过 2 亿个注册账户[12]。

8.6 为什么规模很重要

这些数字之所以重要,是因为规模会影响用户和物联网设备的实用性、功能和成本。让我们回到 40 年前的 1977 年,碰巧是我最后一次参观 Hawker Siddeley 工厂。这是移动电话时代来临前市场规模最小的时代。低成本无绳电话是手工组装和手工焊接的。到 1987 年,生活已经发生了很大变化,但摩托罗拉仍然要花 8 个小时来制造和测试一部手机。

1992—2002 年间,随着 GSM 手机数量的增加,出现了重大转变。到 2002 年,诺基亚在几分钟内就能生产出 GSM 手机,并且在不到 1min 内就能拥有手机中的组件,这是供应链优化和控制的典范。

2007 年,苹果公司推出了 iPhone。该产品在未来 10 年的成功已广为记载,但其背后的推动力可以归功于苹果在移动宽带价值链中占据的优势地位,仅在用户设备市场推进时受到了三星的挑战。

值得注意的是,谷歌发现效仿这个成功案例十分困难。2012 年,它以 125 亿美元现金收购了摩托罗拉移动公司。两年后,它以 30 亿美元的价格卖给了联想。2017 年,谷歌以略高于 10 亿美元的价格收购了台湾宏达国际公司(HTC)旗下开发美国 Pixel 智能手机的部门,但这家合资企业是否成功还有待证明。HTC 全球智能手机市场份额从 2011 年的峰值 8.8% 降至 2017 年的 0.9% ,谷歌 Pixel 自一年前推出以来的市场份额不到 1% ,出货量估计为 280 万部。

这突出了卫星工业的一个重要方面。业内有信心断言,电子用户识别模块(eSIM)[13]将改变一切,而下一代智能手机实现卫星连接所需的就是一个可下载的应用程序。

2011 年,苹果获得了一项可用于创建虚拟移动网络(VMN)的 eSIM 专利。eSIM 用基于服务器的虚拟 SIM 卡代替了物理 SIM 卡(一块带有少量存储器和微控制器的塑料卡)。20 年来,eSIM 在技术上一直是可行的,但遭到了移动运营商群体的抵制,理由是它将使第三方更容易拥有和控制客户,这种担忧是有一定道理的。

然而,在两个不断发展的产品领域,硬件 SIM 卡变得不切实际。第一个领域是低成本物联网连接市场,SIM 卡的初始成本是个问题。此外,你不能给一个设备寄一个替换的 SIM 卡,并期待这个设备自己装上它。

第二个领域是高价值可穿戴消费品的新兴市场。苹果手表 3 代是当代最引人注目的例子。即使是最小的 SIM 卡也会占用太多空间。

除了 eSIM 之外,苹果手表还引入了多项重要的材料和制造创新。通过使用屏幕作为天线来实现设备中的 LTE 连接;该设备防水深度达 50m,并包括气压高度计、GPS 接收器、功率优化的 Wi-Fi 和低功耗蓝牙(电池需要全天候工作)。因此,苹果手表 3 代是一个重要的例子,它展示了技术创新、材料和制造创新如何转化为额外的用户价值[14]。虽然目前还没有宣布为这款设备提供卫星双向连接的计划,但我们作为用户,已经习惯了无论我们走到哪里,手表都能提供所有功能。卫星行业面临的挑战是如何在设备现有的外形尺寸内实现这种额外的连接性。反过来,这将取决于所支持的 RF 频段以及当前和未来 4G、5G 连接的物理层兼容性。

正如在第 2 章和第 7 章中所讨论的,某些卫星通带,如 L 频段和 S 频段,与 LTE 频谱相邻,但很难激励智能手机制造商,尤其是数量和价值方面最大的两家制造商(苹果和三星)来扩展现有的通带或添加另一条交换路径。因为这两者都会增加成本并损害性能,特别是在像苹果手表这样的产品中,空间和能耗都非常宝贵。

只有当苹果或三星在增加卫星连接方面有直接的收益时,两家公司才会这么做。目前没有任何证据表明这两家公司愿意把这视为一个机会,尽管这种情况可能会改变。然而,本书认为增加卫星连接是可能的,特别是从潜在的 UHF(频段 31)到 E 频段(77GHz 汽车雷达频段的任一侧)的卫星连接。这样做的动机是,像苹果手表这样的设备可以在地球上的任何地方工作,包括从东到西、从北到南的陆地和海洋,在所有地点都有足够的频谱密度来提供移动和固定宽带连接。这一定是有用的附加值吗?

8.7 厘米波和毫米波智能手机生产和制造的挑战

另一种选择是研发覆盖厘米和毫米频段的混合卫星智能手机射频硬件,这将取决于卫星运营商是否愿意共享频谱,这是最初的障碍。

采用较短波长带来的好处是天线设计更加紧凑,但是随之产生了相关射频产品大批量生产的制造问题。

具体可以概括为:

(1)印刷电路板的表面粗糙度引起的损耗:印刷电路板上的任何表面粗糙度都会导致明显的损耗。

(2)寄生电容效应:在印刷电路板以及所有开关路径上都需要对许多寄生电容效应进行管理。

(3) 较低的射频放大器功率附加效率：1GHz 的 GSM 级 C 类功率放大器的功率附加效率为 50%。对于 28GHz 的 A 类放大器，这一比例下降到 10%。

(4) 更高噪声的 LNA：低噪声放大器在噪声性能、增益、动态范围和功率损耗方面更难实现。

(5) 滤波器的性能很难实现：在频率超过 3.8GHz 后，滤波器变得脆弱，需要用陶瓷滤波器来代替。好消息是，陶瓷滤波器会随着频率的增加而变小（在较低的频率下使用它们太大太贵）。然而，普通的陶瓷滤波器在至少 1500℃ 的温度下烧制，因此需要使用具有相对高电阻的耐火钨或钼电极。在较高的频率下这将导致无法接受的信号延迟。答案是使用低温共烧陶瓷（LTCC）材料，这种材料将玻璃与氧化铝陶瓷混合，烧制温度降至 900℃ 以下，而且还允许使用铜或银来连接设备的内部层[15]。新一代器件在滤波器封装中还集成了电感和电容，以降低器件高度和占地面积。

(6) 建模：建模工具不太成熟。

(7) 测试和测量：这些可能更难管理，并且连接器和电缆需要更详细的规范。

目前所有这些频段中的可用产品，如点对点回传产品，都是小批量、手工组装和单独优化的。这是一座需要攀登的昂贵山峰，无论是在射频材料创新还是制造创新方面，都需要特殊的攀登技巧才能登上顶峰。

8.8　Wi-Fi、蓝牙或亚 GHz 物联网连接是一种选择

替代方案是提供 Wi-Fi 连接、蓝牙连接和/或亚 GHz 物联网连接。SAT-Fi 产品已经存在，尽管还没有一种产品的价格水平能够在没有大量补贴的情况下，就能被发展中的大众市场所接受。

另请注意，Wi-Fi 是专为局域网连接而设计的低功率（10mW）无线电，因此无法扩展到大范围区域，原因主要是发射功率低，灵敏度有限（TDD 物理层功能），以及较大区域中存在 TDD 符号间干扰。

这就是为什么苹果手表 3 代配有 LTE 收发器。诚然，它也有一个 GPS 接收器，但仅接收物理层的低速率数据。让卫星上行链路在苹果手表或这一新兴可穿戴设备领域的类似产品中在技术上和商业上发挥作用，将是卫星行业面临的一项技术、商业和监管挑战，但这一挑战可以通过 5G 共享频谱的多个星座来实现。

在撰写本书时，已经开始推出支持 802.11ad 60GHz Wi-Fi 的智能手机[16]。

这标志着在设计和生产更高功率、更宽面积的毫米频段的消费级手机方面迈出了重要一步。

8.9　接入点和基站设备

最后但并非最不重要的一点是,必须认识到LTE基站业务现在是一个大规模业务,已经从低成本微微和微型基站向令人惊讶的低成本宏基站发展,其站点成本大大超过了射频硬件、基带硬件和天线成本。

LTE基站是在高度自动化的生产线上生产的,年产量达数千万乃至数亿台。我们的目标是将这一规模扩大到5G基站,并接入厘米波和毫米波的产品。带内回传将进一步巩固这一规模效益,并有助于分摊厘米波和毫米波射频研发成本。

8.10　服务器和路由器硬件制造创新

三大LTE供应商华为、爱立信和诺基亚也在下一代服务器和路由器硬件上投入了大量资金。通常假设服务器硬件在很大程度上已经商品化,只有数量有限的处理器和内存供应商密切控制着组件的生产和制造。

未来可能会出现新的硬件架构。这些可以创造新的软件优化机会。量子计算是一个可能的选择,但它仍然十分依赖于制造创新(解决噪声问题)。

在下一章中,我们将讨论将服务器带宽移至网络边缘的边缘计算,这样做的部分动机是为了满足3GPP标准中提出的毫秒级延迟要求,并减少通过网络核心的回传负载和流量。

这是商品化的硬件,算法必须确保服务器上的数据正确,并为供应商提供一些潜在的差异化机会。对于网络服务器平台的这些地面边缘,卫星可能是一个具有成本效益的选择。

8.11　小结

与卫星行业相比,移动宽带行业具有两个数量级的规模优势。这种规模优势直接转化为对优化的大众市场生产和制造技术进行投资的能力。

卫星工业非常擅长生产高成本高质量的产品。移动宽带行业的规模意味着它可以以低成本提供高质量的服务,当代智能手机就是一个典型的例子。

第8章　生产和制造创新

智能手机可能会成为移动宽带价值链中不太重要的部分,但到目前为止,这种迹象不是很明显,对物联网市场的高预期在数量和价值方面还没有实现。

卫星行业的许多公司都表示,他们的目标远不止是提供一点点的回传服务。NEWLEO 实体想重塑互联互通,但如果没有下一代智能手机和可穿戴设备(如苹果手表)的普及,如果没有构建一个 5G 和卫星社区共同受益的商业生态系统,很难想象如何实现这一点。

参考文献

[1] http://www.baesystems.com/en-uk/heritage/british-aerospace-uk.

[2] https://www.isixsigma.com/new-to-six-sigma/history/history-six-sigma/.

[3] OneWeb|OneWorld,"OneWeb Satellites Breaks Ground On The Worlds First State-Of-The-Art High-Volume Satellite Manufacturing Facility",2017,http://www.oneweb.world/press-releases/2017/oneweb-satellites-breaks-ground-on-the-worlds-first-state-of-the-art-high-volume-satellite-manufacturing-facility.

[4] http://www.murata.com/en-eu/products/capacitor/mlcc/packaging/pockettaping.

[5] http://pwcircuits.co.uk/fr4.html.

[6] http://www.rockwellautomation.com/global/industries/semiconductor/overview.page.

[7] https://www.bloomberg.com/research/stocks/private/snapshot.asp?privcapId=155172.

[8] https://www.broadcom.com/.

[9] http://www.qorvo.com/.

[10] http://www.twi-global.com/capabilities/joining-technologies/friction-processes/frictionstir-welding/.

[11] https://www.delphi.com/manufacturers/auto/safety/active/electronically-scanning-radar.

[12] https://www.statista.com/.

[13] https://www.gsma.com/IoT/embedded-sim/.

[14] https://www.apple.com/uk/newsroom/2017/09/apple-watch-series-3-features-built-in-cellular-and-more/.

[15] https://www.murata.com/en-eu/products/substrate/ltcc/outline.

[16] https://www.gsmarena.com/asus_zenfonc_4_pro_zs551kl-8783.php.

第 9 章　商业创新

9.1　引言

在这本书中,我们一直在论证 5G 移动宽带社区与国家、地区和独立卫星运营商之间的合作。虽然理论上可以,但潜在的合作,即使被认为是有用的,也会因对抗性的频谱拍卖和分配过程而受挫。只有双方都认识到大家要解决同一个问题,而对方也是解决办法的一部分时,问题才能化解。

其他第三方及其供应链也可以发挥作用,如汽车行业。汽车制造商需要为他们的产品增值,而连通性则是答案的一部分。作为回报,他们达成一致根据体量和价值来划分规模。福特每年售出 600 多万辆汽车。至少在理论上,每辆车都可以作为地面基站,通过卫星连接起来。本章的任务是探索商业创新如何创造这种规模机会。

9.2　卫星行业需要解决的问题:规模不足

在第 8 章结束时,我们简要回顾了苹果手表 3 代,指出只有市场规模发生变化时,那些面向小型化而新设定的功能基准才能实现。规模生存能力可以根据客户范围、现金资源或借贷能力,或三者的某种组合来评估。

9.3　双十二规则

凭经验粗略估计,全球智能手机以及 4G 和 5G 基础设施行业的规模生存能力需要每年 120 亿至 140 亿美元的研发预算。这个数字通常是三星或苹果等公司营业额的 12%～14%。我们称之为双十二规则。4G 和 5G 基站和基础设施业务具有相似的规模。爱立信、诺基亚和华为的研发预算都在每年 120～140 亿美元之间,占其收入的 12%～14%。

加入双十二俱乐部并不能保证一定成功。在第 8 章中,我们提到了谷歌在摩托罗拉移动投资超过 120 亿美元,该业务 3 年后以 30 亿美元的价格出售给了联想。迄今为止,这个全球最受欢迎的搜索引擎还没有在智能手机市场上成功转型。被谷歌收购了设计和制造其首款智能手机团队的 HTC 公司也加入了双十二俱乐部,但 HTC 自己的智能手机市场份额却从 12% 下降到了 1%。英特尔投资了至少 120 亿美元试图购买 LTE 基带业务的市场份额。美国 Broadcom 也尝试过类似的策略,最终将其射频资产与规模小得多的 Avago 公司合并。

加入双十二俱乐部也很烧钱。特斯拉在研发和制造投资上的支出,超过了其汽车和能源业务利润的总和。这是因为风险资本家和投资者群体都认为,该公司有足够的未来盈利潜力,足以提供风险回报。

9.4 国家、地区和全球运营商以及国家、地区或全球规模

显然,拥有 40 亿客户的移动行业不存在规模问题,但全球有超过 600 家运营商,不可避免的是其中一些甚至更多的运营商规模比较小;实际上,MOWO Global[1]认为只有全球前十大运营商具有规模效益。具有规模效益的运营商不一定必须是全球运营商。美国电话电报公司(AT&T)是一家全国性的运营商,在世界其他市场股份有限,但其国内市场的规模和价值足以提供源源不断的丰厚利润。AT&T 还对光纤、铜和电缆资产进行了有益的投资。澳大利亚电信公司也处于同样的幸运境地。美国和澳大利亚是用户均收入(ARPU)较高的市场。美国的 AT&T 和澳大利亚的 Telstra 的息税折旧及摊销前利润(EBITDA)均远高于全球行业平均水平。由 Telstra 运营、但作为国有资产拥有和融资的国家宽带网络,提供了一个低成本高效益的混合,既有 LTE 移动和固定无线与光纤,又有对农村的深度覆盖,以及由两颗地球同步高吞吐量卫星提供的部分回传。GSM 网络在 2017 年关闭。

中国移动也是一个全国性运营商的例子,其本地市场规模之大足以使其成为全球业务量最大的运营商,以及价值最大的运营商之一。也有一些成功的、但具有很高杠杆率的运营商,如西班牙电信公司(Telefonica),最初是区域运营商(拉丁美洲和西班牙),后来扩展到其他市场,英国 Telefonica 分公司也是如此。

从另一个方向来看,沃达丰公司于 1985 年在英国创立时使用 Racal Vodafone 名称,成为英国电信手机网的竞争对手。在 20 世纪 90 年代生意红火

的日子里,沃达丰的股价飙升,但股市这只老虎需要以同比增长为食,这只有通过积极的海外扩张才能实现。因此,沃达丰可以说是第一家真正意义上的全球移动蜂窝运营商。尽管研发和全球战略由英国监督,但许多国家内部业务仍然保持着实质性的管理和财务独立性。其他运营商在海外市场也持有大量股份。这些运营商在他们的公司年度报告中被称为比例用户。最近,像 Digicel 这样的新公司已经从国家运营商逐步区域化转变成一个有潜力的全球运营商。

不管这是否是一种趋势的开始,越来越多的全球性公司开始将用户或企业客户视为一个全球网络,这可能将取决于监管和竞争政策。在 20 世纪 90 年代,曼彻斯特大学的 Martin Cave 教授提出了这样一种理论:如果允许和鼓励五位运营商参与投标过程,则频谱的价值将会最大化。这是一个受监管机构欢迎的理论,并在全世界被广泛采用。它不太受运营商欢迎,在许多市场中,五运营商模式已被证明在商业和技术上效率低下。对于那些才刚进入市场的小型运营商来说,情况尤其如此。已经在运营网络的公司通常是作为垄断性的国家运营商开始运营的,或者是长期双头垄断的一部分。美国市场就是一个例子。这些老牌的运营商拥有客户资产、站点资产和回传资产,包括地下和地上的光纤、电缆和铜缆。监管机构也可以确实通过立法来尝试公平的准入,如光纤领域,但这往往是一个不太完美的过程。随着地面网络的日益密集,这个问题变得更严重。硬件成本降低,但在地上挖洞的成本保持不变。这对卫星运营商来说是一个机会,尽管这意味着他们将与每个市场中的较小运营商打交道。

9.5 标准对商业创新的影响

在 20 世纪 90 年代,GSM 作为一种越来越占主导地位的全球标准发展起来,意味着全球运营商可以从全球范围获益。在引入 3G 期间和之后,替代技术继续得到推广,其中最显著的是 Wi–Max,并且取得了一定的成功,主要是因为 3G 存在潜在的能效和性能问题。LTE 于 2009 年首次推出,当时饱受争议,有人认为将频谱效率置于能效之上是错误的。然而,它现在已经几乎完全占据了全球的主导地位而且运行得相当好。它的成功随着智能手机的稳定增多而得到巩固,数十亿注册用户把智能手机作为首选伴侣。标准对于商业创新和降低成本的过程(仲裁知识产权纠纷)至关重要,包括使用公平、合理和非歧视性(FRAND)协议来积极管理知识产权成本。在标准会议上花费的人工时数大得惊人,甚至超过了在频谱问题上花费的人工时数。卫星行业在规模上相差甚远。30 年前 SIM 的标准化为利润丰厚的全球漫游行业提供了有利基础。标准为智

第 9 章 商业创新

能手机的推广带来市场规模;标准提供了构建现代应用商店和交付云计算的框架;标准使运营商能够开发新的市场,如提供紧急服务以及工业和消费者物联网。

9.6 移动运营商有什么问题需要解决吗?

总的来说,移动运营商在过去的 30 年里管理得相当好。他们成功实施了四个技术上复杂标准,并监督了错综复杂的频谱分配和拍卖过程,还从无到有发展起有着 40 亿注册用户的生意,其中许多用户拥有多台设备。

9.6.1 回传成本、公共安全和偏远农村以及沙漠覆盖

然而,在卫星行业可以成为解决方案或至少是解决方案的一部分的情况下,出现了一些问题。我们已经提到过回传。马斯克,一个永远都不能低估的人,认为在高密度城市,SpaceX 星座可以提供 50% 的地面回传通信流量和高达 10% 的本地互联网流量。OneWeb 表示,它有信心大幅降低密集城市和偏远农村的 5G 回传成本,并为农村连接提供更具成本效益的移动和固定宽带地理覆盖。这包括物联网连接和在基站电力特别昂贵的地区发展市场连接。这些都是意向声明,不是现实,但却提供了一个新的视角,让我们看到了新公司与手机行业更紧密结合的雄心和财务需求。

我们还建议,与直觉相反,卫星系统特别是具有星间交换的 LEO 卫星系统,能够提供长距离、端到端的延迟增益,但最大的机遇可能取决于 4G 和 5G 中的许多新兴应用需要地理覆盖而不是人口覆盖。

AT&T 的 FirstNet 合同就是一个鲜活的例子。这是 AT&T 首次在全国范围内为公共安全部门提供服务。传统的双向无线电行业已经提供了 70 多年的服务,为警察、消防队、救护车、急救公共保护和救灾机构等紧急服务提供移动无线电连接,但一直难以跟上 LTE 设备和网络功能的步伐。这是因为它是一个有着至少三个竞争性技术标准的相对较小的市场。AT&T 获得了 20~700MHz 的频谱,并获得了 60 亿美元资金的使用权,以提供美国急救人员市场所需的地理数据和语音覆盖。英国电信 BT 和移动运营商 EE 正在英国构建一个类似的协议,这看起来可能会成为下一代公共安全和保护移动连接的默认方法。

对于卫星行业来说,这是一个机遇还是一个挑战尚待商榷。AT&T 和任何其他对应急服务行业有野心的运营商将需要在新站点投入大量资金,以履行这些新合同的地理服务义务。虽然卫星功能不太可能添加到 LTE 700MHz FirstNet

智能手机中,但向应急服务车辆提供 LTE 兼容的卫星连接可能是有经济意义的。

这涉及数以千计的车辆,并凸显了这样一个事实,即卫星通常是连接快速移动物体的更有效和高效的选择,特别是快速移动的物体,包括火车、船和飞机。请记住,全球有 11000 架注册客机(很难从地面 4G 或 5G 网络获得服务),50000 艘注册商船(无法从地面 4G 或 5G 网络获得服务),15 亿辆汽车(通过卫星网络连接更有效,尤其是从大倾角连接)。似乎没有人知道世界上有多少列火车。可以将时速高达 500km 的列车连接到 LTE 网络,但效率不会高。卫星网络的切换率将更低,在许多情况下,链路将是视线范围,如向下进入铁路路堑。

世界上还有 75 亿人,考虑到只有 40 亿手机用户,这表明有 35 亿人没有使用智能手机。然而,他们中的许多人生活在偏远的农村地区和沙漠中,勉强维持生计。人口规模问题加剧了地理规模问题。很多国家有很多闲置区域,几乎没有人居住,而真正居住在那里的人挣不了多少钱,也没有多少财产。例如,这一段文字是在飞离悉尼 2h 后的飞机上写的,在过去的 2 个小时里,飞机飞过的地区几乎全是沙漠。而澳大利亚仅仅是一个小国(从西到东 4000km),当然这是与非洲(从北到南 8000km)相比。

非洲次大陆很大,很轻易超过美国、中国、印度、东欧、法国和西班牙,而且它几乎没有光纤。设备成本和网络成本必须至少降低两个数量级,才能使生活在这些广袤空旷地区的人们能够负担得起这种服务。

9.6.2 偏远农村网络、设备成本问题和卫星解决方案

实际上,这意味着要用晶体管收音机的价格来生产智能手机。即使软银(Softbank)说服了 ARM,让其客户免费赠送芯片,也很难想象如何才能实现,哪怕只是一个支持 Wi-Fi 的简单设备。

答案是找到另一个连接途径。图 9.1 显示了什么是可口可乐自动售货机,至少部分解释了为什么可口可乐,一个营业额为 400 亿美元、企业价值为 2700 亿美元的公司,是 OneWeb 财团的早期投资者。

该项目与可口可乐"5×20"运动有关,该运动旨在到 2020 年培养出 500 万名女企业家[2]。2015 年 10 月,Facebook 和 Eutelsat 达成协议,作为马克·扎克伯格(Mark Zuckerberg)的 internet.org 倡议的一部分,通过 AMOS Ka 频段 GSO 卫星向非洲提供 Wi-Fi。实际上,有一次发射失败了[3],卫星在发射台上损毁,但 Facebook 的创始人马克·扎克伯格仍然致力于开发低成本的全球连接项

第9章 商业创新

图9.1 可口可乐网络

目[4]。只有当设备价格降到30美元,并且每月的连接成本处于类似的水平时,这个项目才可以进行。连接成本由本地 Wi-Fi 上的多个用户分担。乌干达试点项目的进展表明,这是可以实现的[5]。扎克伯格也宣布了对印尼的类似计划。

9.6.3 低成本物联网:卫星能快递吗?

设备和服务成本的问题转化为工业和消费物联网市场。在前一章中,我们将 Orbcomm 作为 VHF 卫星物联网连接的一个例子,它配有与 Inmarsat L 频段和蜂窝调制解调器。然而,他们的用户是大型、重型、土方机械和船舶,是大型、昂贵、移动缓慢的物体的互联网。NEWLEO 玩家说物联网是一个主要的市场,但他们正在与远程、亚 GHz、窄带、地面调制解调器和地面 LTE 竞争。

中国供应商正在大幅降低 4G LTE 设备和网络硬件的成本和价格。爱立信和诺基亚(很不情愿,也有一些困难)正在匹配这些成本水平。其结果是,Verizon 可以推出低于 30 美元的 1 类 LTE 调制解调器,每月接入成本 2 美元,并宣布了将设备成本降低至 3 美元而不是 30 美元的长期目标。卫星运营商是否愿意或能够与这些价格水平相匹配尚待商榷。困难在于,你不能向一组客户收取每月 2 美元的物联网连接费,而向另一组客户收取每月 200 美元或 2000 美元。传统卫星和 NEWLEO 卫星之间也存在同样的紧张关系。传统卫星的借贷比率以高边际利润为基础。体量增长能否实现尚未可知,边际利润的减少,在本质上并不具有吸引力。

9.7 变革的代理 CondoSat

传统业务模式的限制不适用于新入场的运营商,特别是能够利用批发带宽的接入为特定地理位置的市场提供低成本接入的新者。向第三方提供带宽的卫星被称为 CondoSat(Condominium SAT)。

例如,Digicel 最初是一家加勒比运营商,购买 GSO 卫星带宽,为加勒比群岛提供低成本无线光纤连接(通信和娱乐)。他们有一个 2030 年转型计划[6],该计划将这一模式先扩展到巴布亚新几内亚,再从区域覆盖范围扩展到全球覆盖。

购买 GSO 带宽在高纬度覆盖方面限制了扩展模式。因此,Digicel 混合了 GSO 和 MEO 带宽,例如,目前巴布亚新几内亚的供应包括 SES/O3b MEO 星座上的带宽。其优势在于,带宽合同可以与点覆盖波束的覆盖范围相匹配,因此它们可以精确地与特定地理位置的营销活动相结合。请注意,2030 年是一个有用的时间节点,因为它与 2015~2030 年联合国可持续发展计划相吻合[7]。这有助于运营商和整个卫星行业展示他们的服务是如何助力实现这些目标的。

Kacific[8] 和 Digicel 一样,最初是一家精干的公司(两名员工),使用 CondoSat 模式将连接带到只有有限传统连接的岛屿(图 9.2)。该公司利用其市场增长来包销自己的高吞吐量卫星,并预订在 2018 年年末进行 SpaceX 发射。

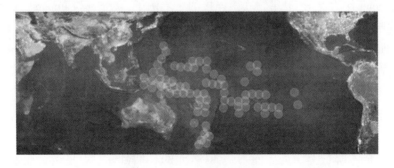

图 9.2　Kacific 覆盖范围

CondoSat 的业务模式依赖于可用的备用容量,这取决于填充率,但迄今为止,高吞吐量卫星容量的增长速度至少与需求一样快。因此,提供以批发为基础的服务是一种有益的变革。

第 9 章 商业创新

9.8 地面垃圾桶 Wi-Fi：竞争或新目标市场

有时也可能有一个更具成本效益的本地连接解决方案，因为站点成本由其他功能分摊。例如，新加坡（市场与澳大利亚和太平洋岛屿截然不同）利用垃圾桶在上午 11 点到下午 5 点之间提供 Wi-Fi[9]（图 9.3）。

图 9.3　新加坡的垃圾 Wi-Fi（感谢 Big Belly 和 Terra Sol Pte 有限公司）

9.9 能源和碳排放目标：卫星能实现吗？

在我们讨论回收和拯救世界时，卫星能帮助 5G 实现其能效和碳排放目标吗？这些目标是什么？在 IMT 规范文件（ITU-RM.2083-0 提案）中隐藏着一个一般性声明，即 5G 的能耗不应大于现有的 LTE 网络。在 NGMN 关于能效的白皮书[10]中，建议能源消耗不应大于现有网络能耗的一半，并且网络应该能够支持 1000 倍的容量增加。3GPP 希望对这一问题进行更详细的研究[11]。大多数讨论文档都将小单元作为解决方案的一部分，但正如前面所说的，强有力的证据表明，小单元会增加而不是减少能耗。积极的出发点是现有的网络将大部分的射频（RF）能量发送到错误的方向或反向。错误方向的问题可以通过使用窄波束天线和动态波束形成来解决，尽管这可能会消耗大量的处理能力（这也会降低系统间的干扰，所以您可能帮助别人实现了他们的能量目标）。能量反向的问题可以通过改进射频前端的匹配来解决，特别是在更高的频率下。

9.10 云计算:阿里巴巴和腾讯的未来?

至少,我们可以衡量和管理我们正在对地球造成的损害,并通过收集信息、分析信息和将信息出售给负责告诉我们该做什么的机构来赚钱。在前一章中,我们引用 Planet.com[12] 作为天基对地球成像和传感平台的例子。只有当我们能够对一个问题进行测量时,我们才能对其进行管理,因此,我们的出发点是找到一种有效的方法来交付测试过程。话说回来,这让我们想到了云计算及其作为 5G 和卫星行业商业创新推动者的作用。在地面网络中,供应商正在推广边缘计算,这实际上是在基站中定位服务器,以实现响应延迟的最小化。空中的服务器是另一种选择,服务器不需要静止不动,这也就引出了火车、轮船和飞机的话题。

9.11 火车、轮船和飞机

Inmarsat 首席执行官 Rupert Pearce 在 2017 年 12 月接受《今日卫星》采访时表示,到 2025 年,Inmarsat 无线上网的航空连接业务价值将是每年 10 亿美元。这实际上是假定了使用 L 频段、S 频段和 Ka 频段 Inmarsat GSO 卫星连接互联网的飞机数量将从目前的 1200 架增加到 5000 架,每架飞机每年产生 20 万美元的收入。

9.12 移动汽车移动网络

在新兴的商业模式中,连接成本可能与从地球上移动物体收集的数据价值交叉分摊。例如,倍耐力(Pirelli)可以从汽车传感器获取信息,包括无线轮胎压力监测,以便上传到倍耐力云端。这些数据中蕴含了价值,如当客户的轮胎需要更换时,向他们发送电子邮件。大陆集团(Continental)也有类似的体系。

9.13 卫星、802.11p 汽车 V2V 和 V2X

未来的汽车显然也要在它们之间以及与 5G 汽车网络通信。车辆对车辆称为 V2V,车辆对网络称为 V2N,或通常称为 V2X。

第 9 章　商业创新

图 9.4 是美国国家交通安全协会(National Traffic Safety Association)制作的由计算机生成的图像[13]。这里假设 V2V 和 V2X 将使用 802.11p 标准(802.11 Wi-Fi 标准过程的一个子集),在 5GHz Wi-Fi 频带以上的专用 ISM 频谱上进行管理。

图 9.4　卫星和 802.11p 自动导航 V2V 和 V2X(由国家公路交通安全管理局提供)

大多数卫星运营商会立刻注意到图像中没有任何卫星链路,即使头顶正上方的 LEO 位置明显更好,能够从太空全面了解当地的交通问题和事故隐患。

满足毫秒延迟要求将需要本地连接,但卫星对于提供安全的半自主和自动传输体验至关重要。

9.14　亚 GHz 的 CubeSat 作为替代的交付选择

基于 1GHz 以下频谱的替代卫星交付模式正在出现。Myriota 是一家 CubeSat 初创运营商,最初为澳大利亚提供服务,从内陆地区的水箱和农业传感器收集数据(图 9.5)[14],传感器配备 33mW 发射机,每隔 90min 将 20 字节的数据包上传到运行在其头顶 800km 高轨道上的 CubeSat。

图9.5 澳大利亚内陆地区一个 Merino 羊场的卫星水塔监测器(感谢 Myriota)

9.15 天基白频谱

至少在理论上,可以考虑使用白频谱进行卫星连接。作为提醒,空白频段的原则是,在特定时间或特定地点未使用的频谱可供第三方使用。以电视空白频段为例,在 450～890MHz 的多频地面广播,就被提议采用一种基于数据的机制来利用各频道。实际上,电视广播已经被打包到了位于频带低端的单频网络中,剩下的大部分频谱都被拍卖给了移动运营商。

9.16 天基与高空平台 Wi–Fi

另一个选择是建立一个天基或基于高空平台站(HAPS)的 Wi–Fi 网络。迄今为止,这方面的问题是 Wi–Fi 物理层没有扩展到远距离路径的长度,因为它是时分双工的,时域保护频带相对较短。功率输出也很低,设备为 10mW,接入点为 250mW。然而,新兴的 802.11ax 标准包含了频分双工选项,这是为了在密集的室内 Wi–Fi 部署中提供一种管理干扰的方法。例如,管理多个 Amazon Echo 或 Google Home 设备,也为提供更长路径的 Wi–Fi 提供了机会。这可能包括在吉赫兹以下 ISM 频段实现的 Wi–Fi。上面提到的 Myriota 示例说明,几十毫瓦的上行链路功率预算足以支持许多直接到空间或直接到 HAPS 系统的低数据速率物联网,Google Loon 项目就是一个例子。

9.17 智能手机是 B2B 和大众消费市场的默认标配设备

无法忽视的事实是,越来越多的 B2B 和消费大众市场应用程序是通过智能手机运行的。从 Myriota CubeSat 收集的数据放在服务器上,通过 Wi-Fi 或 LTE 进行访问,但对于农场主或葡萄园主而言,是他或她的智能手机在进行传输。

这就提出了一个问题,即相对于作为管道的一部分进行间接连接而言,卫星行业是否应该致力于把直接连接嵌入 5G 智能手机中,使自己成为管道。

9.18 5G 智能手机是通向卫星行业消费市场规模的关口

现在,从供应商简报中可以清楚地看到 5G 智能手机将会是什么样子。它将首先引入美国市场,是一款带有一个 28GHz 5G 无线电收发器的 4G 手机(最初的 5G 网络将是非独立的,连接到 LTE 控制平面),收发器连接到一个 16 元或 32 元有源相控阵天线,天线印刷在智能手机显示屏上,显示屏还将充当太阳能电池板。

天线阵列将被优化为在垂直平面工作模式,如果你把手机放在一个平面上,它将会仰望 LEO、MEO 和 GSO 卫星。

这是支持在高吞吐量卫星和地面 5G 之间共享 28GHz 频段的唯一的也是最有说服力的原因。智能手机制造商几乎不可能为 5G 手机添加独立的卫星频段。支持带内卫星连接是一个令人信服的动机。

对于 5G 移动运营商及其客户来说,这不会增加智能手机的成本,也意味着 5G 智能手机可以在世界任何地方的户外使用,包括沙漠、海洋和经济上难以支持实现地面网络通信的地区。

卫星运营商在行业历史上首次提供了捕捉大众市场消费者附加值的机会。这对 5G 移动运营商及其在卫星行业的新伙伴的息税折旧摊销前利润(EBIT-DA)和企业价值的积极影响将是惊人的。

9.19 无线可穿戴设备

我们提到过对可穿戴设备市场的短暂幻想(见第 6 章),将地面和卫星连接嵌入服装中,以供专业使用和休闲使用,并在下一代户外服装的正面、背面和袖子上安装天线似乎是可行的。超材料和电子带隙材料的结合(见第 6 章)意味着可以把低计数和高计数阵元无源天线编织到衣服的面料中,并提供可从LEO星座VHF频段扩展到UHF(频段31)、L频段、S频段、C频段到K频段、V频段、W频段(138MHz~92GHz)的连接。基于服装的天线将作为高增益天线,用于身体佩戴设备,包括监控和通信设备,提供开发超越现有无线可穿戴产品增值应用的机会。

9.20 回到伯恩茅斯的海滩

在第1章中,我们提到了伯恩茅斯海滩的例子,作为一个类比,解释怎样从监测我们与周围的物理世界互动中获得价值。我在悉尼表哥家的厨房里写下了这段文字,我通过Wi-Fi将文字上传到云端的某个地方,虽然可能是LTE,但在这个过程中,总会有某个地方的某个人知道我当时在哪里以及我在做什么。总的来说,5G和卫星行业的商业创新不仅仅是关于连接,还对连接进行控制。

9.21 将28GHz卫星连接引入5G智能手机:可行性

我可以连接到世界上任何地方并控制这一连接,包括那些我的手机难以找到信号的地方,这是一个令人信服的想法。然而,还有一些实际问题需要解决,包括如何在已经布满了其他无线电组件的智能手机里增加一个低成本、节能、28GHz的前端。

9.22 将C频段(和扩展C频段)、S频段、L频段和亚GHz卫星连接引入智能手机

在梳理了5G的28GHz卫星前端和基带问题之后,下一个挑战就是达成协议,支持C频段(3.4~3.8GHz)和核心LTE以及5G重构频段、频段7(2.6GHz)、频段1(1.9/2.1GHz)、个人通信服务的1.8GHz和1.9GHz以及亚GHz频段上的4G和5G频谱,这里考虑到的是卫星运营商在这些频段附近有现成的频谱资产。例如,频段1和频段7可以通过组合地面和卫星配置来扩展通带。

9.23 标准是重要推动者

卫星行业应该欢迎5G通信进入其Ku频段和Ka频段频谱的想法似乎令人

难以下咽,但如果能够对 3.8GHz 以下 LTE 和 5G 频段的相互访问权达成一致,苦药将会变得稍微甜些。

如果这能与智能手机和可穿戴设备中默认包含的带内卫星连接相结合,那么卫星行业就能获得消费者市场规模和互联消费者附加值。不过,智能手机制造商需要有动力来增加卫星连接。做到这一点的最好方法就是确保附加值可以在不需要额外成本的前提下实现。

这意味着带内共享是必要的,需要与卫星物理层相结合,与现有的、未来的智能手机和 5G 物联网 RF 前端兼容。来自卫星的复杂调制波形必须能很容易地穿梭于现在与未来的 4G 和 5G 通带和信道中,并且能够通过 4G 和 5G 开关路径、滤波器、RF 功率放大器、低噪声放大器进行处理。

因此,必须在频谱和标准上达成一致;物理层的选择与频段计划一样重要。这需要卫星行业有效参与 5G 标准的制定。

参考文献

[1] https://www.mowo.global/.
[2] http://www.coca-colacompany.com/5by20.
[3] https://spaccflightnow.com/2016/09/01/spacex-rocket-and-israeli-satellite-destroyed-in-launch-pad-explosion/.
[4] https://info.internet.org/en/.
[5] https://techcrunch.com/2017/02/27/facebook-digs-into-mobile-infrastructure-in-uganda-as-tip-commits-170m-to-startups/.
[6] https://www.digicelgroup.com/en/about/digicel-2030.html.
[7] http://www.un.org/sustainabledevelopment/sustainable-development-goals/.
[8] http://kacific.com/the-project/.
[9] http://www.eco-business.com/news/turning-trash-bins-into-hotspots-for-info-and-money/.
[10] https://www.ngmn.org/5g-white-paper.html.
[11] 3GPP TR 38.913(section 7.19).
[12] https://www.planet.com/.
[13] https://www.nhtsa.gov/.
[14] http://myriota.com/.

第10章 标准

10.1 标准是5G卫星智能手机的障碍

在第9章中,我们认为在智能手机上增加卫星连接将大大改善消费者体验,通过提供全球覆盖可以增加价值。反过来,这将增加移动运营商和卫星运营商的 EBITDA 和企业价值。连接最初将在 28GHz 高吞吐量通带中进行,然后扩展至 3.8GHz 以下 LTE 频段,其中就包括可能被用于 5G 频谱重构的核心频带。

然而,2019 年 WRC 上,移动运营商团体已经将标准当作有力武器,第 15 版和第 16 版标准已与争取卫星高通量频谱主要访问权紧密结合。同样,第 17 版和第 18 版也将被用于争取获得 V 波段 VHTS 频谱和 E 波段 VHTS 频谱的主要使用权。

相反,卫星运营商对他们现有的 Ku 频段(12GHz)和 28GHz(Ka 频段)的高吞吐量频谱资产采取"把你的坦克从我的草坪开走"的态度。这个过程会破坏所有相关方的长期企业价值。

10.2 标准是5G卫星智能手机的推动者

从积极的角度反观这一过程,标准可以被看作是两个实体之间耦合过程的重要组成部分,目前这两个实体正在进行殊死搏斗,但实际上他们应该在标准之爱中相互拥抱。

现存的一个困难是卫星运营商的人力资源非常匮乏。许多功能被外包,而与移动运营商相比,每位员工的营业额又高得惊人,人均超过 3000 万美元也并不罕见。

这意味着,派卫星运营商的员工去参加标准会议,会产生令人垂涎的机会成本。然而,我们建议,如果卫星行业想要保持独立,就需要向消费市场扩张。进军消费市场意味着需要从智能手机和其他新兴无线消费市场(包括无线可穿戴设备)获取价值,这只能通过找到一种与 5G 标准以及相关的本地和个人区域连接标准相结合的方式来实现。

第一步,需要通过研究内部和外部的关键点,来了解移动宽带标准化是如何推进的。

10.3 标准制定程序的使用和滥用:内部关键点

高通公司技术标准副总裁在最近的一篇博客中抱怨道,其他公司正在利用过于简单的贡献计数系统[1]来操纵 3GPP 标准制定程序。有些人可能会说,这是个五十步笑百步的例子,但是这个博客提出了关于改进当前标准制定程序的有用观点。在本章中,我们探讨了标准制定、频谱分配、拍卖政策和竞争政策之间的内在脱节问题,并提出了一种对抗性的方法来重新利用频谱以及对频谱访问权进行相关的更改。虽然这对标准整合来说不是一个好的基础,但也很难找到一个更好的方法。

对于供应商来说,参与标准制定的动机是,成为 3GPP 成员可以与其他该组织成员一样在地区标准制定过程中按照相同的知识产权(IPR)政策寻求知识产权。这些组织包括欧洲电信标准化协会(ETSI)、日本无线工业及商贸联合会(ARIB)、美国电信解决方案联盟(ATIS)、中国通信标准化协会(CCSA)、印度的电信标准发展协会(TSDI)、韩国电信技术协会(TTA)和日本电信技术委员会(TTC)。

尽管这是可以理解的,但必须记住,制定标准的目的是通过促进互操作性和市场规模来实现市场效率。在通信系统中,互操作性和市场规模取决于频谱的协调。

协调过程和标准化过程应基于共识,但在实践中会受到特殊利益的影响。这些特殊利益可能因区域或特定国家而异,差异可能细微但至关重要。例如,更宽的通带或不同的带外要求意味着要么必须牺牲规模效益,要么必须针对最坏情况(在本例中为最高保护率)来表征射频硬件。这将对设备和网络成本以及性能产生影响。

当前,4G 和 5G 标准的结构可追溯到 1998 年,由 3GPP 建立,部分原因是人们认识到,美国和世界其他国家的手机标准需要统一起来。R99 版是 3GPP 发布的第一版标准,预期此后将每年发布一次。鉴于我们现在处于 R15 版,新版还没有推出,所以其仍然适用。R15 版是第一个专门针对 5G 物理层标准和上层堆栈优化的版本。

发展了 20 年的 3GPP 标准不得不与由 ITU 主导了 150 年的频谱政策相结

合。ITU将全球分为三个区域：欧洲和非洲为区域1、美洲和拉丁美洲为区域2、亚太和澳大利亚为区域3。从历史上看，这种分区鼓励了特定区域标准被部署到区域或特定国家的频谱中，日本的1.5GHz个人数字移动标准以及美国的800MHz频段的IS95 CDMA、IS54和IS136 TDMA就是其中的两个例子。

基于区域划分的传统分配，例如，美国分配的ISM频带在902~928MHz，仍继续影响着频带规划，并解释了为什么美国没有900MHz的移动网络。一个看似微不足道的监管决定可能会产生重大的长期影响。美国在800MHz的移动频带意味着整个1GHz以下的频带规划与世界其他地方都不同。

然而，频谱访问权最终成了一项主权责任。每个国家都有如何在其境内使用频谱的最终决定权，前提是与其他地理相邻的国家共同符合国际商定的标准。

实际上，规模经济促使各国都选择在地区范围内以及在可能的情况下在全球范围内协调其频谱规划，也有对特定运营商的要求。由于认为需要支持信道聚合，这些问题变得越来越复杂。

美国Dish Networks公司的频带70就是这样的一个例子，它由AWS 4频谱(2000~2020MHz)、H模块PCS频谱(1995~2000MHz)和未配对的AWS-3频谱(1695~1710MHz)级联组成。Sprint公司是美国运营商的另一个例子，他们的千兆LTE三频带方案由他们的800MHz、1900MHz和2.5GHz频段组成。3GPP通过制定技术规范来满足这些地区、国家和运营商的特定要求；顾名思义，规范是针对特殊需求的规定。

在5G中，适应垂直市场的需求带来了另一层复杂性。这在为不同需求开发工作流的过程中被广泛覆盖，如增强移动宽带(eMBB)、海量机器类通信(mMTC)和超高可靠超低时延通信(URLLC)。

在实践中，特定的行业要满足特定的需求。3GPP必须与并行标准制定组织合作，包括IEEE和更高层协议标准组织，如互联网工程任务组(IETF)，与垂直市场标准组织一起开发垂直市场应用的特定规范。例如，公共设施，在不同的国家有不同的标准；即使欧盟内部的国家，在管理、监控、测量和管理电力、水和天然气的方式上也有明显的不同。

正在进行的开发5G汽车行业产品的工作是另一个例子。汽车行业标准的复杂程度不亚于电信标准，并且与IEEE标准有多个交叉点，包括802.15.4和基于802.11的连接性。具体来说，5GAA(5G汽车协会)的工作输出将需要与IEEE 802.11p标准和频谱规划紧密结合。

由于3GPP内部将许可频谱标准引入免许可频谱(LTE-U和LTA许可辅助接入)的举措使这一点变得更加困难。共存问题，无论是真实的还是想象的，都不是构建标准共识的良好基础。

然而,还需要将5G垂直市场工作项目与包括卫星行业在内的电信供应链其他部分的垂直市场工作输出相结合。5G新空口物理层的非独立(NSA)实施宣称将于今年年底完成,并在2019年进行大规模试验和部署,这表明他们有野心使用频段(3.5GHz、4.5GHz、28GHz和39GHz),当然这不受目前的卫星运营商欢迎。

这就引出了竞争政策这个棘手的问题。竞争政策或反垄断政策相关规则的目的是反对垄断行为和确保高效的市场。

反垄断法律案件可能需要花费数年时间才能解决。英特尔仍在为7年前欧盟委员会对其涉嫌对AMD实行反竞争行为而判处的10亿美元罚款进行抗争。高通收购NXP的提议一直受到欧盟委员会的抵制。

移动运营商还受到拍卖政策的限制,这些政策因国家而异,但通常遵循的原则是,每个市场有5家运营商就能够产生最有效的市场效益,尽管不一定是最具成本效益的结果。实际上,部署多个并行网络可能是非常浪费的,对于没有现成光纤和站点资产的市场进入者而言成本尤其高昂。

标准制定过程本身可能会被认为是反竞争的,因为它让进入市场的成本过高,这是英特尔和博通在LTE上得到的教训。

虽然现有实践和流程中的弱点显而易见,但是很难提出更好的替代方案。用丘吉尔的话来说,"民主是除其他所有政府形式之外最糟糕的政府形式",我们现有的标准和频谱政策制定程序可能是最好的。

丘吉尔先生的话还萦绕在我们耳边,让我们继续向5G和卫星标准这个神奇的世界迈进。

10.4　5G和卫星3GPP R15工作项目

已经有几次开发集成移动宽带和卫星标准的失败尝试,如在3G中使用S - UMTS标准[2]。近年来也有一些对混合星地连接标准化的尝试,如美国、加拿大、欧洲和亚洲尝试制定辅助地面组件规范[3],中国制定星地多服务基础架构[4]。

在2017年3月的3GPP技术标准小组会议上,与会者一致同意在3GPP R15标准制定(新空口NTN,NR. NTN)[5]中进行5G和非地面网络研究。赞助商包括Thales、Dish Networks、Fraunhofer、Hughes、Inmarsat、Ligado、摩托罗拉、Sepura(紧急服务电台)、印度理工学院、Avanti、三菱、中国移动和空客集团。

提案者名单不是未来进步的保证,但至少已经取得了最低限度的进展。相关标准参考链接如下:

211

(1) 3GPP TR23.799 支持 5G 卫星连接；

(2) 3GPP TR22.862 有更高的可用性要求；

(3) 3GPP TR22.863 有广域连接要求；

(4) 3GPP TR22.864 有卫星接入要求；

(5) 3GPP TR22.891 有使用卫星的 5G 连接使用案例；

(6) 3GPP TR38.913 有对地面的卫星扩展。

非地面网络的定义是使用空基飞行器/天基航天器作为运载平台的网络或网段。天基航天器包括 LEO、MEO 和 GSO 卫星以及大椭圆轨道（HEO）卫星。空基飞行器包括无人飞行器系统（UAS）、系绳无人飞行器系统（飞艇）、浮空无人飞行器（LTA）、重于空气的无人飞行器系统（HTA）和高空无人飞行器系统平台（HAPs）。

工作情况说明指出了预期的结果：

(1) 通过将基于地面 5G 网络的覆盖范围扩展到地面 5G 网络无法最佳覆盖的区域，为用户提供无所不在的 5G 服务（尤其是 IoT/MTC，公共安全/关键通信）。

(2) 降低空基飞行器/天基航天器对物理攻击和自然灾害的脆弱性，从而实现 5G 服务的可靠性和灵活性。公共安全或铁路通信系统对此尤其感兴趣。

(3) 启用 5G–RAN 元件的连接，以允许 5G 地面网络的普遍部署。

(4) 向空基飞行器（包括空中乘客，无人飞行器系统和无人机）的用户提供 5G 连接和交付服务。

(5) 向船舶和火车等其他移动平台上的用户提供 5G 通信服务。

(6) 实现高效的多播/广播通信服务，如音频/视频内容、群组通信、IoT 广播服务，软件下载（如到联网汽车）和紧急消息传递。

(7) 增强地面和非地面网络之间 5G 通信服务的灵活性。

R15 版的工作项分为两个活动：

活动 A：

(1) 通过表征非地面网络中 NR 的运行条件来研究物理层影响。确定关键的设计要求，并为 NR 的有效运行提供可能的解决方案。

(2) 表征所选非地面网络中 NR 的运行状况，并确定关键设计要求和 NR 有效运行需要解决的问题，如同步、初始接入、随机接入、数据信道、信道估计、低峰均比（PAPR）调制和链接建立/维护。重点关注：

① 信道模型：现有信道模型（3GPP 或 ITU）是否适用于这些链路，并在必要时确定/定义改进的信道模型。除了户外到户外，研究还应包括户外到室内的场景（如为船、火车或建筑物内的用户提供服务）。[RAN1]

② 干扰：与传统的蜂窝网络相比，非地面系统具有不同的干扰特性（系统内和系统间）。因此，这项研究的目的是了解干扰特性。[RAN1]

③ 多普勒效应：表征影响并确定解决方案以补偿多普勒频移及其与非地面通信链路的相关扩展。[RAN1]

④ 传播延迟：表征与非地面通信链路相关的传播延迟影响（非地面飞行器在各种高度上运行，从非常低的、可与地面网络媲美的空中平台（如 UAS 和 HAP）到天基 LEO/MEO 以及 GSO/HEOs），并确定适当的解决方案。[RAN1]

活动 B：

（1）根据 NR 阶段 1 的发现和其他操作要求，研究对第 2 层及以上层 RAN 体系架构的影响。

（2）在此活动中，将研究与更高层次相关的需求，并确定潜在的解决方案，包括分析其性能增益。特别要研究以下几个方面：

① 传播延迟：识别与第 2 层协议和时序关系有关的解决方案，以支持非地面网络传播延迟。[RAN2]

② RAT 间切换：研究并确定某些非地面飞行器（如 LEO/MEO 卫星）在可预测路径上以更高速度移动时可能需要的机动性需求。[RAN2]

③ 架构：确定 5G 无线接入网络架构的需求，以支持非地面网络。[RAN3]

这项研究仅代表着一个漫长而艰难旅程的开始。图 10.1 列出了 19 个 3GPP 工作组，以便实现全面的、可实施和可测试的全球标准。

TSG RAN 无线电接入网	TSG SA 业务与系统	TSG CT 核心网和终端
RAN WG1 无线物理层 1	SA WG1 业务	CT WG1 MM/CC/SM(lu)
RAN WG2 无线层 2 和层 3	SA WG2 架构	CT WG3 外部网互通
RAN WG3 无线网络架构和接口	SA WG3 安全	CT WG4 MAP/GTP/BCH/SS
RAN WG4 无线电性能协议方面	SA WG4 编解码	CT WG6 智能卡业务应用
RAN WG5 移动终端一致性测试	SA WG5 网管	
RAN WG6 传统 RAN 无线电和协议	SA WG6 关键任务应用程序	

图 10.1　3GPP 工作组（感谢 3GPP）

此外,该小组直到 2017 年 10 月才开始工作。

卫星行业没有制定重大标准的经验,仅有实施一系列不同系统专用空中接口的历史,这些空中接口仅在协议栈的较高层兼容。这阻碍了潜在的规模经济,尤其在射频硬件的兼容性方面。卫星行业也资源匮乏,没有成千上万的工程师参与 3GPP 标准制定。

10.5 并行传输介质标准

移动宽带运营商及其供应商、卫星运营商及其供应商向我们保证,我们的无线连接体验将与有线连接体验类似,有时甚至更好。

实际上,有线连接体验正在稳步改善,并代表了无线通信需要跟踪的移动目标。这意味着需要关注铜、电缆和光纤标准。这包括 DOCSIS 3.0 和 3.1 标准,矢量化 VDSL 和 G.fast 标准,以及最近宣布的 MoCA 访问标准等。所以铜仍然很关键,它正在变得更好,更确切地说,我们可以通过更高的频率,如 8.5MHz、17.7MHz 和 35.33MHz,使用更高阶的调制,如 1024 或 4096 级 QAM,来获得更多的信道带宽。尤其是 DOCSIS 3.1 将 FDD 重新引入介质复用中。

10.6 5G、卫星和固定无线访问

一些市场使用 Wi-Max TDD 设备(来自摩托罗拉等制造商,他们在 15 年前对该标准进行了大量投资)部署了 3.4~3.8GHz 的固定无线网络。澳大利亚是一个例子,采矿公司使用该频段/技术组合为本地化运营提供高比特率连接。美国的公民宽带广播和无线互联网服务提供商(WISPS)也使用此频段。可以理解的是,澳大利亚和美国的运营商和用户群体热衷于保护他们对此频谱的访问权。由于有 400MHz 的连续带宽,5G 社区热衷于将 5G 部署到这个频段。

10.7 5G、卫星、C 频段卫星电视标准

许多市场上,3.8~4.2GHz 的 C 频段卫星电视仍然很重要,它们与 12GHz 的高清卫星电视和 18GHz 的超高清卫星电视共存。这在干扰保护率方面很重要,而干扰保护率又受编解码器标准的影响。高阶编解码器旨在最大限度地提高通过卫星广播通带的吞吐量,因此容易受到干扰引起的错误扩展的影响,这可

能会损害语音和图像质量。

卫星电视运营商,如美国 Dish Networks,有信心将其卫星电视网络转换为双向高吞吐量服务,尽管这需要星座升级和监管许可的改变。

10.8 用 Wi-Fi 标准制定过程来集成 5G 和卫星

10.8.1 SAT-FI

大多数 NEWLEO(OneWeb,SpaceX,LeoSat)和 NEWLEGACY LEO,MEO 和 GSO 运营商都将 Wi-Fi 纳入其服务范围。第 9 章中提到的带有集成 OneWeb 应答器的可口可乐供应商商店旨在提供可口可乐和 Wi-Fi 连接。在撰写本书时,智能手机开始采纳 802.11ad,它包含一个 60GHz Wi-Fi 收发器。可以预见,未来的手机将支持 802.11ax,其中包括 FDD Wi-Fi。如何将其整合到未授权的频谱规划中,仍是一个有待监管部门认真讨论的问题。正如在前几章中提到的,Amazon Echo 和 Google Home 那些需要高密度接入点的产品可能会给这个神秘(但重要)的标准领域增添紧迫性。

10.8.2 高数据速率 Wi-Fi,Cat18 和 Cat19 LTE,50X 5G

在采用高数据速率 LTE 的智能手机上,需要高数据速率 Wi-Fi 才能共享有限的空间。截至 2017/2018 年年末,第 18 类和第 19 类调制解调器被宣布能够提供 1.2Gbps 和 1.6Gbps 的整体下行数据率,尽管这取决于射频前端能否支持 5 个 20MHz 中的任意 4 个(80 或 100MHz 的聚合带宽)。部分运营商已经部署了低频段(低于 1GHz)、中频段(<2GHz)和高频段(>2GHz)的聚合载波,以提供 1Gbps 服务,尽管手机需要在理想的低干扰传播条件下才能实现这一点。第一代 5G 智能手机的基带服务已经发布,并附有路线图,整体数据速率提升至 10Gbps,这是 5G 的 X 因子(比 4G 快 10 倍/效率更高)。高通的 50X 芯片组就是早期的一个例子。这说明了标准、供应链市场推动和频谱分配与规划之间的密切联系,并解释除了部署 26GHz 和 28GHz 之外,3.8GHz 以下也是 5G 频谱重构的关注重点。美国的初始部署是在 28GHz 频段中进行的,该频段在其他市场中被 5G 明确排除在外。在第 12 章中,我们给出了,卫星和 5G(和 5G 回传)共享 28GHz 频段潜在的令人信服的技术和商业案例,尽管这还没有反映在现有的 ITU 讨论或卫星行业定位中。

10.8.3 LTE 和 Wi-Fi 链路聚合

关于 Wi-Fi 频段在未来的发展方向，似乎有几种不同的观点。一般的驱动因素是基于以下假设：很大一部分流量，一些供应商和运营商认为大约占 80%，将消耗在室内。

选项包括：

(1) 在 2.4GHz、5GHz 和 60GHz 下使用独立的 802.11 ac/ad/ax/ay；

(2) 通过 IP SEC（安全隧道）（LWIP）实现 IP 级复用，将以上所有内容与 LTE 集成到许可频谱中；

(3) 许可辅助访问，它将非许可频谱与许可频谱在某点聚合在一起；

(4) 在未经授权的频谱中使用 LTE 和 5G，其中包括高通提供的一款名为 MulteFire[6] 的产品。

10.9　5G、卫星和蓝牙

考虑到新的调制解调器类别需要 3~5 年的时间才能实现显著的市场渗透，在卫星行业里可以预估至少 3~5 年内的地面数据速率。但是，所提供的流量也会受到其他因素的影响，例如 Wi-Fi 局域网的可用性（如上所述）以及包括蓝牙在内的个人区域连接能力。

2016 年 12 月发布的 5.0 版蓝牙规范标志着蓝牙作为 4G LTE 和 802.11 无线网络紧密的技术和商业合作伙伴，其发展又迈出了一步。我们中的大多数人每天都在使用蓝牙，无论是我们的健身追踪器与智能手机相连，还是与汽车上的免提配对，抑或是通过蓝牙耳机收听 Spotify。

5.0 版蓝牙之所以重要，有几个原因。这是自 2010 年首次发布 4.0 版低功耗蓝牙（BLE）以来的第四次迭代，是 BLE 首次与远程（1600m）蓝牙 PHY 和 MAC 选项结合使用。这是通过一个更高的输出功率（+20dBm/100mw）、信道编码和优化的接收机设计来实现的，该设计利用了一个称为稳定调制指数的特性，从而减少了 GFSK 偏差。这使一系列新的应用成为可能，包括远程零售信标。

远程蓝牙也可以通过最新支持的网状协议进行扩展。这使得蓝牙可以与其他无线电系统直接竞争，包括 802.15，4 个基本协议，如 Zigbee、LoRa、Wireless-M（用于抄表），Thread，和 6 LowPAN（通过局域网的 IPV6）。802.11 还具有网状协议和远距离目标，包括 900MHz ISM 频段中的 802.11ah Wi-Fi。尽管范围有限,但它也将蓝牙带到了 LTE NB 物联网和 LTE M 的应用领域。

5.0 中暗含了一些有趣的设计挑战。BLE 规范本质上就比经典或增强数据型蓝牙的抗干扰能力差。这是因为在 20MHz,2.4GHz 的通频带内,原有的 78 个 1MHz 的信道被 39 个 2MHz 的信道所取代,在通带的中部和边缘具有三个固定的非重叠广告信道。

这些器件必须能够承受频段 40(低于 2.4GHz 通频带)的高功率 20MHz LTE TDD 和频段 41(高于通带)的高功率 20MHz LTE TDD(以及频段 7 LTE FDD)。这包括 26dBm 的高功率用户设备。

对蓝牙、Wi-Fi 和 LTE 的共存已经持续深入地研究了 10 多年,现在通过结合优化的模拟和数字滤波(SAW 和 FBAR 滤波器)以及一组基于行业标准无线共存协议的时域干扰抑制,可以在智能手机中实现惊人的有效管理。

然而,高功率蓝牙的引入意味着这不再仅仅是一个托管问题,而是一个潜在的闭环管理问题。设想一下当 +20dBm 的传输将非常接近 -20dBm 或 -30dBm 的耳语模式传输,并且 RX 灵敏度为 -93dBm,整个的潜在动态范围在 120dB 以内时,管理蓝牙以及蓝牙共存都将成了一项艰巨的任务。虽然蓝牙是一个 TDD 系统,但这种隔离要求将是一个挑战,容易受到码间干扰(ISI)失真的影响。

更广泛地说,有必要考虑 5G 蓝牙如何在技术和商业上与 5G 连接(包括 5G 物联网和卫星物联网)。从表面上看,可以认为蓝牙和所有基于 2.4GHz ISM 的系统不需要在 5G 标准和产品定义过程中考虑。毕竟,许多实施重点都放在 26GHz 或 28GHz 的 Ka 频段上。然而,正如我们在 LTE-U 上所看到的,接管 ISM 频谱始终是一个诱人的前景。

当你看到最近 FCC 关于重新利用毗邻 5GHz ISM 频段的频谱(重新分配 5.925~6.425GHz 频谱)和将大量频谱分配给 60GHz 未授权频段的调查通知时,这一点尤其正确。

可以说,2.4GHz 的 ISM 频段过于拥挤,越来越无法使用,尽管不知何故它在大多数情况下仍然可以工作。2.4GHz 频段被频段 40、频段 41 和频段 7 占用。例如,Sprint 公司已经宣称有信心(在严密管理的演示支持下)要在低频段(800MHz)、中频段(1900MHz)和高频段(频段 41)三个 20MHz 的聚合信道上实现千兆 LTE。

实际上,5G 极有可能成为移动运营商未来改造包括频段 40 和频段 41 在内的 3GHz 以下频谱计划的一部分。此外,还可能需要提供高功率 5G 用户设备,包括用于公共保护和救灾的 1-W 和 3-W 手机,将 FirstNet 和 BT EE 应急服务网络(ESN)等网络扩展到更高带宽、更高频率、更短波长的频谱。这全都与通量密度和上行链路范围有关,卫星可以也应该是这个传输模式的一部分。

考虑到现有 LTE 特定用户设备的最大输出功率为 +23dBm,其峰值包络功率至少要 +33dBm,那么,很明显,5G 中 3GHz 以下无线电系统和 2.4GHz ISM(包括 5.0 蓝牙和 Wi-Fi,按字母顺序排列)之间很可能存在严重的共存问题。

蓝牙 SIG 也很有野心将未来的标准(6.0 及更高版本)扩展到 5GHz 和 60GHz 频段。扩展后的 60GHz ISM 频段将在频谱上紧邻拟议的频率为 71~76GHz 和 81~86GHz 的 5G 双工 E 频段。

这意味着有必要从现有和潜在的未来 ISM 无线电系统(包括蓝牙)共存的角度,对提出的候选调制波形进行限定,使蓝牙成为 5G 广域、局域、个人区域和物联网垂直市场用例中的紧密合作伙伴。

在许多情况下,这些地面共存问题可以通过将用户和设备的流量直接向上或向下传送到 LEO、MEO 和 GSO 卫星来解决。这就引出了下一个话题。

10.10 卫星如何帮助实现 5G 标准文件中规定的性能目标

ITU 草案 5/40E/(2017 年 2 月)列出了决定 5G 物理层和上层性能上限和下限的四个应用领域或使用场景,特别是增强移动宽带(eMBB)、低移动高热点区(LMLC)、海量机器类通信(mMTC)、大规模机器类型通信和超高可靠低时延通信(URLLC)。

10.10.1　eMBB 和卫星

对于 eMBB,峰值下行链路数据速率为 20Gbps,上行链路数据速率为 10Gbps。任何卫星都不太可能将这些数据速率传送到经过优化的智能手机上,以接收来自水平平面而非垂直平面的信号能量,但将这些数据速率(以及可能更高的数据速率)向上传送至有源或无源平板阵列是非常可行的。

10.10.2　卫星和 5G 频谱效率

5G 下行链路频谱效率规定为 30bit/s/Hz,上行链路频谱效率指定为 15 bps/Hz(由于使用了低阶调制以满足功率效率要求和低阶空间复用)。

我们在第 12 章中提出,理论上可以在同一通带中支持 5G、5G 回传、LEO、MEO 和 GSO 连接,如在 28GHz 频带,这将提供更高阶的系统频谱效率。

10.10.3　卫星和5G偏远农村物联网

低功耗设备被标准化为类别1或类别0。

表10.1总结了物理层规范。

表10.1　4G和5G的窄带物联网标准

	NB – CIoT	NB – LTE	NB – IoT(Rel 13 工作项目)	
			单频	多频
带宽	200 kHz	200 kHz	200 kHz	200 kHz
下行多路复用	OFDMA	OFDMA	OFDMA	OFDMA
下行副载波间距	3.75 kHz	15 kHz	15 kHz	15 kHz
下行调制	BPSK,QPSK	BPSK,QPSK	BPSK,QPSK	BPSK,QPSK
上行多路复用	FDMA	SC – FDMA	FDMA 和/或单频 SC – FDMA	多频,SC – FDMA
上行调制	GMSK	TPSK	Pi/2 BPSK	BPSK, QPSK,TPSK
上行副载波间距	5 kHz	2.5 kHz	3.75 ~ 15 kHz	15 kHz

唤醒调用之间的间隔时间可以是任意时间段,最长不超过12.5天(最初在R12版中指定)。标准的不连续接收周期是2.56s。

注意,最大限度地利用链路预算来支持偏远农村地区的物联网设备是很重要的。窄带LTE(200 kHz带宽)的低噪声层也被称为LTE – M,其可承受的路径损耗为155dB,而LTE 语音(VoLTE)为147dB,LTE 高速数据和LTE 视频(ViLTE)为137dB(图10.2)。

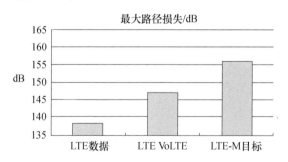

图10.2　物联网电源和链路预测(感谢诺基亚[Alcatel Lucent,现在的 Nokia Bell Labs])[7]

运营商希望继续支持他们的GPRS调制解调器用户社区,因此提出了增强覆盖GSM(EC – GSM)。EC – GSM 使用附加的信道编码来将可支持的路径长度增加大约20dB。

诸如 Orbcomm 星座[8]这样的 VHF 星座可以为这些地面物联网系统提供一个经济有效的替代方案。亚 GHzISM 频段中的 CubeSat 也被用于偏远的农村地区,如在澳大利亚,以提供低成本的远程物联网连接[9]。

10.10.4　卫星、高速移动用户及物联网设备

移动性分为固定(0 km/h)、行人(0~10km/h)、车辆(10~120km/h)和高速车辆(120~500km/h)。所有卫星星座均能有效地支持高速移动用户,而没有由地面网络引起的切换开销。

10.10.5　卫星和低移动高热点区

卫星的覆盖范围从直径 10km 的小区域到 2000km 的大范围(或更多)不等。因此,它们是低移动性(和高移动性)高热点区的一种经济高效的选择。

10.10.6　卫星和海量机器类通信:甚高频平面 VSAT

对 LEO、MEO 和 GSO 卫星来说,这可能不是最显著的应用之一,但在全球范围连接工厂以优化供应链效率方面有潜在的应用。

这些应用实质上是传统 VSAT 市场的发展,只不过平板有无源阵列天线代替了 VSAT 天线。

10.10.7　卫星和超可靠低延迟通信

与 MMTC 一样,卫星并不会立即获得显著的成效,但是具有星际切换的卫星对端到端通信链路具有独特的控制权。在第 2 章中,我们讨论了延迟抖动的二阶效应,即延迟指标的变化量。尽管卫星会带来无法避免的额外延迟,但由于无线电波在自由空间中的传播速度比光速快,因此它们在长距离(>10000km)上表现得更好。端到端的控制还意味着延迟参数都是已知的和可控的,并且抖动可以得到严格管理。

10.10.8　能源效率和碳排放

在撰写本书时,5G 的能源效率和碳排放目标仍有待最终确认,但卫星在降低回传能源成本、用户入网和网络效率方面的作用越来越重要。考虑到卫星可以在太空呆上 20 年,并且能够获得免费碳中性(太阳能)能源,通过向太空发射火箭来减少碳排放也看似合理了。

10.10.9　5G 和卫星波束成形

基本上,5G、卫星和汽车雷达都有可能从天线结构和波束成形算法的创新中平等受益。

10.11　谁拥有标准的价值?

我们之前就指出,4G 和 5G 社区中的供应商在研发上花费了数十亿美元,并累计增加了数十亿美元的投入,派遣工程师到世界各地参加 3GPP 标准会议。这不是一个利他的过程而是为了获得竞争优势和未来专利收入的整体过程的一部分。从历史上看,爱立信、英特尔、高通、Interdigital、诺基亚、思科和摩托罗拉等公司主导着无线电前端、波形和核心网络专利所有权。然而,华为,一家员工持股的公司,与其他两家网络竞争对手爱立信和诺基亚一样,将企业收入的 12 ~ 14% 用于研发,目前每年注册的 5G 专利超过 500 项[10]。某种程度上,认为中国不参与全球专利程序的观点现在已经过时了,尤其是因为现在中国基本上承担了几乎全世界的制造合同。

10.12　卫星和汽车互联

我们在第 6 章中提到了卫星在汽车互联方面的作用。汽车行业有自己的标准制定过程并且 5G 社区积极参与其中[11]。标准组成员包括 Analog Devices、安立科技、奥迪、上汽、宝马、劳斯莱斯、博世、中国移动、大陆、戴姆勒、电装、福特、华为、英飞凌、英特尔、InterDigital、捷豹路虎、KDDI、是德科技、莱尔德、LG 电信、村田、日产、诺基亚、NTT DoCoMo、Orange、松下和 Proximus。

10.13　卫星工业和汽车雷达

积极参与汽车雷达供应链也是必要的,特别是在实施 E 频段 5G 和/或超高吞吐量卫星的情况下,精确地指定了射频共存。

如第 2 章所述,77GHz 汽车雷达频带由两个子频带组成,窄带远程雷达为 76 ~ 77GHz,近程宽带雷达为 77 ~ 81GHz。与 24GHz 的汽车雷达相比,由于元件之间的间距减小,77GHz 雷达提供了更好的角分辨率。更高的载波频率意味着多普勒频率相对于目标速度成比例地增加,从而支持更高的速度分辨率。距离分辨率取决于调制信号的带宽。带宽越宽,分辨率越好。

然而,汽车雷达是至关重要的安全组件,需要保护其免受射频干扰。它们还可能对77GHz以下和82GHz以上的两个E频段5GHz通带产生干扰。

欧洲的ETSI和美国的FCC指定了77GHz脉冲和调频连续波(FMCW)雷达的功率输出/频谱密度。对于FCC,车辆的状态决定了允许输出功率的限制。对于静止车辆,任何方向上的频谱密度在任何方向上均不得超过$0.2\mu W/cm^2$。对于移动车辆,前视的允许频谱密度为$60\mu W/cm^2$,侧视和后视雷达的允许频谱密度为$30\mu W/cm^2$。

表10.2显示了汽车雷达的ETSI功率输出要求。

表10.2 汽车雷达功率输出要求

频带	76~77GHz
EIRP(连续调频)	平均50dBm,最大55dBm
EIRP(脉冲触发)	平均23.5dBm,最大55dBm
典型3dB波束宽度	5°
频带外	73.5~76GHz,0(dBm/Hz)
辐射	77~79.5GHz,0(dBm/Hz)

10.14 卫星和5G数据密度

3GPP标准并没有精确地描述数据密度,但各供应商估算给出了每平方公里预期的吞吐量指标。例如,Nokia Networks建议,对于6GHz以下的5G,如今每平方公里1Gbit/s的数据密度将扩展到10Gbit/s;对于厘米频段的5G,它将达到100Gbit/s;对于毫米频段的5G,将达到1Tbit/s。

这为测量高吞吐量和甚高吞吐量卫星提供了一个基准。采用V频段和W频段的高吞吐量星座可以更好地服务这些更高数据密度的应用程序。这些密度预测还可用于估计回传需求。

关于VHTS星座的提案目前已提交给FCC,并将成为WRC2019卫星行业倡导活动的一个关键部分。一个典型的申报文件是波音星座,据传得到苹果公司的财务支持。该星座基于双工频带,其较低的通带(上行链路)为37.5~40GHz,较高的通带为51.4~52.5GHz。请注意,由于频率较高/波长较短,因此覆盖范围可缩小到半径10km并支持较小的点波束。

10.15 卫星和5G标准：调制、编码和共存

2019年WRC大会的主要讨论点之一将是保护比和带外辐射。这些是由包括保护频带和允许EIRP在内的频谱带计划决定的，但也取决于所使用的调制和编码。为了满足5G频谱效率目标，业界已经提出了各种高阶调制和编码方案。在实践中，物理层可能类似于LTE，尽管在上行链路上使用OFDM，而不是4G中使用的过滤更严格的SC FDMA。这可能意味着用户和物联网设备的带外辐射更高。

请注意，更宽的带宽通道往往伴随着更高的带外辐射。例如，直接与5MHz信道相邻的20MHz信道会使宽信道对窄信道产生更多的干扰。

对于卫星系统，最主要的要求是最大限度地提高空间射频功率效率。功率效率是通过降低调制波形的振幅来实现的。常用的调制方式是幅度和相/频移键控(APSK)。

幅度和相/频移键控的组合减少了传输特定调制阶数所需的功率电平数。这减少了发射链所需的线性度，从而用功率效率来抵消频谱效率的(适度)降低。

10.16 CATs 和 SATs

阅读和研究标准文档是电信工程师尤其是地面电信工程师的基本要求。

但是，这只是故事的一部分。性能要求最终不是由标准决定的，而是由为符合标准而制造的设备决定的。它们通常只关注原始文档中描述的许多选项中的一两个。例如，现在有32类GPRS调制解调器，但供应商和组件供应链通常仅支持两类。

在4G LTE中，目前向智能手机供应商采样的最高类别是高通公司的18类调制解调器，其理论最大数据速率为1.25Gbps，可通过四个20MHz聚合LTE载波提供(很少有运营商能够在其现有频段计划中实现这一目标)。2017年10月，英特尔发布了他们的19类LTE调制解调器，其下行数据传输速率为1.6Mbps，并计划推出低于6GHz的5G调制解调器[12]。

最低的类别是Cat 0。表10.3总结了关键性能参数。请注意，20MHz的接收带宽是指通带，而不是通常为200 kHz的信道带宽。

表 10.3 Cat 0 性能参数及其对数据密度的影响

LTE Category 0	
峰值下行速率	1Mbit/s
峰值上行速率	1Mbit/s
下行空间层最大数量	1
UE 射频链数量	1
双工模式	半双工
UE 接收带宽	20MHz
UE 最大发射功率	23dBm

因此,在 5 年和 10 年的时间里,流经地面网络的数据量和数据密度是确定将数据转移到卫星网络的成本效益点的决定因素。这与过去 10 年来人们认识相似,将数据流量分流到本地无线网络通常更具成本效益。

有许多供应商对数据流量增长进行估计,但与所有估计一样,必须谨慎对待。然而,可以肯定地说,流量、流量密度和流量特性都会受到向网络提供和接收数据不同设备的影响,如延迟敏感对延迟不敏感流量的比率以及流量对称性/非对称性(上行链路与下行链路流量之比)。

表 10.4 总结了多种调制解调器选项。如上所述,这些是基带能力的说明,实际的标题数据速率取决于运营商可用的频谱和频带聚合选项,但可以看到,在提供的流量方面有一个明确的行进方向。

表 10.4 LTE 调制解调器类别

速度	Cat 3	Cat 6	Cat 9	Cat 11	Cat 12	Cat 16	Cat 18	Cat 19
下行链路	100Mbit/s	300Mbit/s	450Mbit/s	600Mbit/s	600Mbit/s	1Gbit/s	1.2Gbit/s	1.6Gbit/s
上行链路	50Mbit/s	50Mbit/s	50Mbit/s	75Mbit/s	150Mbit/s	250Mbit/s	300Mbit/s	400Mbit/s
QAM	64	64	64	64	256	256	>256	>256

CAT 12 和 CAT 16 被归类为 LTE 高级版,包括对 5GHz Wi-Fi 频段的高级技术许可辅助接入(LAA)的支持,3.5GHz 的公民宽带无线电。例如,美国、澳大利亚和公共安全支持系统(FirstNet 公司用的 700MHz 频段中的频段 14 和频段 20(欧洲和中东地区为 800MHz 频段)和频段 28(亚洲的 APT 700 频段)为美国市场提供支持。

Sierra Wireless[13]提供了有关 LTE 调制解调器选项及其技术规范的有用附加信息。

网络上支持的设备组合定义了提供给网络的流量数量和特性,因此对于确定和配置网络带宽至关重要。这对确定回传负载的尺寸很重要,并决定了卫星连接可能比地面连接更经济。

10.17　5G 卫星回传

单个设备如果能够接收超过 1Gbit/s 的数据,并且能够每秒传输几百兆比特的数据,那么在局域回传的过程中可能会产生 TB 级的流量。

单独的回传硬件肯定是不经济的,这意味着需要实现带内回传,也称为自回传。

许多链路不在视线之内,也会因墙面吸收而遭受重大损耗。建议使用的网状路由只是部分解决方案,并且会消耗带宽和功率。如果卫星能够以足够低的成本提供足够宽的带宽,那么这将成为卫星运营商的主要潜在流量和收入来源。为了避免建筑物阻隔或枝叶阻隔,有必要始终提供过顶覆盖。

10.18　网络接口标准和光纤射频

有两个标准,或者更确切地说,是互操作性指导文档,描述了网络接口和网络节点互连协议。

2003 年 IEEE 发布的通用无线电接口(CPRI)[14]定义了基带单元和无线电资源单元(基带和射频硬件)的标准,理论上至少允许分布式天线系统供应商将其设备与多个供应商的产品进行连接。

一年前,在开放式基站架构(OBSAI)[15]的倡议下,一个平行的供应商小组提出了一套类似的互联指南。

物理层延迟 1ms 或更少的目标部分被这些互连节点的 D/A 和 A/D 及帧延迟所消耗。已有替代提案提出将射频信号直接调制到光纤上,理论上可达到 100km(1ms 的延迟)[16]。

10.19　标准和频谱:HTS、VHTS 和 S – VHTS 卫星服务

评论员们经常把卫星服务作为一个整体来讨论,但实际上,卫星通过一系列的数据传输率来提供各种各样的服务。

在本章中,我们强调了设备数据速率,如智能手机和物联网设备产生了许多 TB 量级的数据流量。当流量移动到网络核心时,这些数据会迅速聚集成十亿字

节。即使采用边缘计算架构,通过核心的流量增长也将直接与无线物理层上不断提高的数据速率相关联。

表 10.5 总结了核心卫星频段如何能够聚合在一起,以提供足够的带宽来满足当前通过地面网络(通常价格昂贵)交付多样化的带宽需求。卫星平台可以通过扩大规模以捕获相当大比例的通信量。Ku 频段、K 频段和 Ka 频段高吞吐量星座的卫星,可以提供亿比特的互联,V 频段的 VHTS 类卫星,可以提供万亿比特的互联,也可能实现部署在 E 频段的超级 VHTS 星座的互联。

表 10.5　5G 行业的 HTS、VHTS 和 SVHTS 卫星服务

HTS			VHTS		SVHTS	
Ku 频段	K 频段	Ka 频段	V 频段		E 频段	
12GHz	12GHz	12GHz	37.5~40GHz	51.4~52.5GHz	72~77GHz	81~86GHz
SAT TV 军用无线电	SAT TV					
5G?	5G?	5G?	5G?	5G?	5G?	5G?

冒着引起争议的风险,我们作为共享伙伴加入了 5G。我们将在第 12 章中和包括卫星电视、军事无线电和雷达在内的其他现有合作伙伴更详细地探讨这一选择。

10.20　5G 和卫星频谱共享

然而,如果卫星行业要欢迎 5G 进入其核心频段,即 Ku 频段(12GHz)、K 频段(18GHz)、Ka 频段(28GHz)、V 频段和 E 频段,那么对于移动宽带运营商来说,欢迎卫星进入 450MHz~3.8GHz 重新分配的 LTE 频谱才是公平合理的。表 10.6 列出了 14 个 5G 可以(并且我们认为应该)共享的超级频段。

表 10.6　从 UHF(或 VHF)到 E 频段的 5G 和卫星频带共享

5G+卫星重构					L 频段、S 频段、C 频段重构			卫星+5G+5G 带内回传共享				
450MHz	600	700	800	900	L 频段	S 频段	C 频段	扩展 C 频段	Ku 频段	K 频段	Ka 频段	V 频段	E 频段
频带 31	现有 LTE/5G 核心频段,与卫星共享?				现有 LTE/5G 核心频段,与卫星共享频段?			现有和未来的卫星+5G 频段份额				

实际上,我们是在说,卫星行业有一个物理层,舒适地位于现有的 4G 和 5G 信道和通带之内,这直接意味着在 450MHz~95GHz 范围内共享频带是可能的。

该表从 UHF(LTE/5G 频段 31)扩展到 E 频段(72~77GHz、81~86GHz 和 92~95GHz),并从 450MHz 的 5MHz 通带扩展到了 E 频段的 5GHz 通带。它有可能会缩小规模,以包括 Orbcomm 公司的 VHF,将 1+1MHz 通带重新划分为 5 个 200kHz 5G NB 物联网通道。

10.21 5G 和卫星频段共享对监管和竞争政策的影响

共享将意味着对所有现有的 4G、5G 和卫星频谱进行相当激进的整合利用,并意味着当前标准、频谱分配和拍卖过程的重点将发生重大转移。

10.22 物理层兼容性

我们的建议是,应该有一个 S-LTE 和 S-5G 标准,实现一个基于 APSK 的物理层,可以在现有所有的 3.8GHz 以下 LTE 和 5G 通带内轻松共存。这应该相对容易一些,因为与 4G 和 5G 中使用的复用 OFDM QPSK 相比,APSK 要求的线性度更低(带外辐射更低)。相反,在 3.8GHz 以上,需要考虑使用 APSK 而不是 QPSK 来实现地对空直达上行和下行链路的功率有效而不是频谱有效的物理层。

请注意,不同的物理层已经在 4G 和 5G 中共享频谱,如 5MHz LTE 中的 NB-IoT 200kHz 通道。指导原则是添加额外的物理层不影响保护比和/或设备射频前端组件。实际上,APSK 将很容易地通过任何现有和未来潜在的射频前端开关路径、滤波器路径和射频功率放大器 LNA。

这样就可以生产出俯瞰天空并与 LEO、MEO 和 GSO 卫星连接的智能手机。然后有两种连接模式可以标准化,具体取决于用户和/或 IoT 设备使用无源(低成本)平面 VSAT 天线还是有源平面 VSAT。

10.23 无源平面 VSAT 标准

无源平面 VSAT 天线通过一个狭窄的可见锥直接向上看。在高纬度地区,LEO 和 MEO 卫星之间会定期在空中交汇。高计数 LEO 和 MEO 星座将提供有效的连续连接(用户或物联网设备不会检测到发生切换)。低计数星座将提供周期性而不是连续的连接;每 90 分钟穿越澳大利亚内陆收集物联网数据的 Myriota CubeSat 提供了一个实际例子。在赤道地区,将会有来自地球同步卫星的直接互联。在任何情况下,垂直视锥外的所有多余的信号能量,接收器都是看不见的(并且传输是直接向上的)。

10.24 有源平面 VSAT 标准

有源平面 VSAT 天线从水平方向扫描,选择最佳的 LEO,MEO 或 GSO 连接,并主动消除不需要的信号能量。在赤道上,最佳连接可能来自 GSO 星座,尤其是直接过顶的 GSO。在高纬度地区,最好的连接方式可能是直接过顶或接近过顶的 LEO 或 MEO,尽管如果雨衰强烈将会影响到垂直链路预算,但是有源平面 VSAT 将采用较低的仰角。

10.25 带内 5G 回传和卫星

其他标准工作项目可以并且应该包括带内 5G 回传。

10.26 ESIM 和 BSIM 标准:T 型连接

应该并且能够设立一个工作组,为移动基站(BSIM)制定规范。这实际上是对现有移动地面站(ESIM)工作流程的扩展,但明确了与地面 4G 和 5G 集成的汽车、卡车、火车和飞机的卫星连接参数要求。这就是我们所说的 T 型连接,规定了如何运送带有卫星和 5G 连接的 660 万辆福特汽车、卡车、救护车、消防车、警车、垃圾车和坦克。

10.27 指定网络能效和碳排放

卫星连接将与支持移动和高度移动用户以及 IoT 设备相关的信令开销降至最低。

无源和有源扁平 VSAT 也不需要功率控制。与直觉相反,这将使地面和卫星网络的功率效率更高,因为避免了功率控制开销,并且功率放大器可以在其最佳工作点运行。单个用户和物联网设备的电力分配是在时域实现的。

第 10 章 标准

10.28 CATSAT 智能手机和可穿戴 SAT 标准：Tencent Telefonica 和其他意想不到的结果

最后，将上述所有因素纳入用户和物联网设备标准。例如，现在有射频前端支持的 CATSAT 0、CATSAT 1 和 CATSAT 18 调制解调器，这些调制解调器对于 LTE、5G 和卫星物理层是透明的。

这意味着用户和物联网设备在世界上的任何地方都能保持连接。卫星行业和移动宽带行业的 EBITDA 和企业价值将比今天高一个数量级。想象一下这样的头条新闻，Inmarsat 收购谷歌，Intelsat 收购 Facebook，OneWeb 与阿里巴巴合并，Telefonica 和腾讯合并，组成 Tencent Telefonica：一个勇敢的新世界，一切皆可连接。

10.29 小结

数千名工程师花费数千小时讨论和编写移动宽带、本地区域和个人区域标准。蓝牙 5.0 规范长 2800 页，也只是比较简单的标准文档中的一个。卫星行业没有类似的规模。标准和规模一起带来了成本、性能和互操作性方面的好处。

5G 标准推进过程从 R15 版开始，并在 R16 版和 R17 版与 LTE Advanced 并行进行。在本书（以及我们之前的书）的其他部分中讨论的 5G 标准在时域（0.1ms 迷你帧）中得到了更好的解决。这减少了空中延迟，并且至少在理论上提高了功率效率。在频域，一个灵活的 OFDM 子载波结构可以从 15kHz 的子载波扩展到 30、60、120、240 和 480kHz 的子载波，允许扩展到 250MHz、400MHz 或长远而言 1GHz 的带宽。

在相位域，物理层扩展到 1024 QAM，以帮助固定无线和移动无线用户和设备复制类似光纤般的体验，并支持每台设备每次使用 10Gbit/s 速率的总体目标。

卫星不太可能有足够的链路预算和流量密度，将这些数据速率传送给智能手机，这些手机适合接收水平而不是垂直方向的信号能量。但卫星完全有可能将这些数据率和可能更高的数据率传送到为垂直覆盖而优化的有源或无源平板阵列天线上，如内置在汽车、卡车、火车或飞机的顶部以及智能手机和可穿戴设备中的有源和无源平板阵 VSAT 共形天线。这使得卫星行业可以扩展到大规模消费市场,并成为提升下一代智能手机和可穿戴设备附加值的关键技术。

5G 和卫星标准还需要与传统固定无线标准共存,这些标准在 C 频段应用,并与 IEEE 标准流程中定义的 2.4GHz、5GHz 和 60GHz 频段的 Wi-Fi 共存,与蓝牙专项标准组定义的低功耗蓝牙 5.0 共存。

导向介质标准继续向前发展,用户体验期望将继续由固定连接性能决定。在另一个极端,近场通信(NFC)[17]等近距离通信技术(在 5cm 内)继续发展,并且对于许多配对和交易应用程序至关重要。

在所有地面网络中,标准是频谱分配和设置系统间与系统内保护比的主要决定因素。然而,最终网络中支持的设备组合形成了所提供的流量,从而影响所占用带宽的频谱特性。

卫星可以帮助 5G 行业实现标准和相关用例中指定的许多目标。这不仅包括达到能源效率和碳排放目标,还包括实现农村覆盖和物联网连接,更重要的是,为智能手机和可穿戴设备增加附加价值。这将激励 5G 与卫星社区之间的标准互动。

最终,标准的目的是创建一个生态系统,使运营商及其供应链可以赚取足够的利润来维持研发和制造投资,并为股东提供足够的回报。这种情况并不总是能够发生,这就引出了下一章的主题。

参考文献

[1] https://www.qualcomm.com/news/onq/2017/08/02/top-5-drawbacks-contribution-counting-3gpp-dont-count-it.

[2] http://tec.gov.in/pdf/Studypaper/S_UMTS_Final.pdf.

[3] http://www.ic.gc.ca/eic/site/smt-gst.nsf/eng/h_sf039857.html.

[4] http://www.rttonline.com/tt/TT2010_01l.pdf.

[5] 3GPP TSG RAN meeting#75, RP-170132.

[6] https://www.qualcomm.com/invention/technologies/lte/multefire.

[7] https://resources.ext.nokia.com/asset/200175.

[8] https://www.orbcomm.com/.

[9] http://myriota.com/.

[10] http://5gaa.org/.

[11] http://www.theregister.co.uk/2015/03/05/huawei_to_build_5g_patent_book/.

[12] https://newsroom.intel.com/news/intel-introduces-portfolio-new-commercial-5g-new-radio-modem-family/.

[13] www.sierrawireless.com

[14] http://www.cpri.info/.

[15] http://www.obsai.com/specs/OBSAI_System_Spec_V2.0.pdf.

[16] http://www.apichip.com/.

[17] https://nfc-forum.org/what-is-nfc/.

第11章　美国破产程序

11.1　电信业及其相关供应链的财务概览

在这一章中,我们将关注电信行业、其卫星细分领域,以及与其相关的各类供应链背后的数字。

在前面的章节中,我们指出在智能手机和可穿戴设备上添加卫星连接功能是可以实现的,并且这将对移动宽带运营商与卫星运营商的 EBITDA 和企业价值产生革命性的影响。而无源和有源平面 VSAT 则被认为是实现这一转变过程的关键技术。

要完成这一转变,则需要移动宽带行业和卫星行业共享从 VHF 到 E 频段的所有频谱。显然,这是一个激进的主张,但我们认为,电信行业的金融动态要求我们采取不同的方式来使用、评估和共享频谱。

11.2　从过去的金融失败中汲取教训:第 11 章是个旋转门

在过去的 20 年里,卫星行业出现了一些引人注目的金融破产案例。2002 年 1 月,由于难以偿还拖欠的近 15 亿美元贷款,Iridium 据《美国破产法》第 11 章[1]相关条例申请破产保护。紧接着,Iridium 被私人投资者以 2500 万美元的价格收购。Iridium 之所以失败,是因为它的最初市场计划中未能预料到20 世纪 90 年代低成本的 GSM 网络和设备会急剧增加。

Iridium 在依据《美国破产法》第 11 章相关条例申请破产并被私人收购之后,已经获得了重生。现在,Iridium 已经成为卫星通信行业中为数不多的盈利者之一,并受到了业界人士的认可和尊重。这一点可以从图 11.1 中看出来。在撰写本书时,该公司已向 LEO 发射了 30 颗替代卫星,这也是有史以来卫星行业中星座更替最快的一次。

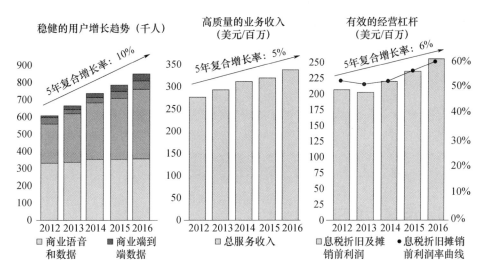

图 11.1　Iridium 的发展趋势与收入现状

2002 年 2 月,负债近 34 亿美元的 Globalstar 也像 Iridium 一样,依据第 11 章的相关条例申请了破产保护。除此之外,尽管该公司的复苏受到了射频硬件产品发展受挫的阻碍,但其还是进行了再融资。

与此同时,Teledesic 也宣布将停止卫星星座研发计划。在 Craig McCaw[2] 和 Bill Gates 的支持下,该公司 1994 年发布了最初计划,打算建造一个由 288 颗 LEO 卫星组成的星座,其中,第一颗卫星已经于 1998 年发射升空。该系统将为世界各地的用户之间架立起类似光纤的连接,并且星座将使用 Ka 频段进行通信。

2012 年,美国电信运营商 Light Squared 申请破产。该公司曾计划在 L 频段建立一个混合 LTE 地面和卫星星座,但却难以适应 GPS 行业,被认为该星座会影响 GPS 接收机性能。这场争论致使 Light Squared 前后花费了近 18 亿美元。该公司于 2015 年 2 月依据第 11 章的相关条例进行了破产重组,由其最大的债主 Dish Network 公司(为美国客户提供卫星传送数字电视的公司)控制,随后转由 Harbinger Capital Partners 控制。该公司现已更名为 Ligado,在西班牙语中是"连接"的意思,Ligado 这次将目光转向了拉丁美洲市场和一些服务水平较低的美国市场,不过,在撰写本报告时,Ligado 却再次面临着来自多家运营 GSO 环境监测卫星公司的诉讼威胁。

从上述四个例子中可以吸取两个教训,相互竞争的地面服务可以迅速扩展,并能实现比卫星系统低得多的最低成本。此外,关于干扰的争议甚至可能破坏明显稳健的商业运营模式。

如果说消费品对产品供应很重要的话,那么生产规模也很重要。对部件供应商而言,如果不能作为下一代三星或苹果等智能手机的供应商,那么该厂家可能面临由股票贬值所引发的巨大的、甚至是灾难性的经济损失。半导体组件供应链是一个在2017年营业额达到4000亿美元的行业,可以理解,该行业对于将研发和生产资源从这些关键客户手中转移出来的做法十分谨慎。

这些鲜活的案例已经为我们敲响了警钟,是时候以更加审慎的态度来关注5G和卫星行业以及其他利益相关方的财务动态了。

11.3 电信行业的规模分析

2016年,全球电信行业创造了约2.15万亿美元的收入。这比2015年的2.11万亿美元略有增加。其中,EBITDA总额超过7000亿美元,而资本支出总额略高于6000亿美元。电信行业的企业总价值约为4.6万亿美元,其中包含1.6万亿美元的债务。平均债务股权比略高于100%,而股权回报率则处于稳健的水平,约为12.2%。尽管一些市场中客户的数量已经不再增长,有的甚至出现下滑的趋势,但认为电信行业正在苦苦挣扎的说法似乎是站不住脚的。

这2.15万亿美元的总收入中,包含了付费电视、电信基础设施服务以及固定和移动通信等。其中,大部分的收入(约1.75万亿美元)来自美国AT&T、德国电信公司和Vodafone等传统电信公司,其余收入的大部分归属于Comcast、Liberty Global和Sky等付费电视公司。其余的收入来自许多附属业务,如批发运输和基础设施服务,其中也包括卫星连接。表11.1从电信行业细分领域公开发布的数据中选取了一些具有代表性的数据。为了简单起见,这里列出的电信集团仅包含了10家最大的运营商,并且年收入均超过500亿美元。记录在案的有美国AT&T、威瑞森电信公司、中国移动、NTT、Vodafone、德国电信、软银公司、中国电信、美国移动和西班牙电信等。上述公司的市值之和大约占全球电信行业总市值的一半。

表11.1 财务数据对比

十亿美元	电信集团	电信集团*	GAFA集团	Satellite集团
收入	901.84	789.80	276.05	12.71
EBITDA	274.16	233.86	82.68	6.75
净收入	73.59	56.16	29.78	2.52

(续)

十亿美元	电信集团	电信集团*	GAFA 集团	Satellite 集团
企业价值	1492	1378	1722	55.2
股东资金	607.5	463.5	349.9	13.49
净债务额	508.4	572.6	−157.4	24.72
资本支出	95.57	82.92	22.57	1.27
债务股权比	83.7%	123.6%	−45.0%	183.6%
回报率	12.1%	12.1%	8.5%	7.7%
EBITDA 利润率	30.4%	29.6%	30.0%	55.7%
资金密集度	10.6%	10.5%	8.2%	39.6%
企业价值/EBITDA	5.44	5.89	20.8	7.7
企业价值/收入	1.65	1.75	6.2	4.4

*除去中国移动

11.4 SAT 和其他实体

此处展示的卫星集团由 9 个相互独立的实体组成。一般而言，这些公司可以进一步分为两类：地球静止轨道卫星公司和 LEO 公司。EchoStar、Eutelsat、Inmarsat、Intelsat、SES 和 VIASAT 属于第一组；Globlestar、Iridium 和 Orbcomm 属于第二组。目前为止，我们无法对新兴的 LEO 做出科学的评价，如 OneWeb、SpaceX 以及 LeoSat 等，因为它们都是刚刚获得首轮投资但尚未取得收入的企业。目前的互联网/OTT 类公司主要包括 GAFA 集团，即 Alphabet、Amazon、Facebook 和苹果。不过仍需要指出的是，尽管阿里巴巴和腾讯等其他公司尚未能列入其中，但就运营规模而言，这些公司已经可以媲美上述 4 家公司了。

表 11.1 中给出了两个版本的电信集团财务数据，第二个版本中不包括中国移动公司。之所以这么做，是因为中国移动公司的 640 亿美元现金余额使其完全不具有代表性：其余的 9 家公司平均净负债超过 600 亿美元。这三类中的每一类都有着各不相同的财务特征。

不同集团之间最明显的区别是业务规模的大小。平均而言，10 家大型电信公司的年收入为 900 亿美元，EBITDA 为 270 亿美元，债务为 500 亿美元，市场估值约为 1500 亿美元。GAFA 集团的年收入是 690 亿美元，现金 390 亿美元，企业价值 4300 亿美元。这些数字让那些卫星公司相形见绌，其年平均收入仅为 14

亿美元,EBITDA 为 7.5 亿美元,债务为 27.5 亿美元,企业价值为 61 亿美元。

11.5 卫星供应链

在对供应链进行分析时,也可以看出电信行业财务动态的差异。除了卫星集团以外,我们各个行业集团进行了小样本抽取,不过所选取出来的公司都是具有代表性的。美国航空航天集团中选取了 Boeing、Lockheed Martin 和 Northrop Grumman;欧洲航空航天集团选取了 BAE(BAE 是由英国航空航天公司和马可尼电子系统公司合并而成的)、Airbus 和 Thales;供应商集团选取了爱立信公司、华为公司和诺基亚公司;汽车集团选取了福特、通用汽车公司和丰田汽车公司。表 11.3 给出了上述集团的财务数据。表 11.2 中的所有数据截止到 2016 年为止。

表 11.2 其他利益相关者

十亿美元	卫星集团	美国航天	欧洲航天	网络供应商*	汽车集团
收入	12.71	166.4	104.2	124.54	537.71
营业利润	3.95	14.58	5.83	9.35	38.70
净收入	2.52	12.40	3.10	4.80	30.83
企业价值	55.2	239.4	132.1	117.9	632.7
股东*资金	13.49	7.68	13.01	34.86	241.6
净负债额	24.72	26.91	39.94	-1.03	297.97
资本支出	1.27	3.60	4.18	5.53	27.52
营业利润率	20.96%	8.76%	5.60%	7.51%	6.75%
回报率	18.75%	161.42%	23.82%	13.77%	12.76%
债务股权比	183.6%	350.4%	307.0%	-2.96%	123.32%
资本密集度	32.60%	2.16%	4.01%	4.46%	4.80%
私企研发支出/销售额	-	3.80%	5.28%	14.68%	4.36%
员工平均营业额(千美元)	960	529	371	316	726

*由于华为是私有企业,它的 EV 是根据诺基亚和爱立信的数据估算的

11.6 财务比较

这里有很多数字,要从中分析出不同行业集团的金融动态情况可能并不容

易。图 11.2 给出了每个行业集团的收入、债务、股东资金、资本支出的分布情况,从中可以看出它们的运营规模差异。

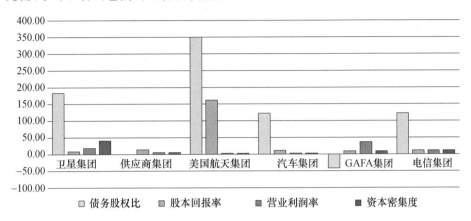

图 11.2　各行业的财务比率

图 11.3 突出了第二个主要的不同点。总体而言,资本结构完全不同。电信公司负债累累,但似乎没有一家债务负担过重:两大净借款人(AT&T 和 Verizon)的 EBITDA 分别为其年度利息的 10.3 倍和 9.8 倍,就连西班牙电话公司和软银公司也分别为 6.8 倍和 5.8 倍。相比之下,Intelsat 深陷财务泥潭不能自拔,并且已经多次入不敷出了。

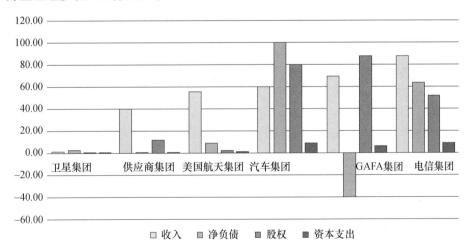

图 11.3　各行业的财务指标

应当指出的是,图 11.3 给出的债务股权比数据并不能真实反映美国航天工业的运营规模。图中显示,美国航天集团的债务股权比高达 350%,就此单项而论的话,其他所有集团都相形见绌。但是,此处 350% 的结果是不合常理的。因为,在计算此项数据时,主要考虑了波音公司的一些急功近利型金融项目:该公司去年将股东资金从 63 亿美元减少至 8.17 亿美元,由此将股本回报率从 82% 提高至 600%。这反过来也表明,在分析这些图表以及数据时应时刻保持着审慎的态度。

尽管列出了这些图表,但根据图 11.2 和图 11.3 显示,各个集团之间存在着太多显著的差别,以至于不知从何处下手分析。除了运营规模外,这些集团之间有着更为极端的差异,尤其是在盈利能力和资本结构方面。

11.7 GAFASAT 和汽车工业的主要业务

与此同时,还有其他几点情况值得注意。像 Facebook 和谷歌这样的实体公司几乎每分钟都在盈利,而航天业的巨头们却年复一年地应对糟糕的财务状况。介于这两个极端情况之间的是电信集团(通常以月为结算周期),其次是汽车和供应商群体,最后是更注重长期持续性收益的卫星行业。这些差异源于各群体目标市场的不同规模。Facebook 和谷歌的用户数量均是以十亿为计量单位的,占全球人口的很大一部分,而电信集团的客户却只有 5000 万~5 亿不等。汽车集团的客户数量则比电信集团低了一个数量级。进一步的,电信供应商集团的客户数又比汽车集团低了将近 4~5 个数量级,它们可能只为大约 500 家公司提供服务。而一些航天公司的客户数则用两只手便数得过来。这些集团客户规模的差异直接体现在市场估值中,同时还应指出的是,NEWLEO 可能比 GSO 更具有电信业的特征。

仔细观察可以发现:电信供应商集团的确是商业巨头,至少在年营业额方面已经与它们的客户公司大致相当了,卫星通信集团就相形见绌。电信供应商在科技以及客户群规模和结构的推动下继续经历着快速的变化。(垄断时代已经一去不复返了,当然地球静止轨道通信业除外。)公平地说,如今没有一家公司能够代表这个行业的现状。在 2016 年(含)之前的 6 年时间里,诺基亚卖掉了手机业务,收购了阿尔卡特公司。事实上,在与朗讯公司合并后的几年里,阿尔卡特公司曾一度成为市场的领头羊。爱立信公司也经历了一次不算剧烈的蜕变,但它从硬件业务到服务业务的转变表明电信供应商集团发生了翻天覆地的变化。

11.8 华为

引发这场巨变的主角是华为公司。在过去6年中,这家中国企业的规模扩大了一倍多,从320亿美元增至750亿美元,其利润和现金余额也保持着同步增长。以人民币来计算的话,这一增长更是惊人,华为的收入从2040亿元增加到5220亿元,营业利润从180亿元增加到480亿元。华为公司的竞争对手进行了强烈的抗议,指责华为进行了逆向工程和技术剽窃。但华为公司在光伏研发中投入的资金相当于该行业平均销售额的15%,这似乎足以证明华为的快速发展并非偶然。

目前,世界上有数千家独立的电信运营商,但从电信供应商的角度来看,只有不到100家拥有巨大市场份额,真正发挥重要作用的只有20家,包括11.3节中提到的10家运营商,再加上一些诸如Orange公司、BT、意大利电信集团公司和KDDI公司。对于国防承包商而言,市场营销的任务则更为简单。

11.9 美国国防部门供应链

Lockheed就是一个很好的例子:其年收入的70%以上源自美国国防部。事实上,在撰写本书时,仅F-35闪电Ⅱ号战斗机这一个项目的收入几乎就占到了该公司总收入的1/3。根据Lockheed 2015年的文件记录显示:"将设计一种价格合理、性能优越、多用途隐形的F-35飞机。"据估算,要使一架F-35完全运转起来大约需要2.51亿美元(美国国防部2015年估算)。人们不禁会想,究竟价值几何的飞机才是政府负担不起的。然而,这些项目似乎一直在进行:Lockheed依然在强调F-16飞机对公司收入的贡献;这款飞机于1973年首次服役,目前仍在不断改进中。很少有其他企业能够享有如此稳定、可预测的、持续性的收入。

虽然Lockheed的业务主要集中在飞机方面,但仍有大约1/5收入来自其空间系统部门。在过去5年中,该部门的平均收入为90.7亿美元,营业利润为11.8亿美元。需要说明,这里重点指的是军事领域的相关业务,三叉戟Ⅱ号(TridentⅡ)、美国空军天基红外系统和第三代GPS系统(GPS-Ⅲ)均包括在内。

波音公司的主要业务是商用飞机(过去5年中,收入占到了该公司总收入的60~70%,而利润与总利润的比例还要略高一点),但其在太空领域也占有相当大的市场。波音公司的网络和空间系统部门的业务总额高达 70~80 亿美元,该部门同样参与了诸如第三代 GPS 系统和宽带全球卫星通信系统星座设计(12 颗低轨卫星)等项目。此外,该部门还与不少客户进行了重要的商业项目合作,如墨西哥卫星公司(MexSat)、欧洲卫星公司和美国卫讯公司等。

欧洲航空航天集团与美国的同行具有较强的可比性。例如,Lockheed,该公司收入的 70% 也来自政府客户,BAE 公司亦是如此。此外,上述两个公司的客户也更加多样化,如英国政府、美国政府、沙特阿拉伯政府和欧洲战斗机联盟等都包括在内。空中客车公司与波音公司相类似,其主要业务在民用领域,但也参与了一些卫星项目和军事项目。值得注意的是,空中客车公司的民用待办业务总额目前已超过 1 万亿欧元(1.24 万亿美元)。按每年收入 820 亿美元来算的话,这比该公司 15 年的收入总和还要多。

上述商业巨头的客户可能是电信集团、汽车集团或者任何薪酬与效益直接挂钩的公司,但这些商业巨头真的能满足客户对灵活性和快速响应能力的迫切需求吗?这些都是令人深思的问题,通过上述对国防承包商和电信运营商的分析情况来看,恐怕很难得到这些商业巨头的肯定回答。

11.10 卫星供应链

卫星集团的资本密集度极高,以至于资本支出与收入之比(资本密集程度)要比其他任何集团高出六倍以上。同样的,员工的平均营业收入几乎是第二高效集团(美国航天)的两倍。这是因为卫星运营商的客户数量有限,运营商们并没有将制造卫星、发射卫星、监管卫星星座等职能全部揽在自己身上,而通常是依赖外部承包商去完成。欧洲卫星公司是最极端的例子:截至 2016 年年底,该公司只有 69 名员工,这使得每一名员工的营业收入均达到 3300 万美元以上。

下面展示的数据揭示了卫星集团财务状态的另一面,这些数据涉及 9 个完全不同的公司。表 11.3 中给出了一些关键数字和比率,第一项是 GSO 的相关数据,第二项是 LEO,最后一项是总和。很显然,通过这些数据可以看出,与其说卫星集团过度举债的名声是 Intelsat 造成的,倒不如说是私募股权投资者的影响:私募股权投资者使得卫星商业背上了毫无益处的资本结构。Intelsat 欠下的债务占整个行业债务的一半以上,如果我们将其剔除,GSO 集团的债务股权比率将降至 80% 以下。

表 11.3　卫星行业的财务数据对比

百万美元	收入	EBITDA	资本支出	净负债	企业价值	债务股权比	员工平均营业额
GSO							
EchoStar	3,057	859	722	567	5,418	15.44%	0.764
Eutelsat	1,619	1,252	364	4,171	8,681	144.67%	1.755
Inmarsat	1,329	795	150	2,290	5,667	160.65%	0.762
Intelsat	2,188	1,616	1,980	13,532	13,853	−2,982.42%	1.903
SES	2,284	1,664	1,602	1,265	12,673	47.29%	33.107
ViaSat	1,515	285	485	762	4,269	93.78%	0.352
	11,992	6,471	5,303	22.587	50,561	205.06%	0.984
LEO							
Globalstar	95	15	7	762	1,767	322.50%	0.277
Iridium	434	226	406	1,247	2,215	81.37%	1.777
Orbcomm	187	41	28	124	710	40.32%	0.404
	716	282	441	2,133	4,692	102.73%	0.682
总计	12,708	6,751	5,744	24,717	55,254	187.21%	0.960

LEO 运营商的债务股权比率高于 80%，其中大部分是 Globalstar 破产后造成的。净负债与 EBITDA 之比超过 40 显然不算正常，但这并不是主要考虑因素，甚至有可能会从《美国破产法》第 11 章中剔除出去，并且几乎不会危及整个行业的运营状况。（据记录，Globalstar 和美国卫讯公司的净债务均为 7.62 亿美元，此处纯属巧合而非打字失误。）

在本概述中所提及的每一家公司的收入都要高于整个卫星集团的收入。Intelsat 的债已然堆积如山，引发了并购部门的恐慌；然而，对大多数潜在的金融大鳄而言，这不过是一次偶发的消化不良而已。大多数评论员在谈到上述群体易受未知债务的危险时，通常都假定潜在掠夺者来自电信集团。很多电信公司已经进军卫星市场，其中，一些公司曾是 Intelsat 和 Inmarsat 等公司的股东（不少人可能还记得，Vodafone 也曾是 Globalstar 的股东）。

这种认为电信集团是最有可能的买家的假设似乎是合理的，但可能还有其他更强势利益相关方。GAFA 集团的某些成员（尤其是 Facebook）表示有兴趣利用卫星通信绕过传统的通信网络。这绝对是有道理的，因为他们商业模式的一个明显弱点是，他们需要不受限制地访问别人的网络来提供服务。根据记录显示，苹果公司有足够的现金支付超过其市值（280 亿美元）25% 的收购溢价，并且两次购买了整批股票。谷歌公司的母公司 Alphabet 也可以做到这一点,并且仍有足够的财力收购世界上大多数卫星电视公司。Facebook 可能没有这两家公司那么财大气粗,截至 2016 年 12 月底,其净现金仅为 89 亿美元。但股票评级结果显示其市盈率值在 40 倍以上,因此它仍有潜力对上述 9 家公司中的任何一家或全部发起并购。

这些公司中有几家正坐拥着频谱资产,但它们并没有像以往那样积极地利用这些资产,这反过来表明它们的独立性可能受到质疑。这可能对供应商和客户都有影响。

11.11 小结

移动运营商社区和卫星运营商(不包括 Intelsat)已经蓄势待发,当然不是反应过度。然而,与 GAFA 四巨头、阿里巴巴、腾讯等潜在资金实力相比,它们相形见绌。卫星行业比移动宽带行业和汽车行业小两个数量级。不过,一旦 NEW-LEO 成功发射并开始建立客户群,这种情况可能会发生改变,但这取决于创建的商业模式是促进合作的还是激化冲突的。

移动宽带行业和卫星行业可以通过共享频谱来改变移动和固定宽带交付的经济性,也可以改变全球物联网市场的经济性,但它们会这样做吗?

参考文献

[1] http://bankruptcy.findlaw.com/chapter-13/chapter-11-bankruptcy.html.
[2] http://www.bornrich.com/craig-mccaw.html.

第12章　互利互惠的合作模式

12.1　引言

在本章中,总结了5G行业和卫星行业之间的交叉点和关键点,以及它们与其他利益相关方(包括汽车行业和网络公司,如谷歌、苹果、Facebook、亚马逊、阿里巴巴和腾讯)之间潜在的积极互动。

我们回顾了这些行业之间的技术和商业共同利益,并对共享资产(包括频谱资产、空间和地面资产以及客户资产)经营方式的经济效益进行了量化。

在第9章中,明确了5G行业需要解决的问题,以及卫星行业应如何对其提供帮助。也同样指出了卫星行业急需解决的问题,以及5G行业和其他相关方应如何对其提供帮助。需要强调的是,卫星行业需要更大的规模。5G行业则需要降低运营成本、提供全方位覆盖、提高功率效率、并且还要满足碳排放量目标。

需要注意的是,此处将Wi-Fi技术、蓝牙技术和NFC技术作为5G技术不可或缺的组成部分,同时也主张将LEO、MEO和GSO并入5G技术的覆盖范围。

12.2　频谱中的交叉点和关键点

表12.1列出了从VHF到V频段和E频段的频谱交叉点和关键点。在变更频谱使用权或访问权时,总会涉及以下情况:一组用户必须接纳另一组用户的加入,否则将会被替换掉。这通常会造成争议,甚至会引发法律和商业纠纷。

表 12.1(a)　VHF 到 E 频段的交叉点和关键点

3GHz 以上交叉点和关键点							
UHF 1 GHz 以下			L – 波段		S – 波段			
450 MHz	600 700 800	900	1.6 GHz	2 GHz	2.3 GHz	2.7 GHz
频段 31 452～457	频段 71 600 MHz		频段 21 1447～1462 1495～1510 Iridium Globalstar Ligado SAS	频段 1 LTE FDD Inmarsat EAN	波段 30 LTE FDD 2305～2315 2350～2360 Globalstar	波段 7 LTE FDD LTE TDD
5G 重整	5G 重整	5G 重整	5G 重整 AWS 1.8GHz LTE 1.9GHz LTE	5G 重整	5G 重整	5G 重整
PMSE		ISM 902～908	GPS		2.4 GHz Wi – Fi	长距离气象雷达 300 km 强降雨 2.7～2.9GHz
信道栅格和通带						
25 kHz PMSE						
5 MHz LTE	10 MHz LTE	10 MHz LTE	10 MHz LTE	20 MHz LTE	10 MHz LTE	20 MHz LTE
5 MHz	10～45MHz	35 MHz	75 MHz	75 MHz	?	75 MHz

第 12 章　互利互惠的合作模式

表 12.1(b)　甚高频 VHF 到 E 频段的交叉点和关键点

3GHz 以上交叉点和关键点									
C-波段		X-波段	Ku-波段	K-波段	Ka-波段	V-波段	E-波段		
		高通量卫星(HTS)					甚高通量卫星(VHTS)		
3.4 GHz 3.8	5.6 GHz	8~12 GHz	12 GHz	18 GHz	28 GHz	50 GHz	60 GHz	71~76 GHz	77~81 GHz	82~87 GHz	92~95 GHz
波段 22 FDD 波段 42,43,48 TDD	?		GSO MEO LEO	反馈链路	GSO MEO LEO	GSO MEO LEO					
卫星电视 3.7~4.2 GHz		军用电台和雷达 SAT TV	军用电台和雷达	军用电台和雷达 SAT TV 18.13 18.8 19.7 20.2	P to P 回程			短中长距离自动雷达			
5G 重整 FDD/TDD	5G 新 FDD/TDD 5 GHz Wi-Fi + 802.11p Medium Range Weather Radar Light Rain 5250 5725 MHz	短距离气象雷达小雪 9300 9500 MHz	5G 新 FDD	5G 新 FDD	5G 新 FDD	5G 新 FDD	5G 新 TDD	5G 新 FDD		5G 新 FDD	5G 新 TDD
信道栅格和通带									
20 MHz 400 MHz	100 MHz ?		250 MHz 2 GHz	250 MHz 2 GHz	500 MHz 3.5 6Hz	1 GHz 3.5	1GHz 3.5	1 GHz 5		1 GHz 5 5	1+2 GHz

注意:5G FDD 波段与卫星 FDD 波段对齐。5G TDD 波段与 5GHz、60GHz WiFi 和 92~95GHz 波段对齐。

表 12.1 给出的例子中包括 VHF 和特高频(UHF)频段的双向无线电台,亚 GHz ISM 频段的物联网用户,450~800MHz 的地面电视,2.7GHz 的大雨远程雷达,3.7~4.2GHz 的卫星电视,5GHz 的小雨中程雷达,12GHz 的军用雷达、军用无线电台、高清卫星电视,18GHz 的超高清、特高清卫星电视,28GHz 的点对点、点对多点回传链路,77~81GHz 的近程、中程、远程汽车雷达。

如果 5G 技术要比 LTE 技术提供更高峰值数据速率、更大容量、更低成本和更优功率效率(不可否认仅是假设),那么可以预期,在未来的 4～10 年中,450MHz～3.8GHz(LTE 技术在用频段)之间的所有频谱资源将会被 5G 取代。这被称为重构。

5G 用户设备中使用了 OFDM(取代了在 LTE 中使用的更强滤波 SC-FDMA),因此可以预期,带外泄露现象将会更加严重。更宽的带宽信道,如 20MHz 的 LTE 或 20MHz 的 5G 也将增加这些较低频段的带间、系统间干扰。

在表的下端,展示了信道带宽和通带是如何随着频率的增加而增大的。在 450MHz 时,5MHz 的 LTE/5G 信道需要 5MHz 的通带,当信道增加至 5MHz 到 10MHz 时,所需的通带宽度将增加至 45MHz(在 700MHz 的 APT 频带),在 L 频带,10MHz 或 20MHz 的 LTE/5G 信道则需要 60MHz 或 75MHz 的通带,在 S 频段内(频段 1 的 2.1GHz 和频段 7 的 2.6GHz),信道带宽与通带的情况也与之类似。在 C 频段内,通带宽度增加到了 400MHz(3.4～3.8GHz),不同国家和地区的 TDD/FDD 规划差异阻碍了全球规模经济。目前还存在特定国家和特定地区的共存问题。例如,美国公民宽带无线业务、澳大利亚的固定无线业务(目前使用 Wi-Max TDD)与卫星电视业务的共存问题。C 频段的高端包括用于 V2V 和 V2X 的基于 802.11p 的 5G Wi-Fi,而后是军用无线电台和雷达系统交叉部分,一直到 K 波段的低端。需要注意的是,每一代新的雷达系统通常比上一代雷达系统具有更高的发射功率、更宽的接收通带和更高的接收灵敏度。这使得雷达的探测距离、测量精度和分辨率均得到了提升,但加剧了带外辐射现象,使雷达系统更容易受到相邻信道和相邻频段的干扰。

除了卫星电视与军用无线电台和雷达的共存问题之外,对于 12GHz 频段,需要讨论的要点是,高计数 LEO 星座(特别是 OneWeb)是否可以与 MEO 和 GSO 星座(以及卫星电视、军用无线电台、军用雷达)共享频谱资源。共享是基于渐进俯仰角功率分离与功率控制和切换相结合的能力,以防止不需要的信号能量进入该频带的其他无线电系统。这已经受到一些公司的质疑(如在第 7 章亚洲广播卫星案例研究一节中提到的)。对于 K 频段而言,也出现了同样的质疑,如 18GHz 和 Ka 频段的馈线链路。SES 购买 O3b 卫星系统的部分动机是重新启用以 28GHz 为中心的 3.5GHz 通带。SES 表示,截至目前,这个想法仍然是难以实现的(个人沟通,与 SES 管理层的非正式讨论)。

然而,撇开商业动机不谈,我们倾向于支持 OneWeb、SpaceX 以及 LeoSat 的说法,即共享是可能的。这是基于地面天线创新而作出的判断,尤其是平面 VSAT 所具有的区分所需能量和不需要能量的能力。

需要注意的是,如果卫星运营商之间没有竞争的话,那么在移动通信运营商

第 12 章　互利互惠的合作模式

和卫星通信运营商之间建立合作关系将更容易实现。因此,消除或减少 NEW-LEO、MEO 和 GSO 运营商之间固有的频谱紧张关系本身就是一个进步。

12.3　天线创新对 Ku、K 和 Ka 等频段频谱共享的影响

12.3.1　有源相控阵天线(有源平面 VSAT)

这可能看起来像是棋盘游戏中的蛇与梯子或大富翁,但天线创新对在任何频段的高计数 LEO 星座与 MEO、GSO 卫星之间进行通带共享的成败至关重要。在目前的讨论中,我们对高吞吐量卫星的 Ku 频段、K 频段和 Ka 频段以及甚高吞吐量卫座的 V 频段和 W 频段(E 频段)特别感兴趣。第 6 章中介绍了有源相控阵天线(AESA)及其无源等效天线。有源相控阵天线可以进行大范围的扫描,并能从 GSO、MEO、LEO 中主动选取最佳的可用卫星连接,同时还能够主动抵消来自其他卫星的信号能量。采用 K 频段甚至是更高的频段后,具有 256 个单元、512 个单元或 1024 个单元的紧凑型天线完全实用。元件数量加倍后可以获得 6dB 的性能增益,虽然减少干扰噪声的影响更重要。对电视液晶屏工厂或太阳能电池板工厂进行简单改造,就可对这种天线进行组装。天线可以按照汽车、卡车、火车、轮船或飞机的车顶轮廓来改变形状。这种天线被称为有源共形天线。每个天线单元都有自己的射频功率放大器、低噪声接收放大器和滤波器、过滤器链和相位匹配网络。这无疑会增加成本,尤其是部分元件的规定工作温度甚至在 125℃ 以上,而高温操作也会降低接收灵敏度。

这意味着天线的成本很难降低到几百美元以下。虽然可以将其应用于高端轿车、卡车、火车、轮船和飞机中,但对价格敏感度较高的市场恐怕是无能为力的。

12.3.2　无源固定波束宽度平面/共形阵列天线(无源平面 VSAT)

替代方案是使用无源固定波束宽度平面/共形阵列天线,该天线元件的相位偏移量是固定的,但其排列方式使得天线只能以圆锥形进行扫描,其视场角可能是 5° 或者更小。这种天线只能看到头顶正上方的卫星,如位于赤道上的地球静止轨道卫星,或者更高纬度的 MEO 或高计数 LEO。

这种无源方式意味着整个天线只有一个射频收发器。收发器可以远程加载,从而避免了有源天线方式中的温度梯度问题。无论是采用哪一种天线,似乎都会使得三种卫星(LEO、MEO 和 GSO)共享频谱的提议看起来更加合理。

12.4　天线创新对26GHz与28GHz之争意味着什么

这种天线的创新也使得与5G频谱共享成为一种更现实、更具商业吸引力的选择。我们认为,目前的"请你的坦克离开我的28GHz草坪"是错误的处理方式。尽管美国已经选择了28GHz作为5G频段,但卫星行业正在游说ITU将26GHz而不是28GHz作为5G频段。这会使得卫星行业无法达到应对5G市场所需的规模。

与之相比,允许5G接入28GHz通带意味着可以在美国和世界其他地方(ROW)的市场之间,以及在5G、5G点对点(PTP)、点对多点(PTMP)频段回程,LEO、MEO和GSO星座之间,实现规模经济效益。除此之外,共享12GHz频段、18GHz频段以及V频段和W频段(E频段)中的常用频段,也可以产生相似的规模经济效益。

将地面5G、带内自回传、LEO、MEO和GSO结合起来使用的话,还意味着用户或者物联网设备将在任何时候都能看到多个可选连接。这意味着将带来可观的用户体验和物联网连接优势。这表明卫星行业地位可能会发生重大转变,但将带来EBITDA和企业价值的大幅增加。当然,这也使得今后10年内不会出现法律诉讼和技术争论。

目前的情况与声称单频网络不能用于超高频地面广播的地面电视社区没有什么不同。具有高可靠性的多频网络给出了一条错误的技术逻辑,即需要400MHz的传输带宽来维持电视广播质量。在实际应用中,单频网络已被证明具备有效性和高效性,并且可以在不影响服务质量的前提下将电视打包装到500MHz子频带中。

12.5　交换条件:3.8GHz以下5G重新规划频段中的卫星

卫星行业不支持任何接入权的改变,也不支持共享K频段、V频段或E频段频谱,除非获得3.8GHz向下到在450MHz的5G频段31的对等接入权。任何相关推进也都需要对共享扩展C频段(3.8~4.2GHz及更高部分)达成协议。

12.6　卫星链路预算真的难以满足多数地面应用系统吗?

对这个问题,读者可能会提出反对意见,认为卫星的路径损耗太高,对许多地面应用系统没有用处。表12.2列出了最短路径(垂直向下)情况下的GEO和LEO的路径损耗。路径损耗随着倾斜而增大,因为路径损耗会更长。还需要增加雨衰余量(约10dB)。

表12.2 L频段和28GHz频率情况下低轨卫星和同步轨道卫星的路径损耗对比

28GHz时的路径损耗
GSO,212dB   LEO,185dB
L频段(1.6GHz)时的路径损耗
GSO,187dB   LEO,152dB

以下几个因素需要考虑。当存在雨衰时,AESA天线将选择一颗替代卫星,以获得一条替代的、有望无雨的路径。虽然有效,但这会对端到端时延的可变性产生影响,不过这仍不失为卫星通信系统的一个优势,尤其对具有星间链路的系统更是如此。相比之下,无源天线总是直接向上看,虽然在下雨时会有雨衰影响,但端到端时延的变化却比较小。

不言而喻,与700km外的LEO、20000km外的MEO或36000km外的GSO相比,距离基站几米、直线可视的用户设备或物联网设备的路径损耗要小几十分贝,而不是上面的较大数字。然而,如果地面路径是非视距的,则路径损耗将急剧增加。网状拓扑作为一种解决方案得到了推广,但它牺牲了带宽和功率,并增加本地噪底。如前所述,对于室外覆盖,赤道上空高计数LEO、MEO和GSO总能够提供一条接近过顶或始终过顶的传输链路,从而获得最小的地面反射、最小的地面散射以及最小的地面吸收损耗。卫星通信系统也可以获得40~50dBi的天线各向同性增益,并且噪声下限也显著降低。因此,许多情况下,尽管路径损耗较高,但卫星的链路预算可能会更好,尤其在地面链路为非视距的情况下更是如此。

12.7 卫星垂直模式

这一点能够用星地间传播与路径轨迹之间存在的根本性差异来解释。之前说过,理想的卫星信号传播轨迹,尤其是厘米波频段和毫米波频段,是垂直向下的。之前也说过,卫星小区的覆盖范围能从几公里扩大至2000km甚至更大(整个非洲大陆都可以采用卫星广播)。这说明卫星在提供地理覆盖方面特别有效。

12.8　垂直市场的垂直覆盖

垂直覆盖在提供垂直市场覆盖方面也特别有效。例如,我们参考了汽车连接和计算的要求,即需要额外的 15~30dB 地面链路预算来满足汽车覆盖范围、吞吐量、延迟和可靠性要求。Ku 频段、Ka 频段内的 LEO、MEO、GSO 混合星座交付这些要求将更加容易和便宜。同样的论点也适用于许多其他垂直市场,包括电力、天然气和水。还要注意,我们已经说过,从太空,更具体地说是从具有星间和星座间切换功能的卫星星座,更容易提供完全安全的自主或半自主驾驶体验。

12.9　地面水平模式:水平市场的水平覆盖

相反,地面水平覆盖是水平市场的更好选择,如室外到室内覆盖、低成本、高数据速率消费者连接和超低延迟本地连接。卫星或地面系统哪一个更适合超可靠的应用还有待商榷,但无可争议的是,最可靠的链路应该是可以接入地面 5G 和 LEO、MEO 和 GSO 的链路,可以选择 Ku 波段、K 波段、Ka 波段、V 波段和 E 波段频谱共享。

12.10　水平与垂直的价值

5G 和卫星本质上是互补的。5G 最适合服务来自 4G 和 5G 地面基站以及 Wi-Fi 接入点等水平流量,它在 UHF(450MHz 频段 31)至 E 频段(92~95GHz)频谱的拥有数千万个连接点的地面覆盖区。每个小区的直径,从室内或室外最高密度的 20m 或更小,到 2km 和 20km 不等,甚至有可能更大,但只有在视距不再是主要问题的较低频率下才有效。

当卫星、高空平台、直升机和无人驾驶的 4G 或 5G 基站服务于直接向上和直接向下的流量时,效率最高。显而易见,所有这些非地面选项最适合为垂直连接提供服务。

高空平台、直升机和无人机擅长提供按需覆盖,如应对局部紧急情况。尽管小区边缘的仰角相对较低(10%),但高度在 8~20 公里的准同步自稳定高空平台依然可以为 200km 范围内的小区提供低廉、有效的通信覆盖。这些平台也是一种高效的空中间谍,可以执行各种各样的成像、遥感和事件监测等任务。

由于卫星的在轨时长可达 20 年甚至更久,并且不需要缴纳租金、电费等,因此,这就提供了一个长期资本摊销的机会,使得太空通信具有显著的优势。目前从地面网络水平提供的通信业务中有很大一部分,能够借助卫星(特别是垂直方向上的卫星)提供更高效的服务体验。需要说明的是,LEO、MEO 和 GSO 也可以利用星间交换水平传送通信。这可能比地面光纤、电缆和铜缆网络更快、更高效。最后但并非最不重要的一点是,我们可以使用星座间交换将流量向上路由,LEO 将流量向上发送到 MEO 和 GSO,然后通过现有的完全摊销的地球同步轨道地面站返回地球。

发射和卫星技术的创新,现在已经使得向 LEO 和 MEO 发射数千颗而不是数百颗卫星以及向 GSO 发射更大更强的卫星成为可能。

虽然目前看来地面基站密度不大可能在近地空间复制,但只要能够有效和高效地管理空间碎片等问题,这并非不可能实现。20 年节约下来能源的费用可能会大于首次发射的碳成本,因此天基网络有可能成为低碳选择,尽管利用风能和太阳能提供能量的地面网络也需要作为因素纳入计算。

卫星天线的创新使地球上的蜂窝直径从 2~20km 扩大到 200~2000km 或更多,并使用从 VHF 到 E 频段的频谱。虽然,这有点离题。5G 和卫星系统,包括 Ku 波段和 Ka 波段的高吞吐量卫星,V 波段和 W 波段的超高吞吐量卫星,以及 E 波段的甚高吞吐量卫星,都是基于波束的网络。它们通过波束到波束的切换为单个用户或小用户群有效地提供渐进的点对点覆盖。

对于卫星来说,最好是在空间上考虑,而不是考虑一个小区,应该考虑最近的卫星通过头顶提供的可视锥,它在卫星之间进行切换,通过卫星间和星间交换矩阵进行路由通信。在频域中,本地和回传业务之间可能存在分离,用户平面或控制平面之间也可能存在分离,或者都可以在 3.5GHz + 3.5GHz 或 5GHz + 5GHz 通带内的 250MHz 或 500MHz 信道中复用。

无论哪种方式,5G 地面和卫星网络都使用可控波束或可切换固定波束来复制导向介质的性能,它们通过将波束方向图压缩指向特定点,使得接收路径两端天线只收到感兴趣的射频能量。相反,不需要的信号能量被排除在频谱上和地理上邻近系统之外。

这些都是本质上渐进的点对点系统,尽管采用先开后合的波束到波束切换来维持单个业务流。就链路效率而言,最理想的工作点是直接过顶,尽管这意味着有大量 LEO 星座(数百或数千颗卫星),数十或数百颗 MEO 卫星,和理想情况下的 40 颗或更多 GSO 卫星,均匀分布在赤道周围(以最大限度地降低东西仰角)。

最小化可用高度的概念在商业上很尴尬,因为这意味着 GSO 卫星受到限制,无法为地球南北高纬度地区的用户提供服务。此外,通常只有从低仰角提供建筑物覆盖才是实际可行的(除非使用安装在屋顶的天线)。

然而,如果一个 GSO 运营商也拥有或者能够访问 MEO 和高计数 LEO 带宽,那么从具有最短链路的卫星为用户和物联网设备提供通信服务将会是有意义的,用户或设备将能始终获得来自垂直/近乎垂直方向上的视距信号。这不仅使得延迟最小化、链路预算最大化,而且避免了对地面网络尤其是视线受限区域非常重要的地面吸收、散射和地面反射问题。

如果 LEO、MEO、GSO 卫星恰巧同时处于用户正上方,那么必须协调好这三个系统,但理论上而言,这三个系统可以结合起来以最大化用户流量密度。从商业角度来看,这意味着需要确定从太空提供垂直带宽的成本以及从横向地面网络提供相同覆盖率和服务质量的等效成本,然后对单独使用和共同使用以上两种方式时的收益值进行量化。

如第 1 章所述,有些应用场合下卫星是唯一的选择(如海上和偏远农村),有些应用场合下,卫星更有效和高效,而在有些应用场合下,5G 和 Wi-Fi 技术的有效性和高效性则更优,但卫星的作用可能比目前设想的更加广泛。

12.11 小结:环游世界的 80 种方式

Skybridge 和 Teledesic 提出了高计数 LEO 星座的概念,意在利用渐进俯仰机制来实现频谱共享,并以经济高效的方式连通世界。不过,这已经是 20 年前的事了。

在欧洲,有学者提出了一个类似的建议,后来被称为 80 LEO 星座[1]。

Skybridge 和 Teledesic 已经不存在了,但是业已证明,它们提出的许多技术仍然是当前许多美国公司(如 OneWeb 和 SpaceX)所使用星座的基础。我们可能至少有 80 种方式可以在世界范围内收发语音和数据,并且其中一些方式性能更优(更有效、更高效)。

卫星行业正在经历一场引人注目的技术变革,包括发射创新、卫星和星座创新、生产和制造创新等。与此同时,卫星行业还经历着一场引人注目的商业转型,一些新兴企业得到了诸如谷歌、Facebook、亚马逊、阿里巴巴、腾讯等网络巨头公司的支持。这些互联网巨头拥有充足的现金、客户和从海量数据中提取有用信息的高级算法。事实上,卫星非常适合用于数据采集,特别是当卫星服务与离散的垂直市场紧密耦合时更是如此。

在汽车行业,Pirelli 公司正致力于获取包括汽车轮胎数据在内的各种传感器数据,并将数据上传至 Pirelli 云端,以便转售或提高商业效率。例如,通过告

第 12 章　互利互惠的合作模式

知客户何时需要更换轮胎或轮胎痕迹需要引起注意。这可以通过蜂窝网络来实现，但混合卫星星座则能以更高效的方式实现相同的功能。MEO 和 LEO 的多普勒特征也提供了一种潜在的纳秒精度的定位机制（定位模糊度为 1ft）。将上述机制与准天顶星座相结合，甚至可以提供鲁棒性更强的定位方式。此外，卫星还能够分摊通信、成像、遥感、商用与军用有效载荷的成本。

然而，卫星行业没有高达 40 亿的智能手机用户，也缺少相应的标准带宽，而这两者是移动和固定无线宽带革命成功的关键。卫星行业有一个供应链，经过优化，可以生产数百颗精心设计的卫星，而不是数百万的基站和接入点。智能手机的设计创新以及将这些设计理念以消费者价格推向市场的材料创新和制造创新，都是规模化的产物。但是，拥有 10 亿用户的谷歌和拥有 20 亿用户的 Facebook 均不具备这种制造能力和材料能力。迄今为止，它们仍未能收购一家复杂而高效的移动宽带设备和网络设备供应链，该供应链营业额的 12%～14% 投资于研发。

正好相反，5G 行业有不少问题需要解决，并且卫星行业恰好可以帮助其解决这些问题。主要包括网络密集化导致的成本基础不断提高、传统投资更注重全人口覆盖而不是全地域覆盖、能源效率偏低（也是网络密集化的产物）、碳排放控制问题等。

卫星行业可以用一枚火箭将数十颗卫星送入太空，并且在起飞几分钟后即可抵达太空；卫星可以在太空驻留 20 年之久，不需要缴纳地租，并且拥有使用不尽的免费电能。

LEO、MEO 和 GSO 运营商与 5G 行业之间的确存在着共享频谱的技术机会。这将避免 10 年毫无结果的技术争端和诉讼，但更重要的是，这将改变整个行业的工作模式和经济规模，改变消费者和垂直市场的用户体验，改变地面和海上物联网的经济效益。

这当中最大的收获是可为 5G 智能手机和可穿戴设备增加卫星连接。卫星所提供的额外覆盖范围能够提高移动通信运营商的 EBITDA 和企业价值。卫星运营商将通过实现接入互联的消费者附加值而获益，使它们成为平等的合作伙伴，而不是向日益占据主导地位的互联网巨头公司乞求分一杯羹。在一个狗咬狗的世界里，吉娃娃应[2]智胜比特犬[3]。

100 年前，由马可尼策划，英国和澳大利亚之间交换了第一条无线电报信息。马可尼谦虚地称自己是"用无线电连通世界"的人。今天，我们即将开启全球无线电创新的又一个新时代。作为当今时代的"马可尼"，马斯克先生连通了太空与地球，他的贡献足以被百年之后的人们铭记在心。可是，谁将会与他同行呢？

参考文献

[1] http://www.eightyleo.com/.
[2] http://www.chiwawadog.com/.
[3] http://www.bbc.co.uk/newsbeat/article/36367983/the-dog-breeds-that-are-banned-in-the-uk-and-why.

作者简介

Geoff Varrall 于 1985 年加入 RTT，担任执行董事和股东，负责发展 RTT 国际业务，为无线电行业提供技术和业务服务。

他与人共同开发了 RTT 原始系列的设计和促进研讨会，包括射频技术、无线电数据、移动无线电导论和专用移动无线电系统，还推出了牛津计划，这是一个为期五天的战略技术和市场项目，在 1991 年至 2005 年期间每年推出一次。33 年来，Geoff 一直在为该行业举办技术与市场研讨会，涵盖了五代移动、蜂窝和 Wi-Fi 技术。

Varrall 先生是《移动无线电服务手册》(Heinemann Butterworth，英国)、《无线电数据》(Quantum 出版社，Mendocino，美国) 和《3G 手机和网络设计》(John Wiley，纽约) 的合著者。

Varrall 先生的第四本书《让电信发挥作用——从技术创新到商业成功》(John Wiley) 于 2012 年初出版。他的第五本书《5G 频谱与标准》于 2016 年 7 月由 Artech House 出版。这本《5G 与卫星通信融合之道：标准化与创新》带来了 5G 的最新故事，并将 5G 商业模式置于更广泛的通信环境中，包括卫星和 Wi-Fi 产品、网络和系统。

Varall 先生定期在英国、新加坡、东南亚和澳大利亚举办研讨会和大师班。

业余时间，他演奏爵士小号、飞笛和短号，也是一名狂热的马拉松运动员和超跑运动员。